数学圈丛书
MATHEMATIC CIRCLES

湖南科学技术出版社

数学的力量
从信息到宇宙

How Math
Explains the World

【美】詹姆斯·D·斯特恩
James D. Stein———著

孙维昆———译

图书在版编目（CIP）数据

数学的力量：从信息到宇宙 / （美）詹姆斯·D. 斯特恩著；孙维昆译 . — 长沙：湖南科学技术出版社，2019.8
（2021.5 重印）

书名原文：How Math Explains the World: A Guide to the Power of Numbers, from Car Repair to Modern Physics

ISBN 978-7-5357-8828-3

Ⅰ . ①数… Ⅱ . ①詹… ②孙… Ⅲ . ①数学—通俗读物 Ⅳ . ① O1–49

中国版本图书馆 CIP 数据核字（2015）第 226984 号

湖南科学技术出版社独家获得本书简体中文版中国大陆出版发行权。
著作权合同登记号：18-2019-180

SHUXUE DE LILIANG: CONG XINXI DAO YUZHOU
数学的力量：从信息到宇宙

著者	版次
（美）詹姆斯·D. 斯特恩	2019 年 8 月第 1 版
翻译	印次
孙维昆	2021 年 5 月第 2 次印刷
责任编辑	开本
吴炜　王燕　李蓓	710mm×1000mm　1/16
出版发行	印张
湖南科学技术出版社	19
社址	字数
长沙市湘雅路 276 号	253000
http://www.hnstp.com	书号
湖南科学技术出版社	ISBN 978-7-5357-8828-3
天猫旗舰店网址	定价
http://hnkjcbs.tmall.com	78.00 元
印刷	（版权所有·翻印必究）
湖南省众鑫印务有限公司	
厂址	
长沙县榔梨镇保家村	
邮编	
410000	

总 序

欢迎你来数学圈

欢迎你来数学圈，一块我们熟悉也陌生的园地。

我们熟悉它，因为几乎每个人都走过多年的数学路，从1、2、3走到6月6（或7月7），从课堂走进考场，把它留给最后一张考卷。然后，我们解放了头脑，不再为它留一点儿空间，于是它越来越陌生，我们模糊的记忆里，只有残缺的公式和零乱的图形。去吧，那课堂的催眠曲，考场的蒙汗药；去吧，那被课本和考卷异化和扭曲的数学……忘记那一朵朵恶之花，我们会迎来新的百花园。

"数学圈丛书"请大家走进数学圈，也走近数学圈里的人。这是一套新视角下的数学读物，它不为专门传达具体的数学知识和解题技巧，而以非数学的形式来普及数学，着重宣扬数学和数学人的思想和精神。它的目的不是教人学数学，而是改变人们对数学的看法，让数学融入大众文化，回归日常生活。读这些书不需要智力竞赛的紧张，却要一点儿文艺的活泼。你可以怀着360样心情来享受数学，感悟公式符号背后的理趣和生气。

没有人怀疑数学是文化的一部分，但偌大的"文化"，却往往将数学排除在外。当然，数学人在文化人中只占一个测度为零的空间。但是，数学的每一点进步都影响着整个文明的根基。借一个历史学家的话说，"有谁知道，在微积分和路易十四时期的政治的朝代原则之间，在古典的城邦和欧几里得几何之间，在西方油画的空间透视和以铁路、电话、远距离武器制胜空间之间，在对位音乐和信用经济之间，原有深刻的一致关系呢？"（斯宾格勒《西方的没落·导言》）所以，数学从来不在象牙塔，而就在我们的身边。上帝用混乱的语言摧毁了石头的巴比塔，而人类用同一种语言建造了精神的巴比塔，那就是数学。它是艺术，也是生活；是态度，也是信仰；它呈现多样的面目，却有着单纯的完美。

数学是生活。不单是生活离不开算术，技术离不开微积分，更因为数学本身就能成为大众的生活态度和生活方式。大家都向往"诗意的栖居"，也不妨想象"数学的生活"，因为数学最亲的伙伴就是诗歌和音乐。我们可以试着从一个小公式去发现它如小诗般的多情，慢慢找回诗意的数学。

数学的生活很简单。如今流行深藏"大道理"的小故事，却多半取决于讲道理的人，它们是多变的，因多变而被随意扭曲，因扭曲而成为多样选择的理由。在所谓"后现代"的今天，似乎一切东西都成为多样的，人们像浮萍一样漂荡在多样选择的迷雾里，起码的追求也失落在"和谐"的"中庸"里。数学能告诉我们，多样的背后存在统一，极致才是和谐的源泉和基础。从某种意义说，数学的精神就是追求极致，它永远选择最简的、最美的，当然也是最好的。数学不讲圆滑的道理，也绝不为模糊的借口留一点空间。

数学是明澈的思维。在数学里没有偶然和巧合，生活里的许多巧合——那些常被有心或无心地异化为玄妙或骗术法宝的巧合，可能只是数学的自然而简单的结果。以数学的眼光来看生活，不会有那么多的模糊。有数学精神的人多了，骗子（特别是那些套着科学外衣的骗子）的空间就小了。无限的虚幻能在数学中找到最踏实的归宿，它们"如龙涎香和麝香，如安息香和乳香，对精神和感观的激动都一一颂扬"。（波德莱尔《恶之花·感应》）

数学是浪漫的生活。很多人怕数学抽象，却喜欢抽象的绘画和怪诞的文学。可见抽象不是数学的罪过。艺术家的想象力令人羡慕，而数学家的想象力更多更强。希尔伯特说过，如果哪个数学家一旦改行做了小说家（真的有），我们不要惊奇——因为那人缺乏足够的想象力做数学家，却足够做一个小说家。略懂数学的伏尔泰也感觉，阿基米德头脑的想象力比荷马的多。认为艺术家最有想象力的，是因为自己太缺乏想象力。

数学是纯美的艺术。数学家像艺术家一样创造"模式"，不过是在用符号来创造，数学公式就是符号生成的图画和雕像。在数学的比那石头还坚硬的逻辑里，藏着数学人的美的追求。

数学是自由的化身。唯独在数学中，人们可以通过完全自由的思想达到自我的满足。不论王摩诘的"雪地芭蕉"还是皮格马利翁的加拉提亚，都能在数学中找到精神和生命。数学没有任何外在的约束，约束数学的还是数学。

数学是奇异的旅行。数学的理想总在某个永恒而朦胧的地方，在那片朦胧的视界，我们已经看到了三角形的内角和等于180度，三条中线总是交于一点且三分每一条中线；但在更远的地方，还有更令人惊奇的图景和数字的奇妙，等着我们去相遇。

数学是永不停歇的人生。学数学的感觉就像在爬山，为了寻找新的山峰不停地去攀爬。当我们对寻找新的山峰不再感兴趣，生命也就结束了。

不论你知道多少数学，都可以进数学圈来看看。孔夫子说了，"知之者不如好之者，好之者不如乐之者。"只要"君子乐之"，就走进了一种高远的境界。王国维先生讲人生境界，是从"望极天涯"到"蓦然回首"，换一种眼光看，就是从无穷回到眼前，从无限回归有限。而真正圆满了这个过程的，就是数学。来数学圈走走，我们也许能唤回正在失去的灵魂，找回一个圆满的人生。

1939年12月，怀特海在哈佛大学演讲《数学与善》中说，"因为有无限的主题和内容，数学甚至现代数学，也还是处在婴儿时期的学问。如果文明继续发展，那么在今后两千年，人类思想的新特点就是数学理解占统治地位。"这个想法也许浪漫，但他期许的年代似乎太过久远 —— 他自己曾估计，一个新的思想模式渗透进一个文化的核心，需要1000年 —— 我们希望这个过程能更快一些。

最后，我们借从数学家成为最有想象力的作家卡洛尔笔下的爱丽思和那只著名的"柴郡猫"的一段充满数学趣味的对话，来总结我们的数学圈旅行：

> "你能告诉我，我从这儿该走哪条路吗？"
> "那多半儿要看你想去哪儿。"猫说。
> "我不在乎去哪儿 ——"爱丽思说。
> "那么你走哪条路都没关系，"猫说。
> "—— 只要能到个地方就行，"爱丽思解释。
> "噢，当然，你总能到个地方的，"猫说，"只要你走得够远。"

我们的数学圈没有起点，也没有终点，不论怎么走，只要走得够远，你总能到某个地方的。

李　泳

2006年8月草稿

2019年1月修改

前 言

　　我对数学（而不是算术）的首次认识，来自于我七岁那年深秋的一个星期六的下午。我原计划和父亲出门练习橄榄球，但是我的父亲却有另外的打算。

　　就我记忆所及的范围，我的父亲常将他每月的详细开销记录在一张大黄纸上，现在看来，那差不多是Excel电子表格的前身。一张大的黄纸就足以应付一个月，我的父亲在纸的最上方写下年月，剩下的部分则留给收入和支出。在这个秋天的特别日子里，收支表中出现了36美分的差错，而我的父亲试图找出差错所在。

　　我询问他大概需要多长时间，他回答说他想应该不会太久，因为可以被9整除的误差通常是因为写错了数字的顺序；将84写为48，84 − 48 = 36。他说这种事经常发生，当你写下一个两位的数字时，交换个位与十位的数字，并将得到的两个结果相减，最终结果一定会被9整除。[1]

　　在意识到我不可能很快练习橄榄球这个事实后，我拿起一张纸开始验算我父亲的结论。我所尝试的每一个数字都是对的；72 − 27 = 45，可以被9整除。过了一会儿，父亲发现了错误，最终他决定和我一起去玩橄榄球。但是数字中有规律这样的思想却在我的脑中扎下了根，我第一次意识到算术中除了加法表和乘法表之外还有其他东西。

多年以来，我学习了数学和许多相关学科，它们主要来自于四个地方。我的父亲在七十多岁的时候依然坚持参加星期天上午的数学讲座，除了我的父亲，我很幸运地碰到了那些高中、大学和研究生阶段的杰出教师。当苏联的人造卫星于1957年上天之后，许多学校蜂拥而上培养科学和工程技术方面的学生；大学预修课程获得了格外的重视。我正是这些课程的首批受益者，高三时，亨利·斯万（Henry Swain）博士给我们带来了精彩的微积分课程。我的遗憾之一就是未能有机会告诉他，在一定程度上我正在追寻着他的足迹。

在大学里，我选修了乔治·塞利格曼（George Seligman）教授的一些课程，并且我很荣幸在写这本书的时候有机会与他进行交流。然而我一生中最有幸的事是威廉·巴德（William Bade）教授成了我的论文导师。他不仅是一位杰出的教师，而且是一位品质优秀、宽宏大量的导师，因为我并不是最刻苦的研究生（对此我归罪于自己对复式桥牌的痴迷）。我的研究生阶段中最值得纪念的一天并非我完成论文的那天，而是比尔[①]收到一份有趣且有意义的论文的那天。[2]我们在下午两点见面开始讨论这篇论文，在六点半开吃晚饭，最后大约在午夜时分睡眼朦胧之时结束讨论。这篇论文标志着所在领域的一个突破，但是彻底研究这篇论文、讨论其中的数学并猜测我如何能够利用它来构建我的论文的这一系列过程，让我认识到这正是我想做的事。

此外还有那些给我带来深刻影响的书籍的作者。我可以列出许多人名，但其中最令我印象深刻的是乔治·伽莫夫的《从一到无穷

---

① 威廉的昵称 —— 文中所有脚注均为译者所加。

大》①，卡尔·萨根的《宇宙》②，詹姆斯·伯克（James Burke）的《联系》（Connections），约翰·卡斯蒂（John Casti）的《失落的规范》（Paradigms Lost）以及布莱恩·格林的《宇宙的琴弦》和《宇宙的结构》③。这些书只有两本是在同一个十年内出版的，这证实了科学作品是否为优秀的传统定义。如果我的这本书能够像上面任何一本书一样以同样的口气被提到，我将会非常高兴。

这些年来有许多同事与我讨论过数学和科学，但必须特别提到其中的两位：加州大学长滩分校的罗伯特·梅纳（Robert Mena）教授和肯特·梅里菲尔德（Kent Merryfield）教授。他们都是杰出的数学家和教育家，他们对数学史比我了解的更多并且更加精通，有了他们的帮助，这本书的写作才变得容易。

许多具有不同技术背景的朋友与我有过启迪性的交谈，这些交谈帮助我更深刻地理解了这本书中的某些思想。他们是查尔斯·布伦纳（Charles Brenner），皮特·克莱（Pete Clay），理查德·赫尔凡特（Richard Helfant），卡尔·斯通（Carl Stone）和大卫·维尔钦斯基（David Wilczynski），我感谢他们帮助我想通某些概念，并且找到不同的解释它们的方法。

最后我还要感谢我的代理人朱迪·罗德斯（Jodie Rhodes），没有她的坚持这本书也许永远不会出现；以及我的编辑T. J. 凯莱赫（T. J. Kelleher），他对本书的结构和表述方式的建议让本书更有条理 —— T. J. 拥有那种让书籍的品质从宏观或微观角度都能得到提升的天赋。

---

① 中译本为《从一到无穷大》，[美] G. 伽莫夫著，暴永宁译，吴伯泽校，科学出版社，2002。

② 中译本为《宇宙》，[美] 卡尔·萨根著，周秋麟译，吉林人民出版社，2011。

③ 这两本书的中译本分别为《宇宙的琴弦》，[美] 布莱恩·格林著，李泳译，湖南科学技术出版社，2004；《宇宙的结构》，[美] 布莱恩·格林著，刘茗引译，湖南科学技术出版社，2012。该作者另一本书的中译本为《隐藏的现实：平行宇宙是什么》（The Hidden Reality），李剑龙等译，人民邮电出版社，2013。

当然还有我的妻子琳达，虽然她对这本书毫无贡献，但却为我生活的其他方面做出了不可估量的贡献。

注释：

　[1] 任意一个两位数都可以写成 $10T+U$ 的形式，其中 T 是十位上的数字，U 是个位上的数字。颠倒这两个数字则会得到 $10U+T$，第一个数字减去第二个可得到 $10T+U-(10U+T)=9T-9U=9(T-U)$，它显然可以被9整除。

　[2] B. E. Johnson, "Continuity of Homomorphisms of Algebras of Operators", *Journal of the London Mathematical Society*, 1967: pp. 537—554。这篇文章仅有四页，但是读数学论文并不像读报纸，尽管这不是一篇具有困难技巧的文章（并不涉及计算，因为计算会拖慢阅读速度），但它包含了许多不可思议的精彩思想，这些都是比尔和我从未见过的。当我能够将约翰逊的思想融入我正在思考的问题中时，这篇文章本质上促成了我的论文。

目　录

引言

不只是石头

无论是从个人还是从种族的角度看，我们都通过解决问题而获得进步。按常规来说，解决问题所获得的回报随着问题的难度而增加。人类之所以有追逐难题的兴趣，部分是因为智力上的挑战，但是通常伴随着这些难题的答案而来的回报则能激发完成壮举的潜能。在阿基米德发现了杠杆原理之后，他宣称如果给他一根杠杆和一个支点，他就能撬动地球。[1]这句宣言中所体现出的近乎上帝的意识在19世纪法国数学和物理学家皮埃尔-西蒙·德·拉普拉斯（Pierre-Simon de Laplace）作出的类似评论中也能看出。拉普拉斯在天体力学领域做出了重要的贡献之后宣称，如果知道给定时刻所有物体的位置和速度，他将能够预测未来所有时间内所有物体的位置。

> "假若在某个瞬间，某个智慧（intelligence）① 能理解所有控制自然界运作的力以及组成自然界所有物件的位置。如果再假设该智慧大到足以处理所有的这些数据，那么它将能够用相同的公式描述宇宙中最大物体和那些最轻原子的运动。对它而言没有什么是不确定的，并且未来将会如过去一样呈现在它眼前。"[2]

当然，这些论断都带有夸大的成分，但是它们都强调了解决某个问题所能带来的深远影响。当一个漫不经心的旁观者看见阿基米德利用杠杆移动一块大石的时候，他也许会说："是的，这很有用，不过它只是块石头。"阿基米德可能会回答："这可不仅是石头 —— 它可以是任何物体，并且我能告诉你我需要多长的杠杆来移动它，以及我需要

---

① 在科学史中，这个"智慧"也被称为拉普拉斯妖。

花多大的力气来将它移动到指定的位置。"有时我们对科学和工程上的炫目成就如此着迷，以至于对人类在解决一些看上去更加容易的问题时体现出来的无能而感到迷惑。在20世纪60年代，我们经常会听到如下的抱怨：如果他们能将一个人送到月球上，那怎么会解决不了普通感冒呢？

现在的我们多了一些科学素养，大部分人在碰到这样的问题时往往会引用一些科学常识，并意识到解决普通感冒是一个比看上去更难的问题。然而，大众的观念依然是我们只是目前还没有发现感冒的疗法。这显然是一个困难的问题，但是考虑到它潜在的回报，毫无疑问医学研究者们正在努力地尝试解决它，并且我们中的大多数人相信他们迟早会找到疗法。可惜的是，对那些正遭受流鼻涕和喉咙嘶哑的人来说，非常可能发生的情况是普通感冒的疗法或许永远也找不到。这并不是因为我们不够聪明，而是因为它根本不存在。在数学、自然科学和社会科学领域中都能找到20世纪的一项重大发现的线索，它表明存在着我们无法了解或者从事的事情，以及不存在解答的问题。我们早就知道这样的事实，人类既非无所不能也非无所不知。但是直到最近我们才发现原来无所不能或无所不知本身就不存在。

当我们考虑20世纪的科学发展时，我们是从实用角度考虑从天文学到动物学的每个学科中所取得的巨大进步。DNA的结构、板块构造学、相对论、基因工程、膨胀宇宙，所有这些重大进展都为我们关于真实宇宙的知识贡献良多，并且一部分成果已经对我们的日常生活产生了显著的影响。这体现了科学的巨大魅力 —— 它为我们打开一扇门，让我们可以学习这些奇妙的东西，甚至可以把所学的知识应用于生活，使其变得比想象中更加美好。

然而，20世纪也见证了三个让人瞠目结舌的结论，它们表明为什么会存在着极限 —— 我们对物理宇宙所能知道和所能研究的极限、我们利用数学逻辑所能发现的真理的极限，以及我们在实行民主时所能达到的极限。三个结论中最著名的是维尔纳·海森伯（Werner

Heisenberg）于1927年发现的不确定性原理。不确定性原理表明即使是全能的上帝附身，拉普拉斯也不能确定宇宙中所有物体的位置和速度，因为这些物体的位置和速度无法同时测定；十年之后，科特·哥德尔（Kurt Gödel）证明的不完备性定理表明了我们用来确定数学真理的逻辑缺陷；大约在哥德尔建立不完备性定理后十五年，肯尼斯·阿罗（Kenneth Arrow）[①]证明了不存在一种投票方式，它能将独立投票人的偏好令人满意地转化为这些投票人所从属的群体的偏好。尽管20世纪的后半叶见证了许多领域的更多结果，表明我们所知和所做的能力是如何地存在着极限，但毫无疑问上面的这三个结论（the Big Three）是最有影响力的。

这三个结论之间存在着一些共同的因素。首先它们都是数学结果，它们的有效性是经过数学证明的。

对于哥德尔不完备性定理，它本身就是通过数学论证而建立的关于数学体系的结论，这一点是毋庸置疑的。同样不奇怪的是，海森伯的不确定性原理也是数学结论 —— 我们在中学就知道数学是科学中最重要的工具，而物理则是严重依赖数学的一门学科。然而当考虑社会科学时，我们通常不会想到数学。但是不管怎样，阿罗定理完完全全是数学的，甚至于超过海森伯不确定性原理。海森伯不确定性原理只是从关于物理世界的假设中推导出的数学结论而已。

阿罗定理和最纯粹的数学结论一样"纯粹"—— 它研究的是函数，函数是最重要的数学概念之一。数学家研究各式各样的函数，但是那些被研究的函数的性质有时会受到特定环境的影响。比如说，一位测量员可能会对三角函数的性质有兴趣，并会从事某些关于这些函数的研究，因为他意识到这些函数的性质将会帮助解决测量中碰到的问题。阿罗定理所研究的函数的性质显然来源于阿罗最初开始研究的问题 —— 如何将个体的偏好（通过投票的方式）转化为选举的结果。

---

① 肯尼罗·阿罗，1921 — 2017，美国经济学家，1972年诺贝尔经济学奖获得者。

数学的实用性在很大程度上取决于那些经得起数学分析的环境。下面的故事被反复传诵了千遍 —— 某些数学家研究了那些只是专业范围中显得有趣的结论，此后多年都无人问津（除了其他数学家），然后某人突然发现了这个结果的一个完全意料之外的应用。

数学的实用性在文明社会中几乎每一天都能实际地影响着每一个人，这样的例子恐怕会让哈代（G. H. Hardy）这位生活在20世纪上半叶的著名英国数学家惊奇不已。哈代写了一本精彩的书（《一个数学家的辩白》①），在其中他描写了自己对于数学美学的激情。哈代认为自己倾尽一生寻找数字中的美，理应得到与画家或诗人同样的尊重，而他们也只是用其一生来创造美。正如哈代所说，"数学家，就像画家、诗人一样，都是模式的创制者。要说数学家的模式比画家、诗人的模式更长久，那是因为数学家的模式由思想组成。"[3]

哈代对数论做出了巨大的贡献，但是从数学美学（仅仅对那些能够欣赏他的人而言）的角度来看，他和他的同事的工作则没有任何实际的价值。"我从未做过任何一件'有用的事'。我的新发现未曾且将来也不大可能为世界增加哪怕是最小限度的舒适感，"[4]他这样宣称，并且认为自己在数论领域的合作者也同样如此。哈代没有预见到，在他去世后不到五十年，世界将会深刻地依赖于他花费大半生时间所研究的一个现象。

素数是那些除了1和自身外没有任何整数因子的整数。3和5是素数，但是4不是，因为它能被2整除。当数变得越来越大时，素数的出现变得不那么频繁。在1和100之间存在着25个素数，但是在1000和1100之间只有16个素数，在7000和7100之间只有9个。因为素数随数字增大变得越来越稀缺，因此将一个非常大的可写为两个素数乘积

---

① 该书在国内发行过数个版本，包括江苏教育出版社版（李文林译，1996年），江苏人民出版社版（毛虹译，1999年），商务印书馆版（王希勇译，2007年），湖南科学技术出版社版（英文评注版，李泳评注，2007年）和大连理工大学出版社版（李文林译，2009年）。

的整数进行分解变得异常艰难，也就是说需要耗费巨多的时间来找到生成这个整数的两个素数（最近的一个实验耗费了某个大型计算机网络九个月的时间）。我们每天都需要利用到这个事实，比如说我们在ATM上输入密码或取款的时候就需要它。因为分解由两个素数生成的大整数的困难正是今天许多计算机安全系统的基石。

和数论一样，三大定理中的每一个都有着丰富的，但非即刻显现的影响。不确定性原理以及它所从属的量子力学学科为我们带来了微电子革命中的大多数成果 —— 计算机、激光、磁共振成像仪，以及你能想到的一切。哥德尔不完备性定理的重要性一开始并不被数学界的许多人接受，但是从那以后这个结果不仅影响了数学的分支，同时也影响了哲学的分支，甚至我们所知道的、不知道的各个领域，最终成了我们判断是否知道或是否能够知道的准则。在阿罗发表自己的定理二十年后，他获得了诺贝尔奖。这个定理除了在研究社会科学问题时能够显著地扩大研究范围和方法，它同样具有实际的应用范围，像网络路由问题中的成本测定（如何尽可能便宜地从巴尔的摩传送一条信息到北京）。

最后，这三个结果能够统一在一起，是因为它们共有一个令人惊讶的特点：它们是令人惊讶的！（虽然数学家更愿意使用词汇"反直觉的"，这比"令人惊讶的"要更加让人印象深刻）。这三个定理都是智力炸弹，它们炸掉了各自领域中许多著名专家所持有的成见。海森伯的不确定性原理肯定会让拉普拉斯和其他相信拉普拉斯的宇宙决定论观点的物理学家目瞪口呆。当希尔伯特这位当时最著名的数学家在一次会议上向专注的听众描述他的观点 —— 数学真理总有一天必然能够被证明时，在远离聚光灯的一间小屋中，哥德尔正告诉世人存在着某些真理，它们的正确性也许永远也无法证明。早在美国和法国革命成功之前，社会学家就曾探寻过选举的理想模式，然而阿罗在自己还没完成研究生学业之前，就已经证明了这是一个不可能达到的目标。

困难的事情我们今天就做，但不可能的事情永远无法解决 [①]

有这样一个简单的问题，它可以用来描述某件事是不可能的。假设你有一个通常的 8×8 棋盘 [②] 以及足够多的棋子。每个棋子都是长方形，它的长边等于两个格子的长度，短边等于一个格子的长度，也就是说每个棋子恰好覆盖两个相邻的棋盘格子。

因为棋盘的每一行恰好可由4个棋子覆盖，这样进行8次后易知用32个棋子正好可以覆盖整个棋盘，没有多余的格子，也没有棋子会突出棋盘。现在，分别移去棋盘上对角线两端的一个方格，比如说左上角的格子和右下角的格子。此时棋盘上只剩下62个格子，你是否能够用31个棋子将这个棋盘上的每个格子盖住？

也许你能从这一节的引入部分或者某些尝试结果猜测这件事无法完成，然而这个问题有一个简单、美妙的证明。假设我们的棋盘如普通棋盘一样由相邻的红黑两色格子组成，那么每个棋子就恰好覆盖一个黑色格子和一个红色格子，因此31个棋子就会覆盖31个黑色格子和31个红色格子。再观察棋盘，你会发现左上角和右下角的格子颜色相同（我们将假设它们都是黑色的），因此移去左上角和右下角的格子后，我们会得到一个含有32个红色格子和30个黑色格子的棋盘 —— 因此31个棋子肯定不能将它覆盖。这是一个简单的计数问题，巧妙之处在于看出如何计算。

科学与数学的强大之处在于，一旦推理的流水线被建立，那么该推理流水线所能应用的问题的范围将会得到极大的扩张。上面这个问题可以被分类为"隐藏模式"—— 显然一个棋子可以覆盖两个格子，

---

① 这里的小节标题来自一句美国习语 "The difficult we do immediately, the impossible takes a little longer"（困难的事情我们立刻就做，不可能的事情只不过稍微多花一些时间而已），作者用改编的习语表示在数学中有些问题永远也无法解决。

② 这里指国际象棋棋盘。

但是如果不将棋盘进行通常意义上的着色，这个问题并不容易解决。寻找隐藏模式常常是做出数学和科学发现的关键。

当那里没有音乐时

我们都很熟悉作家所谓的创作瓶颈：在没有灵感时所表现出的无能为力。同样的事情也会发生在数学家和科学家的身上，但是有一种发生在数学家和科学家身上的瓶颈却无法在人文学科中找到对应：数学家或科学家可能会碰到某个没有答案的问题。一位作曲家也许会碰到这样的情景：在灵感来临的瞬间抓住了它，但却无法将其谱成音乐；但是他永远也不会接受没有音乐可写这样的观念。数学家和科学家敏锐地知道自然界可能会粉碎自己所有的努力，有时候那里就是没有音乐。

最近物理学家开始着手一项始于阿尔伯特·爱因斯坦的任务，爱因斯坦倾其后半生之力以寻找一种统一场理论，这个理论被现今的物理学家称为万有理论（TOE，Theory of Everything）。并非所有的大物理学家都在寻找万有理论 —— 理查德·费曼（Richard Feynman）曾如此评论道，"如果最终证明存在着一种简单的能解释一切的终极定律，那当然很好 …… 如果最终证明世界如同洋葱一样有着数百万层，我们也厌倦了去看每一层的样子，那只能认为世界就是这样。"[5]费曼也许没有寻找过万有理论，但是爱因斯坦以及许多顶尖的物理学家都曾寻找过它。

不管怎样，爱因斯坦几乎肯定地知道，或许这个世界上不存在着万有理论 —— 这样一个要么是简单且优美，要么是复杂且凌乱，或者在两者之间的东西。在他们生命的最后一段旅程中，爱因斯坦和哥德尔都任职于新泽西州普林斯顿大学的高等研究院。孤僻且有偏执症的哥德尔只与爱因斯坦说话。由于哥德尔证明了某些事实是不可知的，因此我们可以合理地猜测他们已经讨论过是否存在着可发现的统一场论，以及爱因斯坦是否徒劳一场的可能性。然而爱因斯坦依然可以将自己的创造性才能用于搜寻某些遥不可及的目标 —— 因为他已经功成名就。

如此看来，那些身份远不及爱因斯坦的数学家和科学家并不害怕面对一道最终不可解的问题，确实有些令人惊讶。这些问题在历史中不断地出现 —— 常见的情况是，尽管没有解决我们的目标，但结论也并非失败，而是发现了有趣的、有时非常有应用价值的新事物。这些历史中的"失败"以及伴随而来的惊人发展的故事，构成了本书的主要内容。

银行劫匪、数学家和科学家

当被问到为何要抢银行时，威利·苏顿[①]回答说，"因为钱在那里。"每个数学家或科学家都梦想能做出伟大的发现 —— 并不是因为能够获得财富（尽管有时做出这些发现的人确实可以获得名声和财富），而是因为那里存在着诱惑：成为第一个观察到、创造出或理解某个真正奇妙事物的人。

甚至明知那里不一定存在着目标，我们仍然有着解决某些重要问题的迫切需求 —— 以及解决某些有趣问题的强烈愿望 —— 我们将要采取的唯一方式就是训练有能力的人以及那些杰出人士用数学和科学工具来攻克这些难题。数个世纪以来，人们一直在寻找能够将普通金属转变为黄金的点金石。我们失败了，但是寻找点金石的渴望给我们带来了原子理论和对化学的理解，让我们能够将已发现的物质重新塑造为新物质和更有用的物质。对人类而言这难道不是比将普通金属变为黄金更加期望得到的结果吗？

最后，了解什么是我们无法知道和无法做到的事情，可以让我们

---

① Willie Sutton，1901—1980，美国历史上最著名的银行劫匪之一，在他1952年被捕之前，他一共劫得大概200万美元。

避免在徒劳的追求中投入不必要的资源 —— 今天只有哈利·波特才会去寻找点金石。我们无法得知 —— 就目前而言 —— 目前对万有理论的追寻是否是另一场寻找点金石的旅程。然而以历史为鉴，我们将会再次发现，追求大雁的失败也许能带给我们一颗金蛋。

代理人、编辑和史蒂芬·霍金的出版商

在畅销书《时间简史》的引言中，史蒂芬·霍金提到了他的出版商曾和他提过，每多一个方程，读者数就少一半。尽管如此，基于对读者的充分信心，霍金依然加入了爱因斯坦的经典方程 $E=mc^2$。

我愿意将这本书的读者想象为个性坚强的人。毕竟这是一本关于数学的书，方程不仅表达了伟大的真理（比如爱因斯坦方程），而且还表达了通向伟大真理的线索。和霍金的出版商类似，我也收到了编辑的来信，他认为在一本谈论数学的书中是绝对需要数学的；而我的代理人则乐于阅读谈论数学的文字，对于阅读数学毫无热情。

因为这里有一道清晰的界线，所以我在写这本书时也试图让那些希望跳过涉及数学段落的读者能够这样做，并且不会对所阐述的内容有所缺失；那些希望读懂数学的勇敢读者也仅仅需要高中数学知识（不需要微积分）；而那些乐于追求更深层次内容的读者则可以在每一章的尾注中找到参考资料（偶尔会有一些艰深的专著）。在许多时候，网络上存在着一些可访问的资源，大多数读者将它们键入浏览器的地址栏要比在图书馆中搜寻来得容易（特别是在邻近的图书馆中缺乏有关伽罗瓦理论或量子理论的数学书籍时）。因此本书的附录中有许多网站资源 —— 但是网站会消失，我希望在发生这种偶然事件时，读者能够忽略这些参考文献。

我希望霍金的出版商是错误的。如果他是正确的并且假设全世界的读者为60亿，那么本书中的三十二个方程将导致我潜在的读者人数少于一人。

注释:

[1] "Give me but one firm spot on which to stand, and I will move the Earth." *The Oxford Dictionary of Quotations*, 2nd ed. (London: Oxford University Press, 1953).p. 14。

[2] 参见 Pierre-Simon de Laplace, *Theorie Analytique de Probabilites: Introduction*, vol. Ⅶ, Oeuvres (1812 — 1820)。

[3] G. H. Hardy, *A Mathematician's Apology* (中译本:《一个数学家的辨白》), 公开的免费版本可以在 http://www.math.ualberta.ca/~mss/books/A%20Mathematician%27s%20Apology.pdf 下载, 文中引文来自第 10 节。

[4] 同上, 摘自第 29 节。

[5] 参见 No Ordinary Genius: The Illustrated Richard Feynman, ed. Christopher Sykes (New York: Norton, 1995)。

序曲：

为什么你的车总是无法在他们承诺的时间内修好

百万美元问题

每年都有一群杰出的科学家、经济学家、文学巨人和人道主义者聚集在斯德哥尔摩领取声名卓著且奖金丰厚的诺贝尔奖，但他们之中没有一位数学家。诺贝尔奖为何没有数学奖这个问题一直悬而未决。一种流行但也许是不足信的传闻是这样说的，在诺贝尔奖设立之时，阿尔弗雷德·诺贝尔（Alfred Nobel）的妻子与当时有名的瑞典数学家古斯塔夫·米塔格-莱弗勒（Gustav Mittag-Leffler）有染。当然，数学界有自己的菲尔兹奖，它每四年颁发一次，但是只授予四十岁以下的数学家。获得菲尔兹奖能够说明你是顶尖聪明的，但所获得的奖金恐怕不够负担你孩子的大学学费。

在新世纪的转折点，克莱数学研究所（Clay Mathematics Institute）提出了数学领域的七个重要问题 —— 并为每道问题提供了前所未有的一百万美元奖金。其中的某些问题，例如伯奇和斯温纳顿-戴尔猜想（Birch and Swinnerton-Dyer conjecture）非常专业，只有该领域的专家才能理解它所描述的问题；另外两个问题，纳维-斯托克斯方程（Navier-Stokes equation）和杨-米尔斯理论（Yang-Mills theory）则属于数学物理领域，这些问题的答案将让我们能够更好地理解物理世界，并且也许能够带来显著的技术进展；然而其中的一个问题却联系着我们生活中最令人迷惑的小烦恼：为什么你的车总是无法在他们承诺的时间内修好？

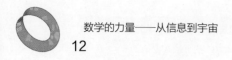

送人去月球

当约翰·F.肯尼迪[①]总统保证要在20世纪60年代末将人送到月球上的时候,他肯定没有预见到太空竞赛将会产生的众多影响。当然,太空竞赛对微电子工业产生了巨大的推动作用,导致了计算器和个人计算机的出现。两个次要的结果则是果珍(Tang)——一种供宇航员饮用并迅速登陆超市货架的橙味饮料和特氟龙(Teflon)——一种超级光滑的物质。特氟龙不仅仅被用于制作众多厨具的涂层,还逐渐融入了英语中成为渎职、指控永不沾身的政治家的代名词。最后,太空竞赛也导致了一系列对于理解为什么这个世界从不循规蹈矩这样的问题的新观念。

美国曾经执行过另一个庞大的科技计划——曼哈顿计划,但是研制原子弹对于把一个人送到月球上要相对简单些——至少从日程安排的观点上来看是这样的。曼哈顿计划有三个主要日程——炸弹设计与测试、铀原料的生产和训练任务。前两项计划可以独立地执行,虽然实际的测试需要等待从汉福德(Hanford)或橡树岭(Oak Ridge)工厂送来足够的可裂变材料。训练任务只有在武器的规格都众所周知的时候才开始,并且相对简单——保证有一架运送的飞机和一队机组人员即可。

从日程安排的观点,送人去月球是一项困难得多的任务。在工业联合体、科学部门和宇航员训练计划之间存在着巨量的协调工作。即使是看上去很简单的事情,比如说计划编制月球宇航员的单独任务职责就需要非常细致的工作。在将宇航员送往月球的时候,许多任务需要精确的计划,才能在外界限制条件(像保证太空舱的旋转以避免过热)都满足的情况之下最合理地利用时间。这样就诞生了一门叫做时序安排(Scheduling)的数学分支,有了它,有关改进如何将独立部分组成一个整体(往往是反效果或反直觉)的发现就不断涌现。

———————

① John F. Kennedy, 1917年5月29日——1963年11月22日,美国第35任总统,他的任期从1961年1月20日开始直到1963年11月22日在得克萨斯州达拉斯市遇刺身亡为止。

那么为什么你的车总是无法在他们承诺的时间内修好？

　　无论你家附近的修车厂是在达拉斯、丹佛或是得梅因，它们大都会遇到同样的问题。在任意一天里，总有一大堆的汽车等待修理，以及一大堆的修理设备和修理工人需要安排。如果只有一辆车，那么谈不上好计划；但如果有多辆车需要修理，那么高效率地修车就变得重要。修理厂中也许只有一台诊断分析仪和两台液压升降台——理论上，我们希望将修理顺序做一个计划，使得每台设备都能派上用场，因为闲置等于浪费。同样的事情也适用于空闲的修理工，因为他们是按小时付费的，如果他们只是坐在一边等待汽车进入修理状态，那也会浪费金钱。

　　时序安排的一个关键方面是如何显示待完成的任务、它们之间的相互联系以及完成每项任务需要的时间。比如说，要检测一个轮胎是否漏气，需要在将它浸入水中检查之前从车上卸下。标准的显示任务、耗费时间以及任务之间相互关系的方法是利用有向图（digraph）。有向图是一种图表，它利用方块和箭头表示哪些任务需要完成，任务完成之间的顺序，以及所需要的时间，下面是一幅示意图。

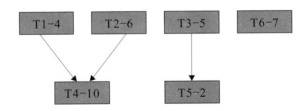

　　上图表示完成任务1需要4个时间单位（小时、天、月——诸如此类），任务1和任务2需要在任务4之前完成，而任务4需要10个时间单位才能完成。类似地，任务3必须在任务5之前完成。最后，任务6可以在任意时刻做完——在它之前没有任何任务，并且它也不是任何任务的前置任务。此外，每一项任务都必须赋予一个单独的工人完成，并且不允许分割为子任务——如果我们允许这样做，那么只需将每个子任务标示为单独的任务即可。

上面的有向图中还有一些术语。一个任务被称为准备就绪的，如果所有的前置任务都已完成。在上面的图表中，任务1、2、3和6一开始就是准备就绪的，而任务5只有当任务3完成之后才是准备就绪的，任务4在任务1和2完成之后是准备就绪的。我们还能看出至少需要16个时间单位才能完成全部的任务，因为任务2与随后的任务4总共需要16个时间单位，而这是图表中最关键的一条路径——耗费时间最长的路径。

人们设计了许多算法来合理地安排任务，我们先检验其中一个被称为优先表时序安排（priority-list scheduling）的算法。其思想很简单，我们将任务按照重要性排列成表；当一个任务完成后，我们将它从列表中划去；如果某人空闲下来，我们就安排他去完成重要程度最高的那个任务——由优先表决定，如果有多位修理工闲置，则按照字母顺序安排他们的工作。这个算法并没有提及如何建立优先表——比如说，修车厂老板的妻子需要更换机油，这件事也许会在优先表上排在首位，又如果某人塞给修车厂老板20美元作为快速服务的费用，那么这个任务将会排在第二位。

为了描述这些要素如何组织在一起，我们假设上面图表中的时间单位为小时，并且我们的优先表为T1，T2，T4，T3，T5，T6。如果A1是目前唯一的修理工，那么我们不需要进行任何的时序安排——A1只需要按照优先表上的顺序依次完成上面的工作，一共需要34小时（所有时间之和）完成所有的任务。如果修理厂又雇佣了另一位修理工Bob，我们可以利用优先表建立如下排程表。

修理工	任务开始时间（小时）						
	0	4	6	9	11	16	18
A1	T1	T3		T5	T6		完成
Bob	T2		T4			空闲	完成

由于任务1和任务2位于优先表的前面且准备就绪，我们安排Al完成任务1，Bob完成任务2。当Al在4小时后完成任务1时，优先表中排在第一位的是任务4 —— 但是任务4还未准备就绪，因为Bob尚未完成任务2。因此Al必须跳过任务4而开始任务3 —— 优先表中排在次位的任务。图表中剩下的任务相对而言就简单得多。这样的进度表正是我们希望的，因为我们总共有34小时需要安排，但我们又不可能给每个修理工安排17个小时（除非我们允许某个任务可以分割给两个修理工，但规则上不允许）。按照这样的进度表尽可能快地完成了所有任务，并且让空闲时间最少，这也是建立进度表时最常引用的两条原则。

想把事情做好却适得其反

任务有向图和优先表之间有着复杂的相互关系，并且有时候会出现一些意料之外的状况。

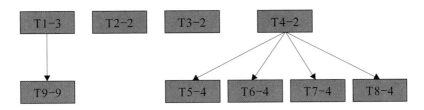

在这个例子中，优先表中的顺序按照数字顺序：T1，T2，T3，…，T9；修理厂有3名工人：Al、Bob和Chuck。于是进度表如下表所示。

修理工	任务开始时间（小时）					
	0	2	3	4	8	12
Al	T1		T9			完成
Bob	T2	T4		T5	T7	完成
Chuck	T3	空闲		T6	T8	完成

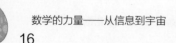
从进度表的观点来看，这是一个"完美风暴"的场景。关键路径的长度是12小时，所有的任务都在那时完成，我们也将空闲时间最小化，因为总共有34小时的任务需要完成，如果每个修理工人均花费12小时，实际上总共花费了36个小时。

如果修理厂的生意很好，也许会有额外的修理工可用。如果需要完成的工作仍然由上面的有向图和优先表决定，我们肯定觉得会更快地完成全部任务，但是进度表的结果却令人惊讶。

修理工	任务开始时间（小时）					
	0	2	3	6	7	15
Al	T1		T8		空闲	完成
Bob	T2	T5		T9		完成
Chuck	T3	T6		空闲		完成
Don	T4	T7		空闲		完成

对这个进度表的事后分析表明，问题出现在一开始给Don分配了任务4。这样导致任务8"过早地"变为准备就绪状态，因此Al接受了任务8，导致任务9比原先的任务表晚了3小时开始。这是我们没有预料到的，更多的人手反而导致更长的完成时间。

现在修理厂有一个雇佣多余修理工的替代方案 —— 升级用于每个任务的设备。如果这个方案得以实施，那么完成每个任务所需要的时间将少一个小时。我们当然也希望这样的升级会带来好处。原先的任务有向图变成下图这样。

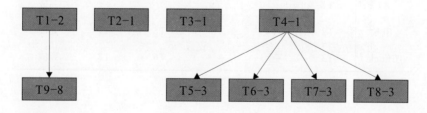

优先表依然和前面一样（当然，也是一样的优先表时序安排算法），工人依然是3个，那么可以建立如下的进度表。

修理工	任务开始时间（小时）					
	0	1	2	5	8	13
Al	T1		T5	T8	空闲	完成
Bob	T2	T4	T6	T9		完成
Chuck	T3	空闲	T7	空闲		完成

这样的进度表是"想把事情做好却适得其反"的典型代表。设备的升级减少了关键路径的长度，但实际上却拖慢了整体速度，而不是提速！是的，有许多其他的时序安排算法，但是其中的奥妙完全没有解开 —— 没有一个算法能够始终如一地找到最优的结果。更糟糕的是，也许根本就不存在这样的算法 —— 至少没有一个能够在合理的时间内给出答案！

然而确实存在一个通用的算法 —— 找出所有可能的满足有向图的进度表，然后根据需要的条件找出最优的解答。这里有一个主要问题：如果任务的数目很大，那么可能的进度表的个数将会极其庞大。我们将会在第九章深入了解这个问题，在那里我们会讨论数学里著名的P与NP问题。

快餐厨师、两个乔治和魔球

当我读研究生的时候，我偶尔会奢侈地走出校园去吃早饭。我常去的餐馆是典型的20世纪60年代风格 —— 寥寥几张桌子和一个丽光板柜台，一些塑料椅子围绕在长方形的大操作台的周围，这样你就可以看到快餐厨师如何准备好顾客的订单。女服务员将顾客的订单夹在一个金属圆筒上，厨师在完成上一道菜之后就从上面取下订单开始准备下一道菜。

这位特别的厨师动作很优雅，看上去仿佛是《与星共舞》。当烧烤铁板的某些部分烧干了或被烧焦的鸡蛋及肉末的灰色残渣覆盖时，他就会将它们铲掉并倒上一层薄薄的油。煎蛋需要用到铁板的四分之一，煎饼或法国面包需要用二分之一，肉末杂菜需要用三分之一，培根或火腿需要四分之一。这位厨师从不慌乱，总是很及时地将被频繁点到的煎蛋翻个面儿，或者避免培根或肉末杂菜烧焦。有些人喜欢凝视建筑工人，但我总认为好的快餐厨师犹胜建筑工人。

多种多样的任务的和谐组合之中蕴含着某种诗意。而这实际上也是那些需要整合的企业一直在寻找的东西 —— 但是如何才能最满意地完成它？一个典型的能让这些努力竞技的舞台就是职业体育界，在那里球队内部的融洽和高水平球员融合为有凝聚力的团队是终极目标。一些经过多次检验的算法有着明确的混合结果。其中一个算法被称为"买最好的"。杰克·肯特·库克（Jack Kent Cooke）雇佣乔治·艾伦（George Allen）执教华盛顿红皮队[①]，并宣称"我给了乔治无限的预算，但他还是超支了"。纽约洋基队[②]的老板乔治·施泰因布伦纳（George Steinbrenner）则坚信如果你对顶尖队员开出顶尖的价码，那么你就能建立一个顶尖的队伍。纽约洋基队在2006年的薪金总额超过了2亿美元 —— 而当洋基队进入到季后赛后，他们在第一轮就输给了底特律老虎队[③]。此时欢呼的不仅有老虎队的球迷，还包括了像我这样的坚定的洋基队的反对者。

算法分界线的另一边则相信如果能够以最小化"往年每个预料中的赛果所需花费的价格"（比如说根据上一赛季跑回本垒的次数来决定购买一位第四棒击球手的价格）的原则来购买队员，则可以用有限

---

① Washington Redskins，美国国家美式足球联盟（NFL）的一支球队。

② New York Yankees，美国职棒大联盟（MLB）的一支球队。

③ Detroit Tigers，美国职棒大联盟（MLB）的一支球队。

的预算获得好结果。这种被称为"魔球"（Moneyball）[1]的方法由奥克兰运动家队[2]的经理比利·比恩（Billy Beane）所发明，他曾利用有限的资金建立了数支获得巨大成功的球队。保罗·德波德斯塔（Paul DePodesta）是比恩的一位拥趸，他掌管着我的最爱——洛杉矶道奇队[3]（实际上我只是一个初级球迷，但是道奇队是我妻子的最爱，女人开心了男人也就开心了），但他却用"魔球"哲学毁了道奇队。德波德斯塔迅速被解雇，取而代之的是尼克·科莱蒂（Nick Colletti），一位有着深厚棒球血统的教练，从而道奇队在过去四年中两次重回决赛圈。

上面的例子均来自于职业体育界，但是任何组织的目标都是相似的。如果在职业体育界有一个能保证某个组织成功的秘方被发现，你可以想象到那些管理学专家一定会研究这个秘方并应用到其他行业。今天的道奇队，明天的微软。

我们从中能学到什么教训？我们即将在本书中透彻地探讨的这个教训就是，某些问题也许会相当复杂而没有完美解决的方案。

除非你是专业数学家，否则你根本没有机会碰到伯奇和斯温纳顿戴尔猜想的答案，但是任何智力正常的人或许就能发明各种各样的时序安排算法。是否希望解决这个问题？数学问题的魅力之一就是它只需要纸、笔和时间——但要小心的是这个问题已经抵挡住了数代数学家的猛攻。

数学和科学建立在那些伟大的未解问题之上。数学家耗费两千年的辛勤工作找到了四次及以下多项式方程的解，在16世纪，五次多项

---

① 《点球成金（Moneyball）》是Michael Lewis于2003年所写的关于棒球经济学的一本小说，其中讲述了比利·比恩所率领的奥克兰竞技者队是如何作为一支二流球队而获得美国职棒大联盟中的二十连胜记录的故事。同名电影《点球成金》由布拉德·皮特主演，于2011年上映。

② Oakland Athletics，美国职棒大联盟（MLB）的一支球队。

③ Los Angels Dodges，美国职棒大联盟（MLB）的一支球队。

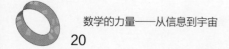
式方程的一般解是全世界最好的代数学家的目标。20世纪初的物理学界处于同样的微妙状态之中，人们试图找到一条逃脱紫外灾难（预言一个处于热力学平衡状态的完美黑体可能会辐射出无限的能量）的道路。

社会科学家碰到类似的具有挑战性的难题则是不久之前的事。作为第二次世界大战的结果，德国、意大利和日本的独裁统治被推翻。随着民主制度在世界各地的不断涌现，当时的社会科学家热切地继续一场开始于两个世纪前的追求之旅，试图寻找一种理想的方法将个体的投票转化为整个社会的希望。

所有这些努力导致了后来戏剧性的发现 —— 存在着我们不能知道的事情，存在着我们做不到的事情，以及某些我们不能达到的目标。也许会有某个数学家发现不存在完美的生成进度表的办法从而获得克莱千禧年大奖，而我们也只能在当我们打电话去修理厂询问是否可以提车但却听到车还未修好的时候，说服自己接受这样的事实。

第一部分

描述宇宙

1

万物的度量

差之毫厘，失之千里

按照柏拉图的观点，普罗泰戈拉（Protagoras）是第一位诡辩家或一位美德教师，美德（virtue）是众多古希腊哲学家所着迷的一门学科。他最著名的名言是"人类是衡量一切事物的标准：我们认为它是什么，它就是什么；我们认为它不是什么，它就不是什么"。[1]这句话的第二部分也表明普罗泰戈拉是第一位相对主义者，但我更感兴趣的是这句话的第一部分，因为我认为普罗泰戈拉漏掉了一个字母。万物确实都有它们的度量——这是事物的固有属性。人类不是万物的度量（measure），而是万物的度量者（measurer）。

度量制度是人类最伟大的成就之一。语言和工具也许是使得文明得以诞生的发明，但是如果没有度量制度文明绝不会有长远的发展。度量制度以及它的前辈计数法是人类对数学和科学领域的初次冒险。今天普罗泰戈拉的名言依然能引出下面这样一个有趣的问题：我们如何测量具有度量的事物，我们是否能测量那些没有度量的事物？

什么是3？

大学的教师一般都会讲授两种类型的课程：一类是相对高级的课程，提供给那些将来会在工作中使用这些知识的学生；对于那些考虑是选修一门课程还是进行一次无麻醉的牙根管填充手术的学生，他们也许会选择另外一类相对初等的课程。给商学院开设的数学课程就属于第二类——这类课程中的大部分学生相信自己将来某天会成为CEO，如果某一天不幸碰到了一道数学问题需要求解的话，他们会雇用一位书呆子来解决这个问题。第二类课程还包括为文科学生开设的数学课程，他们相信数字的首要用途是作为标签 —— 比如说"我穿8码的鞋" —— 而实际上如果使用不同的标签，比如说名人或者城市作为标签，这个世界将运转得更好。毕竟记住艾尔维斯鞋或丹佛鞋 ① 要比记住你穿8码鞋容易得多。你别笑 —— 本田公司生产的是雅阁和思域汽车，而不是本田汽车1和本田汽车2。

幸运的是（在我的学校中，所有的教师都经常讲授初等课程），第二类课程也包括我最喜欢的一类学生 —— 未来的小学教师，他们将会为从事小学的工作而学习两个学期的数学。我最尊重这样的学生，因为他们打算成为教师是因为他们热爱儿童并为他们创造更好的生活。他们肯定不是为了钱而做这一切（工资并不高），也不是因为这份工作的自由度（他们经常会不得不在不愉快的环境中进行教学，其中包括设备的缺乏、漠不关心的行政官员、有敌意的父母以及来自政客和媒体的各种批评）。

为小学教师开设的数学课程中大部分学生都能理解第一天的课程 —— 一般来说数学并不是他们最擅长的科目，他们看到数学问题时总是要想一会儿。我相信这样的学生在轻松的心境之下应该能做得更好，因此我开头往往会引用爱因斯坦的名言，"无需担心在数学中碰到的困难，我向你保证我们的数学水平差不多。"[2]然后我告诉他们我讲授和研究数学已经超过半个世纪，但是他们所知道的关于"3"的数学和我一样多 —— 因为我甚至不能告诉他们"3"是什么。

当然，我能够判断出一大堆关于"3"的东西 —— 三个橘子、三块饼干等 —— 并且我还能进行一些关于"3"的操作，比如说2加3等于5。我告诉他们数学如此有用的原因之一就是我们可以在许多不同的情况下使用"2加3等于5"这样的命题，比如说我们需要5美元现金

---

① 这里借用了两位著名流行歌手的姓名艾尔维斯·普莱斯利（Elvis Presley）和约翰·丹佛（John Denver）。

（或信用卡）才能买一块2美元的松糕加上一杯3美元的星冰乐。但不管怎样，"3"很像色情物品——当我们看到它时就知道它，但是要给它一个准确的定义却是无法做到。

多、少和相等

如何告诉小朋友什么是树？你当然不可能从树的生物学定义开始——你只是简单地把小朋友带到公园或一片树林前指给他看那些树（城里人也可以利用书籍或电脑上的树的图片）。"3"也是一样——你告诉小朋友一些"3"的例子，比如说三块饼干或三颗星星。在谈论树的时候，你也许会毫无疑问地指出那些共性——树干、树枝和叶子。当我们谈论"3"的时候，我们教会他们进行一一配对。在书的一边是三块饼干，另一边是三颗星星。小朋友在饼干和星星之间画下连线，当每块饼干都与不同的星星相连之后，不会剩下多余的星星，因此可以知道饼干和星星的数目是一样的。如果星星的数目比饼干多，那么一定会有多余的没被连线的星星。如果星星的数目比饼干少，那么当你完成所有的饼干之前，星星就不够用了。一一配对为我们展示了有限集合的一个重要特点：不存在这样的有限集合，它能够和自己的真子集进行一一配对（真子集包含了原集合中的一部分但不是全部的元素）。如果你有十七块饼干，你就不可能将它们与更少数目的饼干进行一一配对。

正整数集

正整数1，2，3，……是计数法和算术的基础。许多孩子都会在计数中找到一些愉快的过程，但迟早他们会碰到这个问题：是否存在着最大的数？通常他们也能自己回答这个问题——如果存在着最大数目的饼干，他们的妈妈总是可以再烤一块。因此不存在这样的一个数（正整数）能够描述究竟有多少个数（正整数）。然而，是否可能存在某种东西，我们能够用它来表示究竟有多少正整数？

它确实存在 —— 这是19世纪数学的伟大发现之一，它被称为集合的基数（cardinal number）。当集合中元素个数是有限的时候，基数就是通常我们所知的东西 —— 集合中所含元素的个数。有限集合的基数有两个重要的性质，这也是我们在上一节所讨论的内容。首先，两个具有相同有限基数的集合可以建立它们之间的一一对应关系，就像小朋友将三颗星星的集合与三块饼干的集合配对一样。其次，一个有限集合无法与一个具有更小基数的集合建立一一对应关系 —— 特别的，它无法与自己的真子集进行配对。如果小朋友有三块饼干，然后他吃掉一块，那么剩下的两块饼干是不可能与原先的三块饼干进行配对的。

希尔伯特旅馆

德国数学家大卫·希尔伯特（David Hilbert）发明了一个有趣的方法，从而表明所有正整数构成的集合能够和自身的真子集进行一一配对。他假设有这样一个拥有无限房间的旅馆 —— 标记为R1，R2，R3，… 且该旅馆已经客满。现在又来了无限多位旅客，标记为G1，G2，G3，…，要求住宿。老板肯定不愿意回绝这一笔有利可图的生意，所以只好在某种程度上麻烦已经入住的客人作一点让步，他将R1的客人搬到R2，R2的客人搬到R4，R3的客人搬到R6，如此下去 —— 将每位已经入住的客人搬至原先房间号两倍的房间中去。当这个过程结束之后，所有的偶数房号的房间都住上了人，但是所有奇数房号的房间却空了出来。于是老板将客人G1安排进空房间R1，客人G2安排进空房间R3，客人G3安排进空房间R5…… 和地球上任何一间旅馆不一样，希尔伯特的旅馆永远也不会挂出"客满"的牌子。

在上一段中，通过将房间N中的旅客搬至房间$2N$这样的操作，我们实际上建立了正整数和正偶数之间的一一对应关系。通过$N \leftrightarrow 2N$这样的对应，每个正整数都对应于一个正偶数，每个正偶数都对应于一个正整数，且不同的正整数对应于不同的正偶数。这样我们将一个无穷集合正整数集与它的真子集正偶数集进行了一一配对。在做这

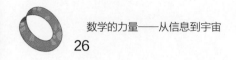

样的操作时，我们发现无穷集合与有限集合有着本质上的区别 —— 实际上，区分无穷集合和有限集合的关键就是无穷集合可以和自己的真子集进行一一配对，而有限集合则做不到这一点。

庞兹法尼亚

有许多令人迷惑的事件都与无穷集合有关。查尔斯·庞兹（Charles Ponzi）是20世纪初美国的一名骗子，他发明了一种计划（现在称为庞氏骗局）来劝说人们将钱投资给他从而获得丰厚的回报。庞氏骗局是极其恶劣的骗局（这也是为什么它们是非法的）—— 并且周期性地，不断有新版本的庞氏骗局席卷全国，比如金字塔投资俱乐部等。[3]庞兹将后加入的投资者所投入的资金付给最初的投资者，造成投资者均能致富的假象 —— 至少是那些初期投资者。最后的投资人只能提着自己空空的口袋，因为通过这种方法已经无法付给这些投资人回报，除非能够找到新的投资者 —— 最终投资者总是要耗尽的。这样的故事发生在各地，除了庞兹法尼亚①。

在庞兹到来之前，庞兹法尼亚是一个人口稠密的国家，并且有着巨额的债务。和希尔伯特的旅馆一样，它的居民人数是无穷多 —— 我们称他们为 I1，I2，I3，… 每个逢编号为10的居民（I10，I20，…）有着1美元的存款，而剩下的所有居民都有1美元的债务。因此居民1至居民10拥有的总财富为负9美元，居民11至居民20的总财富也是如此，居民21至居民30亦然，依此类推。每10个连续编号的居民都有着负数的总财富。

但是不要担心，他们所需要的只是一个重新分配财富的好方法，于是查尔斯·庞兹这位美国的罪犯成为庞兹法尼亚的国家英雄。他收取了居民 I10 和 I20 的1美元，并将它交给居民 I11，这样居民 I11 的财富就变为1美元；然后他将居民 I30 和 I40 的1美元交给 I2，这样 I2 的

---

① 作者利用庞兹（Ponzi）和宾夕法尼亚州（Pennsylvania）造出的新地名 Ponzylvania。

财富也变为1美元；同样居民I50和I60的1美元会交给I3，这样I3的财富也为1美元。我们假设当庞兹拜访过某位居民如I10后，这位居民就会一分不剩（I10原先有1美元，但是交给了I1），因此庞兹只不过是简单地将后面美元拥有者的美元进行了转移。他将这个过程对所有的居民均执行一遍 —— 最终每个人都会拥有1美元！

仅仅是给每个居民1美元是不会成为国家英雄的 —— 于是庞兹开始着手他的宏大财政计划的第二步。因为每个人都有1美元，因此他将I2，I4，I6，I8，… 的1美元收上来并送给I1。现在I1有了无穷多的财富，可以退休在海边别墅中享福了。经过这个过程，只有I3，I5，I7，I9，… 拥有1美元。这里的关键是依然有无穷多的居民手中拥有1美元。现在庞兹将I3，I7，I11，I15（每两个奇数取一个），… 手中的1美元收上来送给I2，从而I2也可以退休并在海边别墅享福了。此时仍然有无穷多位居民拥有1美元（I5，I9，I13，…），于是庞兹仍然使用每两个美元拥有者取一个（I5，I13，I21，…）的办法将他们的财富转移到I3的身上。这个过程结束时，I3也住到了自己的海边别墅中，并且仍然有无穷多的居民拥有1美元。在第二步结束之后，每个居民都可以在自己的海边别墅中享受生活。因此居民们把自己的国家命名为庞兹法尼亚就毫不奇怪了。

这个特别的庞氏骗局的理性解释是它涉及无穷级数的重新排列，这个问题只有在数学专业的实分析课程中才会涉及。这样的例子已经足够说明存在着某些问题，它们涉及无穷算术过程是如何区别于有限过程的核心部分 —— 当我们统计整个国家的资产时，通过将I1至I10的总资产（负9美元）加上I11至I20的总资产（负9美元）再加上依此类推的总资产这种办法所得到的结果与(I10+I20+I1)+(I30+I40+I2)+(I50+I60+I3)+ … = [1+1+(-1)] + [1+1+(-1)] + [1+1+(-1)] + … = 1+1+1+ … 大不相同。两种不同的统计资金（做算术）的办法导致了不同的结果。在现实世界中的财务账簿中，无论你如何统计资金结果总是一样的；而在庞兹法尼亚，一个好的财务人员则可以沙中淘金。

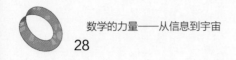
格奥尔格·康托尔（Georg Cantor），1845—1918

在格奥尔格·康托尔之前，数学家对无穷的本性的研究从未取得过成功。实际上他们也没有进行真正的尝试——如卡尔·弗雷德里希·高斯（Carl Friedrich Gauss）这样伟大的数学家曾经宣称无穷大在数学中永远不可能描述一个完整的量，只可能是说话的一种方式。高斯解释说无穷可以通过越来越大的数逼近，但是凭它本身的资格不能够被看作是一个变化的数学实体。

由于其自身所受到的不同寻常的教养，也许康托尔对于无穷的兴趣早有征兆——他是一位犹太人，成长为一名新教徒，娶了一名天主教妻子。此外，他的家族中有相当数量的艺术人才，数位家族成员都就职于大型管弦乐团。康托尔留下的一些画作表明他已经拥有了一定的艺术才能。康托尔师从著名分析学家卡尔·西奥多·威尔海姆·魏尔斯特拉斯（Karl Theodor Wilhelm Weierstrass）获得博士学位，康托尔早年的工作亦是沿着自己论文导师的研究方向——数学家所共有的特点。然而，康托尔对于无穷本性的兴趣促使他对这个问题进行了深入的研究。他的研究结果引起了整个数学界相当大的兴趣——当然也引起了相当大的论战。康托尔公然推翻了高斯的观点，因为他把无穷当作实际的量，并且像有限数一样来处理无穷。

难以接受这样的观点的数学家中就包括了利奥波德·克罗内克（Leopold Kronecker），一位天才但却专制的德国数学家。当时克罗内克在柏林大学的教职拥有崇高的声望，而康托尔只是普通的哈雷大学（University of Halle）的教员。克罗内克是一名保守的数学家，他遵从高斯对于无穷的论述，并尽自己所能来贬低康托尔的工作。这导致康托尔的忧郁症和偏执症的多次爆发，并在精神病院度过了他后半生的绝大多数时光。尽管康托尔宣称自己的数学是上帝的旨意，但这并没有帮到他太多。康托尔的其他兴趣还包括试图让人们接受莎士比亚的作品，实际上是弗朗西斯·培根（Francis Bacon）所写。

尽管如此，在他精神正常的时期，康托尔依然做了令人惊叹的工作，这些结果改变了数学的方向。可惜的是，他最终死在度过了大半生的精神病院。如同莫扎特和梵高在死后获得了巨大声名一样，康托尔的工作在他死后得到了承认。康托尔的主要成就之一 —— 超限算术被希尔伯特描述为"数学思想中最令人震撼的结果，人类活动在纯智力领域最优美的成就之一"。[4]希尔伯特还认为"没有人能够将我们从康托尔建立的乐园中赶走"。[5]我们只能想象如果当时是希尔伯特而不是克罗内克拥有柏林大学的那个位置的话，康托尔的一生将会完全不同。

希尔伯特旅馆的另一位访客

康托尔的伟大发现之一是存在着基数比正整数集合还大的无穷集合 —— 那些无法与正整数建立一一对应关系的无穷集合。所有拥有无限长名字的人的全体就是这样一个集合。

无限长名字指的是由 A 到 Z 以及空格构成的序列 —— 每个正整数数位上是一个字母或空格。像"Georg Cantor"就是一个由字母和许多空格构成的名字 —— 第一个字母是 G，第二个字母是 E …… 第六个字母是空格，第十二个字母是 R，而剩下的第十三个、第十四个 ……（这里的省略号表示"继续下去直到永远"，或类似的表述）都是空格。另一些人，比如说"AAAAAAAAA ……"则由唯一的字母组成 ——这里名字中的每个字母都是 A。当然，她需要一些时间来填写希尔伯特旅馆的登记卡，但是我们暂时不考虑这个问题。

具有无限长名字的人的全体无法与正整数进行一一配对。为了说明这个情况，让我们先假设能够进行如此的一一配对。如果是这样，那么每个具有无限长名字的人就可以被安排进希尔伯特旅馆的客房中，我们假设已经做到了这一点。下面我们将说明存在着一位具有无限长名字的旅客没有房间可住，从而导致矛盾。为了说明存在性，我们需要逐个字母地构造这位旅客的名字，我们先将他称为神秘嘉宾。考虑房间R1的住户的名字，选择一个不同于他的名字第一位的字母，这个"不同的字母"将作为神秘嘉宾名字的第一位；然后考虑房间R2的住户的名字，选择一个不同于他的名字第二位的字母，这个"不同的字母"将作为神秘嘉宾名字的第二位；总体来说，我们考虑房间Rn的住户的名字的第n位字母，并选取一个"不同的字母"作为神秘嘉宾的名字的第n位字母。

完成这样的构造之后，我们的神秘嘉宾实际上没有房间可以住。他不住在R1，因为他的名字的第一位和R1中住户名字的第一位不同；他也不住在R2，因为他的名字的第二位和R2中住户名字的第二位不同；依此类推，我们的神秘嘉宾并没有住在希尔伯特的旅馆中。从而所有具有无限长名字的人构成的集合无法与正整数集合进行一一配对。

数学中的伟大结果都以它们的发现者命名，比如说毕达哥拉斯定理[1]；有研究价值的数学对象也常常附有重要贡献者的名字，比如说"康托尔集"；而精妙的数学证明技巧同样给人带来不朽的名声——上面的构造过程就被称为"康托尔对角线证明法"（如果我们将旅馆中住户的名字从上至下列出一张表，每个名字的第一个字母构成第一列，每个名字的第二个字母构成第二列，依此类推，那么连接第一个名字的第一个字母、第二个名字的第二个字母、第三个名字的第三个字母以及如此下去的那些字母的连线将会构成这个无穷大方形表格的对角线）。实际上，康托尔是极少数完成了完全击打[2]的数学家之一，不仅有以他命名的证明方法，还有以他命名的定理和数学对象。

连续统假设（Continuum Hypothesis）

可以容易地看出，上面的证明技巧能够说明在0和1之间的全部

---

[1] 在中国，毕达哥拉斯定理更多地被称为勾股定理。

[2] Hit for a cycle，在棒球比赛中，完全击打指的是同一位击球者在同一场比赛中不分顺序地打出一垒安打、二垒安打、三垒安打和本垒打。

实数构成的集合的基础要大于全部正整数构成的集合基数。0和1之间的全部实数（称为"连续统"）如果写成十进制小数的形式，其实就是简化的无限长的名字，只不过用1至9取代了A至Z，以及0取代了空格。比如说，$1/4 = 0.25000\cdots$ 康托尔制定了集合基数之间的算术运算，并将正整数集合的基数记做阿列夫零（aleph-0或 $\aleph$-0）[①]，连续统的基数记为c。

康托尔对角线证明方法还可以给我们提供更多结果。康托尔用这个方法证明了有理数集合的基数是阿列夫零，代数数（能够表示为整系数多项式方程的根的那些数）集合的基数也是阿列夫零。和小朋友证明不存在最大的（有限）正整数一样，它还能用来证明关于无穷的类似结果。康托尔证明了给定任何一个集合S，S的全部子集构成的集合不能与集合S进行一一配对，因此我们得到了一个更大的基数。作为推论，可知不存在最大的基数。

填补空白

抛开他给康托尔带来的悲惨生活不谈，利奥波德·克罗内克实际上是一位很有才华的数学家，同时也给数学圈带来了这句著名的语录："上帝创造了整数，剩下的都是人类的工作。"[6]人类所不得不进行的第一项工作就是填补数轴上整数之间的空白。在19世纪的时候人们再次碰到了需要填补的空白。数学家们碰到了这样一个问题，就是是否存在着阿列夫零和c之间的基数？正如上面已经解释的，试图证明一些具体的集合比如说有理数集合或代数数集合具有不同于阿列夫零或c的基数的努力都是不成功的。康托尔假设不存在这样的基数——连续统的任意无限子集的基数为阿列夫零或c，这一假设被称为连续统假设。证明或推翻连续统假设是数学界高度重视的问题。在世纪之交的一次重要数学会议上，希尔伯特给出了数学家将在20世纪所要面对的著名的23个重要问题，而连续统假设就位于这一列表的首

[①] 阿列夫是希伯来文的第一个字母，符号为 $\aleph$。

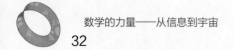
位。任何数学家只要解决了这23个问题中的一个，必将功成名就。

选择公理（The Axiom of Choice）

选择公理出现在数学世界中的时间相对较晚 —— 实际上，直到康托尔的思想进入数学界之前，没有人认为我们会需要这样一个公理。选择公理的表述很简单：如果我们有一系列非空的集合，那我们可以从每个集合中取出一个元素。其实，当我第一次看到这个公理时，我的第一反应是"我们为什么需要这个公理？从集合中选取元素就像有着无限预算的购物一样，只需要走进商店并说'我要这个'"。尽管如此，选择公理仍然引起了广泛的争论 —— 在一个公理所能引发的争论范围内。

论战的中心围绕着单词"选择"。如同激进主义法官和狭义解释宪法派一样，对于单词"选择"的解释也存在着自由派和严格派的数学家。"选择"如果是一个动作过程，那么我们必须制定所进行的操作（或一个用于产生这些选择动作的程序）；或者仅仅是存在性的一种表述，这种表述说明我们可以做出选择（这在某种意义上有点类似亨利·基辛格 ① 的评论"错误是由包括我在内的管理层做出的"）。[7]如果你是严格派并且想知道选择的方式，那么你在面对一系列由正整数构成的集合时不会碰到任何问题 —— 你可以取出每个集合中的最小整数。实际上存在着许多这样的系列集合，在其中构造选择函数（这个函数对于每个集合的值就是对这个集合进行的选择）不会碰到问题。然而，如果你考虑的是实数轴的所有非空子集构成的一系列集合，那么你没有明显的方法来完成这个选择过程 —— 也没有不明显的方法，至少目前没有人做到这一点，并且许多数理逻辑学家认为这一点不可能做到。

---

① Henry Kissinger，生于1923年5月27日，是一位出生于德国的美国犹太人外交家，与越南人黎德寿一同获得1973年诺贝尔和平奖，原美国国家安全顾问，后担任尼克松政府的国务卿，并在改善中美关系的进程中发挥了重要作用。

　　在"正整数集合"和"实数集合"之间存在着明显的差异，在任何非空正整数集合中总存在着最小的正整数，而在任意非空的实数集合中并不一定存在最小的实数。如果存在的话，我们就能像正整数集合那样找到选择函数 —— 我们只需要简单地选择非空集合中的最小实数即可。

　　你可能已经知道了，存在某些实数集合，它们明显没有最小元素，比如说所有正实数构成的集合。假设你找到了这样的最小元素，那么它的一半依然是正实数，但是却比原来的更小。然而，也许存在着某种可能的方法将实数以不同的序关系重新排列，在这种序关系之下每个非空实数集合都有最小的元素。如果存在这样的方法，那么上一段文字中所说的选择函数就可以明确地定义出来 —— 利用每个集合中的最小元素。事实上这个想法被称为良序原理（well-ordering principle），它在逻辑上等价于选择公理。

　　如果说寻找实数的所有子集构成的集合中的选择函数让你感到头疼，也许你会更喜欢由贝特朗·罗素（Bertrand Russell）所提出的一个双关论证 —— 如果你有无穷多双鞋，那么可以很简单地从每双鞋中分别取出一只（你可以取出左鞋）；但是如果你有无穷多双袜子，在每双袜子中你没法分辨左右，因此你就无法明确地指出如何从每双袜子中取出哪一只。

　　绝大多数数学家都喜欢存在某种公式 —— 存在某种选择（也许在某些抽象幻境①中我们不能明确地指出如何选择），并且有相当多的重要数学结论依赖于选择公理的使用。这些结果中最有意思的结果是巴拿赫-塔斯基悖论（Banach-Tarski paradox），[8]这个悖论的内容会让普通民众觉得数学家是不是脑子坏了。这个定理宣称，存在一种可能的分解方式，它将一个三维球面分解为有限个部分，然后利用旋转和平移（利用推拉将某物从一个地方移到另一个地方）可以将这

---

① Never-never land，《小飞侠彼得·潘》中的地名。

些部分重新拼成一个两倍于原先球面半径的球面。我们可以这样想象，花几千美元买一个小的黄金空心球，利用巴拿赫－塔斯基操作将它的半径变为原先的两倍，重复这个过程直到你获得足够多的黄金，这样即使没有查尔斯·庞兹的帮助，你也能在退休后拥有一幢海边别墅。不幸的是，这个球面能分解（注意我这里没有使用单词"切割"，那是实际上可操作的物理过程）成的部分仅仅存在于一个抽象的幻境中，我们称之为"不可测集合"。从没有人看见过不可测集合也不会有人看见过，如果你能够造出一个不可测集合，那它实际上并非不可测集合，但是如果你能接受存在性意义上的选择公理，那么在这样的幻境中有着相当多的这种集合。

公理集合的相容性

我不确定其他数学家是否会同意，但我认为数学家是从公理集合出发进行演绎推理的人，而数理逻辑学家则是对公理集合进行演绎推理的人。在某一观点上，数学家和数理逻辑学家是一致的 —— 如果从一个公理集合出发，可以推导出互相矛盾的结论，那么这个公理集合就不是一个好的公理集合。如果从一个公理集合出发，不会推导出互相矛盾的结论，那么这个公理集合就被称为是相容的（consistent）。数学家通常和那些数学界认为是相容的（尽管这一点可能无法证明）公理集合打交道，而数理逻辑学家的目标之一就是证明某个公理集合是相容的。

如同存在着不同的几何学（欧氏几何学、射影几何学、球面几何学、双曲几何学等）一样，数学中也存在着不同的集合理论。其中被广泛研究的公理体系是由恩斯特·策梅洛（Ernst Zermelo）和阿道夫·弗伦克尔（Adolf Fraenkel）提出的一个包括选择公理在内的公理体系。[9]这个工业标准的集合论版本被称为ZFC —— 你可以猜到Z和F的意思，C表示选择公理。数学家非常喜欢用缩写作为数学美学的指导原则，用极少的符号表示最多的含义本身就很吸引人。因此CH就是连续统假设的缩写。

对希尔伯特第一问题的第一次进攻来自科特·哥德尔（在后面的章节中我们还将多次碰到他）在1940年得到的结果，他证明了如果ZFC公理体系是相容的，那么将CH作为公理加入后得到的更大的公理体系ZFC+CH也不会导致任何矛盾。

这样他就将连续统假设这个还在经受数学家仔细审查（他们希望或者找到一个基数既不是阿列夫零也不是c的实数集合，或者证明这样的集合不存在）的命题融入到了数理逻辑的领域中。在20世纪60年代初，斯坦福大学的保罗·科恩（Paul Cohen）用两个结果震惊了数学界。他证明了如果ZFC是相容的，那么CH在这个系统中是无法判定的，也就是说CH的正确与否无法由ZFC中的公理和逻辑推理决定。科恩还证明了如果将CH的否定（记为"not CH"）纳入ZFC体系中，那么ZFC + not CH也将是相容的。考虑到哥德尔早年的结果，这就意味着无论你假设CH是真是假，将它纳入一个事先假定为相容的ZFC体系之后，所得到的公理体系依然是相容的。用数理逻辑的语言来说，CH是独立于ZFC的。这项工作的杰出性使得科恩（他在2007年逝世）在1966年被授予菲尔兹奖。

这意味着什么？历史上另一个类似情形也许能帮助我们更好地理解这一点，当时一个重要的假设被证明是独立于某个公理系统而存在的。当欧氏几何被作为研究对象时，人们意识到平行线公设（通过给定直线l外一点，可以作出唯一一条平行于l的直线）独立于其他的公理。通常的平面几何学给平行线公设赋予了具体含义，但是存在着其他的几何学，在其中平行线公设是错误的 —— 在双曲几何学中，过给定直线l外一点，至少可以作出两条平行于l的直线。逻辑学家称平面几何学是具体化平行线公设的模型。

连续统：我们现在在何处？

当今最著名的物理学家之一约翰·阿奇博尔德·惠勒（John Archibald Wheeler）（当我们讨论量子力学的时候还将会碰到他）认为整数的离

散结构和连续统的本性对于物理学同样至关重要，它们都融入了物理学家的观点之中。

> 对于物理学的先锋部队而言，他们关于热和声音、场和粒子、引力和时空几何等话题延续数十年的争论，都依赖于奔驰在前方的数学骑兵为他们提供了实数系统的基本原理。然而，量子理论的出现告诉我们，尽管我们已经有了关于细小物质的知识，但是连续统依然离我们很远。对于每天的工作，连续统的概念依然存在并且仍然将是物理学中（当然也是数学中）不可缺少之物。在任何我们奋斗的领域中，在任何给定的工作中，我们可以采纳连续统而放弃绝对的逻辑严格性，或者为了严格性而放弃连续统，但是我们不可能在同一个问题中同时兼顾着两者。[10]

惠勒看到了当前关于客观实体的量子观点（惠勒所谓的绝对逻辑严格性）和连续统（一个有用但又不可能实现的数学理想化之物）之间的碰撞。数学家是幸运的 —— 他们无需决定自己所研究的对象是有用的还是客观实体的伟大描述，他们只需要决定这个东西是否有趣。

有了科恩的有关CH在ZFC体系内的无法判定性这样的结果，又因为CH独立于ZFC体系，那么接下去的研究工作该作何选择呢？这个问题基本上已经不在数学家考虑的范围之内了，大部分数学家对ZFC这样的公理体系已经感到满足。而大部分逻辑学家则关注于这个问题的ZFC部分，并且已经做了相当多的工作构造出其他的一些集合论公理体系，在那些系统中CH是正确的。也许未来的数学家会决定改变他们的工业标准，抛弃ZFC体系而选用其他的体系。

所有的这一切有什么价值？从数学的观点来看，尽管20世纪数学的发展削弱了希尔伯特第一问题的重要性，但是连续统依然是一个基本的数学对象 —— 不断增加的有关它的结构的知识有着无比的重要性，就像不断增加的有关病毒或恒星的知识对于相应学科的重要性一样。从现实世界的观点来看，物理实在既需要离散结构（量子力学）又需要连续统（其他领域）。我们还没有能够洞悉物理实在的终极本性，也许对于连续统的更进一步的知识能够让我们在这一方向上取得突破。

此外，有了连续统的假设会使得计算变得更加容易。如果抛弃了连续统，那么就不存在圆 —— 只有一堆到中心距离相等的不相连的点。而你也不可能绕圆形池塘走一圈圆形路径，走过的距离也不可能是两倍的 π 乘以池塘的半径；而是沿着一系列连接这些离散点之间的直线段行走，计算这样一条路径的长度将会十分艰难，并且当你精确到足够多的小数位数时，它将会等于 $2\pi r$。这样的圆就是在实际世界中不会存在的理想化的连续统，但是它的实际价值以及对计算的简化对于我们而言十分重要，因此不能草率地将它抛弃。

最后，寻找满足不同公理系统的模型的任务常常会给我们对真实世界的理解带来令人惊讶的结果。试图寻找欧氏平行线公设不成立模型的尝试导致了双曲几何学的发展，这被融入了爱因斯坦的相对论之中，而相对论是我们所知的关于宇宙的大尺度结构和行为的最精确理论。正如尼古拉·伊万诺维奇·罗巴切夫斯基（Nikolai Ivanovich Lobachevsky）所说，"尽管很抽象，但是数学的每一个分支，总有一天会应用于现实世界的某种现象之上。"[11]

注释：

［1］这段引文来自柏拉图的《泰阿泰德篇》①，第 152 a 节。更多关于普罗泰戈拉的生平可以参见 http://en.wikipedia.org/wiki/Protagoras。尽管维基百科是可以被任何人编辑的网站，但我的经验表明其中有关数学、物理及其相关历史的内容相当准确 —— 或许是因为没有人会在这种内容上争锋相对，或许是因为这样的内容根本引发不了争端。

［2］这段引文是如此出名，以至于众多来源都指向爱因斯坦！这句

---

① Theaetetus，希腊哲学家、数学家柏拉图的对话录之一，记述了他对知识论的看法。

话大量出现的场景主要就是像我这样的数学教师希望让学生放轻松的时候。许多人更愿意认为爱因斯坦是数学家而不是物理学家，但就我所知，他唯一的数学贡献是"爱因斯坦求和约定"，这本质上是一种记号法——就像我们用"+"来代表加法。

[3]甚至证券交易委员会也对此事做出警告，参见http://www.sec.gov/answers/ponzi.htm。

[4]参见Carl B. Boyer, *A History of Mathematics*（New York: John Wiley & Sons, 1991），p. 570。

[5]同上。

[6]同上。

[7]参见http://archives.cnn.com/2002/WORLD/europe/04/24/uk.kissinger/。

[8]参见L. Wapner, The Pea and the Sun（*A Mathematical Paradox*）（Wellesley, Mass: A. K. Peters, 2005）。这是一本相当全面并且易读的有关巴拿赫-塔斯基定理的书籍——还包括了一个易懂版本的证明——但是仍然需要你愿意投入精力去阅读。即使你不愿意，还是有许多读者愿意去读一下。

[9]参见http://mathworld.wolfram.com/Zermelo-FraenkelAxioms.html。为了理解这些内容，你需要努力去接受标准的集合论记号（在这个页面的顶部有解释），但是将这些内容公理化就相对简单一些。页面中也包括了对每个公理的进一步解读的链接。大部分数学家从来不真正担心这些公理，他们理所当然地使用集合论的知识，并且只关心是否能找到选择公理的某个易用版本（除了良序原理之外还有其他的一些等价命题）。我个人认为最有用的两个可以被称为是工业标准的等价命题是佐恩引理（Zorn's Lemma）和超限归纳法（transfinite induction），并且我相信大部分数学家都会同意这一点。

[10]参见H. Weyl, *The Continuum*（New York: Dover, 1994），p. xii。赫曼·外尔（Hermann Weyl）是20世纪初期伟大的学者之一。他在哥廷根大学获得博士学位，他的导师是大卫·希尔伯特。外尔是爱因斯坦相对论早期的支持者之一，并且研究了群论在量子力学的应用。

[11]引用自N. Rose, *Mathematical Maxims and Minims*（Raleigh N. C., Rome Press, 1988）。

2

事实检验

帕斯卡的赌局

　　法国数学家和哲学家布莱兹·帕斯卡（Blaise Pascal）也许是第一位将哲学和概率论融合在一起的学者。帕斯卡倾向于认为上帝有可能不存在，但他同时认为理性的个体都应该相信上帝。他的论证基于概率论中期望（expectation）的概念，它表示的是赌局中的长期平均值。如果你押注于上帝存在并获胜，那么所获得的回报是长生不老——即使上帝存在的概率非常小，那么参加赌局所获得的平均回报，将会比你押注上帝不存在所获得的平均回报要高。一个稍微不同的版本是这样的，如果你在某天晚上丢失了车钥匙，于是你在路灯下进行寻找——钥匙能被找到的概率也许很小，但是如果没有路灯的话你永远也不会找到。

　　当19世纪来临的时候，当时一些重要的思想家注意到了物理和化学领域所取得的成功，并试图将这些思想和结论应用到社会科学中。其中一位是奥古斯特·孔德（Auguste Comte），他是社会学的创始人之一，社会学研究的是人类的社会行为。孔德的论文《社会重组所需的科学研究计划》（*Plan of Scientific Studies Necessary for the Reorganization of Society*）描绘了他实证主义哲学的轮廓。这种哲学的一部分可以表述为理论和观察之间的关系——正如孔德所说，"如果我们认为'每个理论必须基于观测事实'这样的观点是正确的，那么'抛开理论的指导事实不可能被观测到'也应该是正确的。没有这些指导，我们的事实将会是杂乱和无益的，我们不能保留它们：很大程度上我们甚至不能理解它们。"[1]

西蒙·纽科姆[①]在天文学和数学领域做出了重要的贡献。他是一名计算者——在当时computer这个词更常用于描述一种工作而不是电子设备——负责一项修正计算天体位置的计划。他帮助阿尔伯特·迈克耳孙[②]计算了光速，还协助修正了有趣的张德勒摆动（Chandler wobble）的计算，张德勒摆动描述了地球绕地轴旋转时产生的变化。纽科姆并没有将自己限制在物理科学的领域，他的《政治经济学原理》（*Principles of Political Economy*，1885）被著名经济学家约翰·梅纳德·凯恩斯[③]赞誉为"经济学这门半成形的学科中偶尔会出现的一本有着鲜明的科学思想、没有受到太多传统观念影响的原创著作"。[2]这是来自20世纪顶尖经济学家真正的高度评价。由于拥有了这样杰出的生涯，纽科姆被安葬在阿林顿国家公墓[④]，塔夫脱总统[⑤]也参与了葬礼。

显然，这两位都是他们那个时代顶尖的知识分子——但是他们两位都因为做出了某些预言而为人所知晓，而这些预言则位于有史以来"本人坦承最不希望做出的（至少不要那么公开的）预言榜"前100位的榜单中。孔德写过一篇哲学论文，在其中他谈论了某些我们永远不可能知道的事物，其中包括了恒星的化学组成。几年之后，罗伯特·本生[⑥]

---

① Simon Newcomb，1835年3月12日—1909年7月11日，美国籍加拿大天文学家、数学家。虽然他只接受过短期的学校教育，但却在钟表学、经济学及数学上有所贡献。

② Albert Michelson，1852年12月19日—1931年5月9日，波兰裔美国籍物理学家，以测量光速而闻名，尤其是迈克耳孙–莫雷实验，1907年诺贝尔物理学奖获得者。

③ John Maynard Keynes，1883年6月5日—1946年4月21日，英国经济学家，第一代凯恩斯男爵。凯恩斯的经济学思想是经济学诸学派之一，称为"凯恩斯学派"，并衍生数个支系，其影响力持续至今。

④ Arlington National Cemetery，位于美国弗吉尼亚州北部的阿林顿县。

⑤ William Howard Taft，1857—1930，美国第二十七届总统（1909—1913），后担任美国最高法院的首席大法官（1921—1930）。

⑥ Robert Bunsen，1811年3月30日—1899年8月10日，德国化学家。辐射元素铯和铷的发现者，本生灯以他的名字命名，此外他还研究了热体的电磁波谱。

和古斯塔夫·基尔霍夫[①]发现了光谱学,通过分析恒星发出的光谱就能推断出它们的化学组成。纽科姆对动力飞行有兴趣,但是他经过计算后——后来证明是错误的——认为如果没有推进方式的新方法和更强力物质的发展这一切都不可能实现。数年之后,莱特兄弟成功地实现了动力飞行,使用的只是木制框架、控制电线和内燃机引擎。

正如尼尔斯·玻尔[②]自嘲所言,"预言是困难的——特别是关于未来的预言。"[3]数学领域中预言什么可知或什么不可知也是同样的困难,但是由于大部分这样的预言所涉及的研究领域都相当神秘,因此它们通常不会出现在公众的视野之中。然而,物理世界中有关知识和成就极限的预言更容易受到关注——当某人预言我们永远无法知道恒星的化学组成时,证明它的正确性则需要极长的时间。做出这样的预言看上去好像是做出了一个失败的智力命题——就像是在帕斯卡的赌局中选择了错误的一方:你总是可以被证明是错误的,但是几乎不太可能被证明是正确的。

当一名物理学家很困难

我们常常不禁对物理学的非凡成功留下深刻印象,而这样的成功背后总有数学的实质性贡献。当我还是孩子时,我曾经对《纽约时报》所刊登的当天发生的日偏食的细节而感到震惊。这篇文章包括了初亏时间、食甚时间、复圆时间以及一幅日食路径的插图——描述了国内哪些地区可以观测到这一现象。艾萨克·牛顿提出的寥寥几条定律,加上一些数学计算就能让我们以几乎是针尖般的精度预测这个现象,

---

① Gustav Kirchhoff,1822年3月12日—1887年10月17日,德国物理学家。在电路、光谱学领域有重要贡献(两个领域中各有根据其名字命名的基尔霍夫定律),1862年创造了"黑体"一词。1859年制成分光仪,并与化学家罗伯特·本生一同创立光谱化学分析法,从而发现了铯和铷两种元素。

② Niels Bohr,1885年10月7日—1962年11月18日,丹麦物理学家。他是量子力学的奠基者之一,并由于"对原子结构以及从原子发射出的辐射的研究"获得1922年诺贝尔物理学奖。

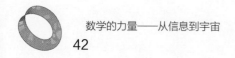
这不得不说是一个真实的奇迹，毫无疑问这也代表了人类智力所能取得的巨大成就。

物理学中绝大多数伟大理论都代表了科学方法的全面胜利。实行相关的实验，搜集相关的数据，并建立一个解释数据的数学框架，然后做出相应的预言 —— 如果这些预言涉及的尚未观测到的现象后来得到证实，那么这个理论就会获得更大的有效性。海王星的发现为牛顿的引力理论加上了更多的砝码，而水星近日点的进动问题则帮助证实了爱因斯坦的相对论。

有时候物理学被简单地看作是应用数学的一个分支，我觉得这对物理学很不公平。物理和数学的区别有点类似艺术中肖像绘画和抽象表现主义的区别。如果有人聘请你去画一幅肖像，最终这幅画得看上去像被画的那个人才行。以我个人对抽象表现主义有限的理解来说，任何你喜欢的东西都可以被绘到画布上作为抽象表现主义 —— 它至少应该是如此的抽象以至于没有人能认出它是什么。这样的对比对数学而言其实不公平，因为有一部分数学具有高度实用性 —— 但某些数学就极其深奥，除了专家之外任何人都无法理解，并且对于任何实际的目标毫无用处。我对抽象表现主义的欣赏以及对它的理解是有限的 —— 考虑到最近一幅杰克逊·波洛克[①]的画卖出了1.4亿美元的价格，我也许会重新看待它。也许这样的对比并非全无益处，因为数学的高度抽象领域最终都被证实具有重大的 —— 意料之外的 —— 实用价值，而1.4亿美元确实是很重大的实际价值。

物理学的成功是非凡的 —— 但是它的失败同样也是非凡的。

关于热的早期理论之一是燃素（phlogiston）理论。燃素理论宣称任何可燃的物质中都含有燃素，一种在燃烧中被释放的无色、无味、

---

① Jackson Pollock，1912年1月28日 — 1956年8月11日，美国画家。抽象表现主义（abstract expressionism）运动的主要力量，他以他独创的滴画（drip painting）而知名。

无重量的物质。我强烈怀疑是否有人建立过真正的有关燃素的公理理论，只要曾经有人这样做过，那么当安托万·拉瓦锡[①]证明了燃烧需要氧气的时刻，燃素理论就会被毫无疑问地推翻。也不会有更多的关于燃素理论的论文，因为它没能通过这个严峻的考验 —— 它不符合观测到的实际情况。如果某个美妙的物理理论与事实产生了抵触或矛盾，那么这将是等待在前方的不可避免的命运。对这样的理论我们所能期望的最好结果就是有一种新的理论能取代它，并且旧的理论在某些特定情形下依然有效。某些古老的理论就是如此有用，尽管它们已经被新理论取代，但依然有着非凡的价值。牛顿的引力理论就是如此，它仍然可被用于预测每天发生的大量事情，比如说地球上的涨潮和落潮。尽管它已经被爱因斯坦的广义相对论所取代，但我们依然庆幸不需要利用广义相对论的工具来计算潮汐，因为那些工具非常难以使用。

数学很少会担心事实验证。当然也有例外，这个故事和我在大学里的代数教师乔治·塞利格曼有关，在他的课程中我获得了极大的享受。实数集合 —— 也就是上一章中讨论的连续统 —— 构成了一个维数为1的特定类型的代数系统。[4]稍微陌生的复数（由虚数$i=\sqrt{-1}$构建而成）集合构成了一个维数为2的类似系统，四元数（quaternion）集合的维数为4，凯莱数（Cayley numbers）集合的维数为8。塞利格曼说他曾耗费了多年时间推导出了维数为16的类似结构的结论，但当他准备发表这些结论的时候，某人证明了这样的结构根本不存在，上面所说的四种结构就是全部可能的结构。有趣的是，当时有两份手稿均提交给了著名的《数学年刊》（ *Annals of Mathematics* ）。其中一份描述了维数为16的数学对象的结构；另一份证明了这样的结构不存在。对塞利格曼而言，这意味着两年的辛勤工作付之东流，但是抛开这个

---

① Antoine Lavoisier，1743年8月26日 —1794年5月8日，法国著名化学家、生物学家及法国贵族，后世尊称拉瓦锡为现代化学之父。他给出了氧与氢的命名，并预测了硅的存在。他帮助建立了公制，提出了"元素"的定义，撰写了第一部真正现代化学教科书《化学基本论述》（ *Traité Élémentaire de Chimie* ）。他倡导并改进定量分析方法并用其验证了质量守恒定律。他创立氧化说以解释燃烧等实验现象，指出动物的呼吸实质上是缓慢氧化。这些划时代的贡献使得他成为历史上最伟大的化学家之一。

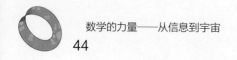

挫折，他的学术生涯依然持久且多产。

在很大程度上，数学对于像针尖上可以有多少位天使在跳舞这样的问题①具有非常大的灵活性。如果这个问题还没有任何结果，那么数学家可以写出一些论文，在这些论文中推导出如果有某个特定数目的天使在针尖上跳舞，我们可以得到什么样的结论；或者确定天使数目的上限和下限。如果这个问题最终被解决，即使是那些错误的结论也被看作是通向最终解答的必要步骤；甚至如果这个问题被确定不能被解决，一个极好且合理的方法就是添加一条关于跳舞天使的存在性或不存在性的公理，然后研究所得到的两个系统——毕竟，当连续统假设被证明是独立于策梅洛-弗伦克尔公理集合理论之后，人们就采用了同样的方法。一直留心于自己的结果必须符合实际的物理学家实际上就像肖像画家，而数学家则像抽象表现主义者，可以将任意颜料挥洒到画布上并宣称这就是艺术——正如我们在引言中谈到的英国数学家哈代所做的那样。

数学理论和物理理论的差别

理论（theory）这个词在物理学和数学中有着不同的含义。词典对其中的差别做了较好的解释——科学中的理论指的是一系列相关的用于解释某一类现象的普遍命题；而数学中的理论指的是一组原理、定理或属于某一主题的一系列类似命题。我的书橱中有关于电磁理论的书籍和关于群论的书籍。一方面尽管群论并不是我所擅长的领域，但在这门课程中我却没有碰到太多困难。另一方面，我在大学的电磁学课程中只得了一个D（坦白说，由于那个学期我交了个女朋友，因此我放松了电磁学课程的学习），我退休后的其中一个目标就是将这本书的结论通读一遍。在我的业余时间，我拿起它开始阅读——这仍

① "针尖上能够几个天使跳舞？"或者"针尖上能站几个天使？"是欧洲中世纪教会经院哲学问题之一，传说牛顿晚年曾研究过这个问题。现用来比喻在毫无实际价值的问题上浪费时间。

然是一项艰苦的任务。关键问题是它并不是数学 —— 它需要的是与之相关的数学和对物理现象的理解（或感觉）。

数学理论通常以对所要研究对象的描述开始。欧氏几何就是很好的范例。它以以下的公理（或公设）开始。

1. 任意两点可被一条直线相连。

2. 任意直线段可以沿着所在的直线被无限地延长。

3. 给定任意的直线段，可以作出以直线段某一端点为圆心，直线段为半径的圆。

4. 所有的直角都相等。

5. 过给定直线外任意一点，可以且只能作出一条平行于原直线的直线。

尽管我们都知道，但其中的一些名词（点、直线等）并没有定义，一些动词（相连、无限地延长等）也没有定义。一旦我们承认了这些公理，意味着我们同意跟它们合作，那么游戏就开始了 —— 推导出这些公理的逻辑结果，这就是数学家所从事的工作。

电磁学理论从库仑定律（Coulomb's law）开始，库仑定律说的是两个点电荷之间的静电力正比于每个电荷的量，反比于两个电荷之间距离的平方。这个定律与牛顿的万有引力定律很相似，万有引力定律说的是两个质点之间的引力大小与每个质点的质量成正比，与两点之间距离的平方成反比。这两个理论不相同的原因在于质量的固有特点是它一定为正值，而电荷量可正可负。我们承认库仑定律为我们的出发点是因为没有一个实验与它矛盾。剩下的工作就是从它开始推导所有逻辑结论 —— 但是这远远不是物理学家所做的全部。这些逻辑结论使得物理学家能够设计一些实验，这些实验并不是要测试这些结论的有效性 —— 这是数学所关心的全部 —— 而是这些结论是否与观测实际相一致。物理学中的逻辑结论往往都受制于这种事实检验 —— 因为物理理论的效用受限于它与观测实际的一致程度。

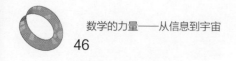
当两种理论交叠时

物理学家提出了两种高度成功的理论：一个是相对论，它极好地描述了引力的本性；另一个是量子力学，它在描述原子和亚原子层次粒子的力学和电磁学行为方面取得了更好的成绩（至少从实验与两种理论符合程度的观点来看）。问题在于相对论仅仅能在大尺度的范围上获得证实，而量子力学只在非常、非常、非常小的世界中才有显著的效果。许多物理学家都认为物理学目前所面临的最重要的理论问题就是建立一种能够包含这两种理论的新理论（通常称之为量子引力）。

目前的候选者包括了弦理论（string theory）和圈量子引力（loop quantum gravity），[5]从这两者中选出优胜者的困难部分地依赖于设计或发现物理现象上的结论以帮助我们从中进行选择。如果两个理论对五个黑洞互相吞噬的现象预言了不同的结果，那么等待这种事件发生也许需要极长的时间。

相比较而言，数学中理论的融合就不会存在着漏洞。该领域的第一位成功者很可能就是笛卡儿，他为自己的《方法论》（*Discourse on Method*）一书写了一份附录，在其中为解析几何这门学科建立了基础。笛卡儿关于解析几何所写的寥寥数页的实用性要远远超过他为哲学所写的洋洋洒洒几大卷，因为解析几何使人们能够将代数中的精确计算工具应用到几何问题中。从此以后，数学家就乐于将一个领域的结果应用到其他领域。表面上看拓扑学[6]和代数学是两个完全不同的研究领域。然而拓扑学中某些重要结果是利用代数工具所获得的，比如说同调群和同伦群（我们将在第五章中给出群的精确定义）可用于研究曲面及其分类；同样也存在着利用特定重要代数结构的拓扑学特征而获得的有关这些结构的代数属性的重要结果。

至少对数学家而言，数学的魅力在于一个领域的结果常常会在另一个看上去毫无关联的领域得到丰富的应用。近年来我个人的研究领域是不动点理论。不动点的一个好例子就是飓风眼，在飓风外围的一切都被撕毁，但是飓风眼处却连一丝微风都感受不到。许多有关不动点的问题名义上好像都位于实分析领域，但我和同事给出的某个特别问题的解答却与组合学有着深刻的联系，组合学是研究数和物体排列类型的一个数学分支。一位希腊的数学家在论文中也解决了同样的问题，同样也用到了组合学，但是和我们采用的方法分别处于组合学中完全不同的分支。尽管目前还没有见到过，但如果未来的某个时期出现一个有关组合不动点理论的会议，我一定不会觉得惊讶。

标准模型

我在高中和大学的物理课程中学习了以下的一些知识：原子模型的图像中包括了由质子和中子构成的核心，以及围绕核心运动的电子，模式很像行星围绕恒星的运动（虽然我的一些老师确实提到了这并非完全准确的描述）。自然界中存在着四种基本力 —— 引力、电磁力、弱核力（它支配着辐射）和强核力（它通过抵抗原子核心中带有正电荷的质子之间的相互斥力来保持核心）。还有一些其他的粒子存在，比如说中微和 μ 介子。此外，尽管我们知道电磁力是电子运动的结果，但是仍然不知道其他基本力是如何产生作用的。

半个世纪之后，这些结果被推广并统一为标准模型（the Standard Model）。[7]现在我们知道存在着三大类粒子以及很有吸引力的分类计划，这些基本力借助不同粒子之间的交换进行传播。尽管标准模型是目前的最新标准，其中仍然存在着众多问题，比如说"什么产生了质量？"［目前最有希望的竞争者是希格斯粒子（Higgs particle），这个粒子已经于2012年被发现］以及"为什么电磁力要比引力强大 10^{39} 倍？"

量子引力理论的一个诱人特点就是它能够统一这四种基本力。大约三十年之前，谢尔顿·格拉肖[①]、史蒂文·温伯格[②]和阿卜杜什·萨拉姆[③]因为提出一个理论[8]而获得了诺贝尔奖，该理论将电磁力和弱核力统一为电弱力（electroweak force），电弱力只在大爆炸之后瞬间的极高温状态下出现。一些物理学家相信存在着一种理论，在其中所有的基本力会融合成一种力，这种力只存在于近乎不可思议的高温状态下，然后随着温度的下降，它就会从混合态演化为各种不同的力。

我很喜欢这样一种理论。我相信在我能理解这个理论之前，将要花费多年的研究，因为这样的一种理论毫无疑问将与我学过的所有数学分支完全不同。大部分数学理论都源自一个非常普遍的结构，其中包含一些相对简单的公理集合和定义 —— 比如说我们所谓的代数结构。代数结构的一个例子是所有多项式的集合 —— 你可以对多项式进行加法、减法、用常数或其他多项式与它们相乘，其结果仍然是一个多项式。然而除法却是不被允许的运算 —— 就像某些整数除以另外的整数之后就不再是整数（比如说5除以3）一样，某些多项式除以另外的多项式之后就不再是多项式。

代数的研究可以通过加上其他的假设而进行下去。代数可以产生巴拿赫代数（Banach algebra），巴拿赫代数可以产生交换巴拿赫代数，后者又能产生交换半单巴拿赫代数 —— 每一步加上的形容词都表示了新加入的一条（或多条）假设。物理似乎并不沿着这种方案发展 —— 某一理论的公理经常需要不断地核查。实际上，标准模型并不像一个模型一样拥有足够多的演绎推理 —— 从假设出发的演绎推理通常并不是用来制造一个更好的容器，而是作为模型有效性的检验工具。

---

① Sheldon Glashow，生于1932年12月5日，美国物理学家，1979年获诺贝尔物理学奖。

② Steven Weinberg，生于1933年5月3日，美国物理学家，1979年获诺贝尔物理学奖。

③ Abdus Salam，1926年1月29日 — 1996年11月21日，巴基斯坦理论物理学家，1979年获诺贝尔物理学奖。

物理学的局限

现在人们普遍认为，物理学在20世纪碰到了自身的局限。尽管标准模型讨论了粒子和基本力，但更现代的一个物理学观点认为信息才是基本概念。尤其是，我们现在发现的有关物理局限性的结果都可以用信息的语言进行分类。

某些局限性的产生仅仅是因为我们无法获得所需要的信息，如果它们确实存在的话。我们无法知道大爆炸之前发生了什么 —— 如果真有某些东西 —— 因为信息传播无法超过光速。我们同样无法知道宇宙的那头是什么 —— 如果宇宙的某一部分位于自从大爆炸以来的时间所定义的光年之外，并且如果这某一部分飞离我们的速度超越了光速，那么我们永远也不能够得到有关这一部分的信息。

某些局限性的出现是因为存在着信息准确度的限制。著名的海森伯不确定性原理告诉我们如果我们能获得的关于一个粒子的位置信息越准确，那么关于它的动量（或者像通常所认为的那样，它的速度）信息就越粗糙。不确定性原理的结论和量子力学（它将会构成下一章的精彩部分）的许多其他结论是人类知识历史上最令人吃惊和反直觉的结论。这个局限性也妨碍了我们做出预测的能力 —— 否定了拉普拉斯有关无所不知的著名论断。我们可以说宇宙通过告诉我们事物是怎样的从而防止我们知道事物将会是什么样的。

当理论产生冲突时

在20世纪中期，关于解释宇宙在时空的大尺度下所表现出的不变性这一事实，存在着两个主要的竞争者。虽然假设宇宙诞生于巨大爆炸之中的大爆炸理论[9]具有成功者的潜质，但它仍然有一个强有力的对手 —— 稳恒态理论（steady state theory）。稳恒态理论[10]的一个重要假设就是在每立方米空间中每100亿年产生一个氢原子。尽管这样的创生规模并不大 —— 但是它需要我们抛弃质能守恒原理

（ matter-energy conservation principle ），而这个原理名义上是物理学的基本原理。然而，能被实验证实的科学原理也存在着限制 —— 在20世纪50年代（现在也差不多如此）测量的精度根本不可能推翻这样一个结论。

物理学中所提出的任意假设也被某种不确定性（这和不确定性原理无关）所围绕。我们对于这些假设所能做到的最好情形就是推导出某些结论并用实验来证实，而所有实验的精确度都存在着限制。为了观测每立方米空间中每100亿年所产生出的一个原子，我们不可能仅仅是挑选出某个立方米的空间然后进行100亿年的观测。即使假设我们能够找到某人或某些工具愿意坐在那里对一立方米的空间观测如此长的时间，你也可能不幸地选取了一立方米什么也没发生的空间 —— 显然稳恒态理论阐述的是平均结果而不是准确的发生率。无法观测到原子的创生并没有导致稳恒态理论的失败 —— 它的失败在于在一个没有变化的宇宙中，不会存在任何的宇宙微波背景辐射。大爆炸理论所预言的这样的背景辐射是该理论的圣物 —— 当它在20世纪60年代被阿诺·彭齐亚斯[1]和罗伯特·威尔逊[2]观测到以后，大爆炸理论成为了无可争议的胜者。

物理学中经常会碰到需要依赖统计方法而不是观测的情形 —— 许多理论都预测过质子衰变（ proton decay ），但是由于质子衰变的发生需要极其漫长的时间，因此解决方法就是假设质子的衰变存在着一种频率分布并需要观测大量的质子。许多物理理论都是在统计检验的基础上被证实或推翻的 —— 和社会科学领域的理论不一样，物理理论必须符合更加严格的标准。在社会科学领域，95％的置信水平就足以接受或拒绝某一理论。

---

① Arno Penzias，生于1933年4月26日，德国出生的美国射电天文学家，犹太人，1964年与罗伯特·威尔逊一起发现了微波背景辐射，并因此获得1978年诺贝尔物理学奖。

② Robert Wilson，生于1936年1月10日，美国射电天文学家，1978年诺贝尔物理学奖获得者。

数学中的理论从不会以这种方式出现冲突，它们也绝不会因为统计证据而得到解决。对于那些重要问题，如连续统假设的成立与否，其解答会给数学领域增加新的知识。不可否认，数学界确实存在着重视或者忽视某些理论的现象，也存在某一理论被更受欢迎的理论所取代的情形。如果存在着相互竞争的、对于描述真实世界现象的解释时，数学也许可以提供某些解决争端的工具，但是如果没有实验和测量，这些工具本质上是无用的。

这部分的最后一章讨论的是：谁才是描述我们宇宙微观结构的最佳数学模型 —— 离散结构还是连续统。从数学的观点来看，两者都可以成立 —— 但当涉及宇宙的描述时，只能有一个胜者。

注释：

［1］参见http://en.wikipedia.org/wiki/Auguste_Comte。正如我已经说过的那样，维基百科里的传记相对而言比较可信，通常也有很好的组织结构。

［2］参见http://en.wikipedia.org/wiki/Simon_Newcomb。

［3］参见http://sciencepolicy.colorado.edu/zine/archives/31/editorial.html。利用Google进行搜索也能发现这段引言指向有很多睿智言论的马克·吐温（Mark Twain）以及尤吉·贝拉①。由于他曾说过不少与之类似的话语，因此许多他也许说过或没说过的话都被归结到了他的身上。

［4］根据塞利格曼所说，确切的问题是确定n为何值时，存在着一个$R^n \times R^n \to R^n$的双线性映射（乘法）使得$ab=0$当且仅当$a=0$或$b=0$。如果你对这些记号不太熟悉，R^n表示所有n维向量（每个分量均为实数）的集合。

———————————

① 全名劳伦斯·彼得·"尤吉"·贝拉（Lawrence Peter "Yogi" Berra），生于1925年5月12日。他是前美国职棒大联盟的捕手、总教练。他主要效力于纽约洋基队并在1972年被选入棒球名人堂。尤吉·贝拉以口误著称，作者在这里开了个玩笑。

双线性映射是分配律推广到两个变元后的结果 ——（$a+b$）$c=ac+bc$和a（$b+c$）$=ab+ac$。此外，由于a和b均为向量，那么双线性映射还应该满足对任意实数r，有（ra）$b=r$（ab）和a（rb）$=r$（ab）。

[5]这是一个很好的机会，我给读者推荐两本由布莱恩·格林所著的畅销书《宇宙的琴弦》（*The Elegant Universe*, W. W. Norton, 1999）和《宇宙的结构》（*The Fabric of the Cosmos*, Alfred A. Knopt, 2004）。无论其他的评论如何，要读完这两本出色的书籍依然不轻松 ——要解释深刻的思想本身就不容易，弦论和圈量子引力本身就是非常深刻的理论。尽管如此，格林在第一本书中对弦论做出了极好的解释，但是由于格林本身是一名弦论的信徒，圈量子引力则用寥寥数语带过。公正地说，圈量子引力毫无疑问在物理学界只占有少许地位 ——但是在物理学中，小众思想变成主流的权利比其他学科更受到尊重。

[6]拓扑学研究的是几何图形或几何体中不随着拉伸或弯曲形变而改变的属性。经典的例子就是甜甜圈拓扑等价于咖啡杯，因为它们恰好都有一个洞（在甜甜圈中你知道这个洞在哪里，咖啡杯上的洞就是你拿起咖啡杯时手指穿过的那个）。如果你有一块泥巴并在上面戳一个洞，那么你可以通过拉伸或弯曲这块泥巴，将它变形为甜甜圈的模样（简单）或者一个咖啡杯的模样（不是那么简单），但是别将它扯断。

[7]参见http://en.wikipedia.org/wiki/Standard_Model 。这是一份简短但却精彩的关于标准模型的说明，以及一张美妙得足以让元素周期表感到惭愧的图表。你必须在这张图表上多次点击才能读懂上面的内容，但这绝对值得。

[8]参见http://en.wikipedia.org/wiki/Electroweak 。前两段足以解释该名词。如果你还愿意看看方程，那么该词条中还包含了一些这一理论的基本方程 ——如果$E=mc^2$是你迄今印象最深刻的方程，那么看看这些方程。因为维基百科是用户自由编辑的网站，因此不同段落的内容深度也各不相同。我不是物理学家，但我认识那些符号和那些方程表达的意思，不过对于它们来自哪里以及可以如何运用，我完全没有头绪。

[9]参见http://en.wikipedia.org/wiki/Big_Bang 。如果可以给解释性的网页从1到10打分，那么这个网页将是10分 ——它已经很完美。漂亮的插图、易于理解的解释、全面的超链接 ——即使该网站有弹出

广告，我想你也不会介意。

[10] 参见 http://en.wikipedia.org/wiki/Steady_State_theory。这个网页和大爆炸理论的网页相比相去甚远。没有图片，只有敷衍的解释。不过这倒也不奇怪，因为稳恒态理论已经死亡。我可以想象当这个理论大败的时候，整个天体物理学界都松了一口气。因为质能守恒原理是如此的重要，你根本舍不得丢弃它。

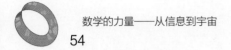

3

一切伟大和渺小

魅力vs基础

相对论恐怕是20世纪物理学中最迷人的结果。它集优美和深刻于一体,并让阿尔伯特·爱因斯坦成为偶像级的人物。它说明了物质和能量的等价性,并导致极具破坏性武器的产生,以及在美国本土的声名并不好,但在美国之外大范围使用的能源科技。除此之外,相对论对普通的民众究竟有什么影响?

答案是"没什么影响"。相对论蕴含着引力理论,正如过去人们利用重力驱动水车的运转一样,重力可以驱动发电机,但却是发电机发出的电力为我们生活提供能量,而不是驱动它们的由重力引发的水的下落。毫无疑问,相对论对这个世界有着深远的影响,但相比较于对电子和光子的物理研究所带来的影响,它就显得苍白。

对电子和光子更深刻的理解属于量子力学的领域。许多伟大的物理学家都对量子力学做出了贡献,其中就包括爱因斯坦,但在此物理学的分支中没有可被推下神坛的伊萨克·牛顿。然而量子力学对我们生活的改变恐怕要多于任何单独的物理学分支 —— 虽然经典的电磁理论会是一个强有力的竞争者。量子力学不仅仅是科技的发源地,它更极大地改变和挑战了我们对现实世界的理解。

这意味着什么?

自从毕达哥拉斯证明了可以说是数学中最重要的定理之后,数学对试图去完成的目标就有着非常清晰的认识。如同古希腊时代人们都知道的一样，毕达哥拉斯知道某些经典的三角形是直角三角形，比如说边长为3，4，5的三角形。注意到$3^2 + 4^2 = 5^2$，他就能将此推广为证明在一个直角三角形中，斜边长的平方等于另外两个直角边长的平方之和。他知道自己要证明的东西，因此当他证明之后，他就知道自己获得的是什么 —— 一个如此重要的定理，以至于他购买了100头牛用于庆祝这个发现。有时我会告诉我的学生们这个故事，并告诉他们这为数学定理的重要性立下一个标杆。算术基本定理（每个整数都能被唯一地表示为素数的乘积）、代数基本定理（每个n次实系数多项式都有n个复根）和微积分基本定理（积分可以通过微分的逆运算来计算）都是值60头牛的定理，并且在我的心中，没有其他定理能与这些定理相比。

物理学中的情形则不同 —— 特别是量子力学。物理学家和数学家都与自己希望推导出的全新且有趣的结果在"博弈"，但是当数学家得到一个结果时，他们几乎不需要去考虑这个结果意味着什么。结果就是结果，下一步就是找到这个结果的应用，或者由它推导出新的结论。

另一方面，物理学家就必须考虑结果的涵义 —— 数学结果在真实世界中究竟意味着什么。量子力学就是这样一个不可思议且博大精深的领域，物理学家已经为了某些结论的解释而辩论了接近一个世纪。理论的构建者之一尼尔斯·玻尔在一次谈话中完美地表达了这样的情绪，"如果你对量子力学没有感到深刻的震撼，那你肯定尚未理解它。[1]"

理查德·阿伦斯

我在1967年的秋天获得了加州大学洛杉矶分校（UCLA）的第一份教职。电影《欢乐满人间》（*Mary Poppins*）于1964年上映，其中的一位配角是著名的英国喜剧演员艾德·温（Ed Wynn），他饰演玛丽·波平斯的叔叔艾尔伯特。当我到达加州大学洛杉矶分校的时候，数学系的一位教授理查德·阿伦斯（Richard Arens）与艾德·温长得

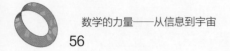

极像 —— 他光秃秃的脑袋周围长着稀疏的头发,让人忍俊不禁。

在我工作的那段时间里,我有机会读到了阿伦斯所写的几篇论文。这是一些绝妙的论文 —— 它们包括了有趣且意想不到的结果,并且总是通过有趣且意想不到的方法进行了证明 [数学中许多结果的证明都利用了那些非常知名的技巧,以至于你只需在证明中看见数行,就可以跟自己说"这是康托对角线法则"(这可被用来证明所有无限长名字的集合无法与正整数集合一一对应),然后直接跳到下一节]。

在他令人敬佩的职业生涯中的某一段时间里,阿伦斯认为数学家需要考虑一下量子力学,他也为此工作了多年。我曾和他聊过这一点,他说他曾努力地学过量子力学,但是基本上可以说一事无成。我怀疑阿伦斯所谓"一事无成"并非大多数人所想的那样,但不管怎样这件事表明了量子力学中所体现的深度和复杂性。

还有什么问题?

我曾在加州州立大学长滩分校(CSULB)数学系担任过多年的研究生顾问。我的工作之一就是监督助教 —— 我们让研究生讲授较低水平的课程从而给他们适当的资助。在每一年的开始,我总是要就我认为对教学有利的建议做一个简短的发言。其中一点涉及如何处理某些复杂问题。我告诉他们经常有学生会提出一些无法当场回答的问题。我碰到过,并且我相信每个数学老师都碰到过。于是我告诉他们在这样的情形下应该说,"这是一个很有趣的问题,我需要想一想然后告诉你结果"。这么做,提问者和被提问者都会获得尊重,并且坚定了对教师的本职任务之一 —— 尽可能解答疑惑 —— 的信心。有时获得某个问题的正确答案需要投入精力,因此事后的正确答案总是要好过当时的不正确答案。

我也愿意将同样的建议送给本书的读者 —— 特别是在这一章 —— 但有些问题即使是物理界最聪明的大脑仍不清楚它们的答案,

更何况是我。因此我需要读者给予我一定程度的宽容。量子力学所展示给我们的有关现实的本质以及知识的局限性，确实令人着迷，但是距离这一传奇的最终版本还有许多内容要书写，也许永不可能写完。毫无疑问，我们通过量子力学所了解到的有关现实本质（nature of reality）以及知识局限性的东西是如此迷人且令人信服，以至于缺少了这个话题的讨论，本书就显得不完整。

马克斯·普朗克和量子假设

在19世纪即将结束的时候，全世界的物理学家开始觉得自己的时代来得快也去得快。一位物理学家觉得物理学的未来只是从事以不断提高的精度来测量宇宙中的物理学常量（比如说光速）这样的平凡任务，从而建议自己的学生选择其他职业。

当然，仍有一些小问题（表面上看起来的）没有得到解决。其中一个未解问题涉及物体如何辐射。当铁块在熔炉中被加热时，它首先发出暗红色，然后是亮红色，然后是白色；换句话说，随着温度的增加铁块的颜色以一种一致的方式变化。经典物理学面对这一事实碰到了困难。实际上，当时占有统治地位的瑞利－金斯理论（Rayleigh-Jeans theory）预言说，一种被称为黑体（blackbody）的理想物体在照射在其上的光波波长逐渐变小时将会发散出无穷的能量。比可见光波长短的是紫外线，瑞利－金斯理论不能成功地预测暴露在紫外线之中的黑体所辐射的有限能量，这一事实被描述为"紫外灾难"。[2]

当科学理论碰到障碍时，会产生数种不同的结果。该理论能够克服这个障碍，这通常发生在一个更宽泛的衍生新理论被发现之后。该理论可以允许细微的修改，像软件一样，一个理论的最初版本常常会需要细微的调整。最后，由于任何科学理论都只能够解释一定数目的现象，因此有时候我们需要一个全新的理论。

瑞利－金斯理论适用于一个通常前提之下 —— 能量可以任何频率

辐射。类似地我们可以考虑一辆汽车的速度 —— 它应该能跑出在它理论极限速度范围内的任意速度。比如说，如果一辆汽车的速度上限是100英里每小时（1英里=1.61千米，下同），那么它应该可以跑出30英里每小时，或40英里每小时，或56.4281英里每小时的速度。然而，写下这些数字多少带点欺骗性，因为它们都是有理数。正如我们在上一章中了解到的那样，小于100的实数是不可数的。

1900年的某一天，德国物理学家马克斯·普朗克（Max Planck）为了避开紫外灾难而提出了一个奇怪的假设。放弃了能量可以任何频率辐射这个假设，普朗克假设能量只能以有限多种频率进行辐射，并且这些频率是某个最小频率的倍数。继续沿用我们刚才的汽车类比，普朗克的假设告诉我们车速只能是某个数（比如说5）的倍数 —— 25英里每小时、40英里每小时等 —— 才有可能。利用这个反直觉的假设他立刻就能解决这个难题，并且他利用这个假设获得的辐射曲线与实验结果吻合。那天，当他在午饭后和儿子散步时，他说："今天我有了一个想法，它应该与牛顿当年的思想具有同样的革命性且同样伟大。"[3]

他的同行并没立刻这么想。普朗克是一位受尊敬的物理学家，但是量子的思想 —— 能量只能在某些层级存在 —— 起初并没有被认真看待。它被看作是某种能够解决紫外灾难，但现实世界并不遵从的数学把戏。自从艾萨克·牛顿引入数学作为描述自然现象的必要部分以来，人们通常认为理论家依靠纸与笔坐下来推导数学结论，要比实验者设计并进行一次成功的实验要容易得多。因此，有种思想认为数学仅仅是用于描述现象的简便语言，而不可能给我们任何深入现象本质的直觉理解。

普朗克的思想沉寂了五年，直到1905年爱因斯坦利用它解释了光电效应。八年后，尼尔斯·玻尔用它解释了氢原子的光谱。仅仅不到20年，普朗克就获得了诺贝尔奖，量子力学也成为物理学的基本理论，解释了原子世界的行为，并使得今天众多高科技产业成为现实。

随着纳粹的上台，德国的科学界遭受了严重的损失。一些著名的犹太裔科学家或有犹太亲属的科学家都逃离了德国，另一些科学家因为憎恨纳粹的统治也选择了离开。普朗克尽管谴责纳粹，但仍决定留在德国。这是一个不幸的决定，在1945年，普朗克的小儿子因为参与了"反抗暴政"这一由数位德国军官策划的暗杀希特勒的失败行动而被处死。

继续的量子革命

马克斯·普朗克革命性的思想给我们带来的要比解决紫外灾难更多。这也许是因为科学再一次为我们打开了一扇通往如此意料之外的世界之门 —— 当安东尼·范·列文虎克[①]利用他最初的显微镜观察一滴水的时候，他发现了我们从未猜测过也从未见过的生命的形态。

量子革命改变了我们的世界 —— 在技术、科学以及哲学领域。从19世纪30年代以来所出现的许多非凡的科技 —— 计算机、医用扫描仪、激光，以及所有拥有芯片的东西 —— 都是理解亚原子世界的量子理论的实际应用结果。量子力学不仅推动科学扩展到了此前从未出现的领域，它还极大地丰富了某些更加历史悠久的研究领域，比如说化学和物理学。最后，量子力学所推动的发现是如此丰富，它促使我们进一步地思考现实本质，而这是数千年来激烈的哲学论战的主题之一。

关于量子力学的讨论可以去图书馆阅读相关的书籍，在此我仅仅关心量子力学中三个最令人迷惑的话题：波粒二象性、不确定性原理和（量子）纠缠。

光是波还是粒子？

---

① Anton van Leeuwenhoek，1632年10月24日 — 1723年8月26日。荷兰贸易商与科学家，有微生物学之父的称号。最为著名的成就之一，是改进了显微镜以及微生物学的建立。

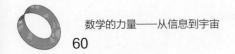

在科学史中，也许没有一个问题比光的本性所引发的论战时间更长。古希腊和中世纪的哲学家都对它非常迷惑，在光是一种物质和光是一种在周围介质中振动的波这两种理论中无法抉择。大约两千年后，艾萨克·牛顿加入了论战。在他做数学、力学或引力理论的空余时间里，牛顿创立了光学。和前辈一样，牛顿也对于光的本性产生了疑惑，但他最终支持光是物质的理论。

我们都知道物质应该具有的特性，但是什么是波的特性？并非所有波的行为都相同。声波是一种典型的波，它可以绕过障碍物，但是光不行。水波是另外一种波，它可以互相干涉。当两个水波碰到一起时，合成的波或者被加强或者被减弱 —— 两个波的波峰互相作用时就使得波更强，当一个波的波峰碰到另一个波的波谷时波就会变弱。

这就是牛顿所坚持的几乎得到普遍承认的观点，此后的一个世纪中几乎没有人去证实或推翻光的波动理论，即使著名物理学家克里斯蒂安·惠更斯[①]强烈喜欢光是一种波动现象这样的观点。最终做出决定性实验的人是托马斯·杨[②]，一位两岁就识字并且成年后通晓十二种语言的神童。除了是一位神童之外，杨还受到了命运在其他方面的特别眷顾，让他出生在一个衣食无忧的家庭。

托马斯·杨是一位通才，他的成就遍及科学的许多领域，并且远不止此。他在材料理论中做出了杰出的贡献，杨氏模量（Young's modulus）是目前仍被用来描述物质弹性的基本参数。杨也是一位有名望的埃及学家，他是第一位在解密埃及象形文字方面取得进展的人。

在剑桥取得了优异成绩之后，杨决定研究医学。杨对于眼部的构

---

① Christian Huygens，1629年4月14日 — 1695年7月8日，荷兰物理学家、天文学家和数学家，土卫六的发现者。他还发现了猎户座大星云和土星光环。

② Thomas Young，1773年6月14日 — 1829年5月29日，英国科学家、医生、通才，曾被誉为"世界上最后一个什么都知道的人"。

造和疾病有着强烈的兴趣，他构造了色彩视觉的理论并得出结论，为了能看到所有的色彩，只需要看到红色、绿色和蓝色。当他还是一位医学生时，他就发现了眼睛形状在聚焦时的变化过程。此后不久，他正确地诊断出了散光的原因，是由于角膜曲率的不规则而引起的视觉模糊。

杨对于眼科的专注导致他开始探索色彩视觉以及光的本性。在1802年，他所进行的一次实验彻底地证明了光是一种波动现象。

双缝实验

在穿过缝隙时，粒子和波的行为不一样。想象一下水波到达岸边时，被只留一个窄口的防波堤所阻挡，那么波就会以窄口为中心，同心圆式地散开。如果有两个相距合理距离的窄口，那么水波就会以这两个窄口为中心，分别以同心圆式散开，但是每个窄口散出的波会与另外一个窄口散出的波发生作用（专业术语是"干涉"）。当一列波的波峰（波的最高点）与另一列波的波峰重合时，波就会被加强；当一列波的波峰碰到另一列波的波谷（波的最低点）时，它们就会相互抵消，在波峰和波谷相遇的地方减弱波的震幅。

在碰到具有相同窄口的物体时，粒子的行为是不一样的。如果有两块平行放置的长方形纸板，距离近的那块纸板上有一条窄缝，用一个喷漆器对着近处的纸板喷一会，然后在远处的纸板上就会出现一条恰好位于窄缝后方的漆线。漆线的边缘并不清晰，然而随着油漆粒子从中心向外散布的过程，其密度也逐渐减少。如果在近处的纸板上切两条窄缝并将喷漆器对准它们喷一会，那么在这两条窄缝的后方纸板上将出现两条类似的漆线。

杨利用两者之间的差异设计了一个实验。他在一张硬纸板上切出两条平行的窄缝，用光线照射这两条缝，并投影到黑色的背景之上。他发现明亮的光带和全黑的区域在背景上交错排列，这正是波的干涉

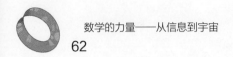

的典型特征。当光波的"最高点"（波峰）重合时就会出现明亮的光带，而当一列光波的波峰被另一列波的波谷抵消时就出现全黑的区域。

爱因斯坦和光电效应

杨氏的双缝实验看上去解决了光是波还是粒子这个问题 ——直到爱因斯坦在他的"奇迹年[①]"1905年提出自己的观点。在这一年中所写的一篇论文里，爱因斯坦解释了光电效应。当光照射在像硒（Se）这样的光电材料上时，光的能量有时可以将金属中的电子激出表面。光产生了电，因此有了"光电（photoelectric）"这个术语。

光的波动理论预言光照强度越大，逸出电子的能量就越大。在1902年由菲利普·莱纳德[②]所进行的经典实验中证实事实并非如此，逸出电子的能量和光照强度无关。无论光源多强，逸出的电子具有相同的能量。莱纳德还证实了逸出电子的能量由入射光的色彩所决定，如果用波长较短的光源，那么逸出电子的能量就比波长较长的光源所激发出的电子的能量要大。这个结果也为说明导师以及导师的兴趣如何影响学生提供了实例。莱纳德在海德堡大学的导师是罗伯特·本生，他曾发现如同不同的色彩形成的色带一样，不同的元素所发出的光的图案决定了这种元素，并可利用它推测恒星的组成。这项重要的实验为莱纳德赢得了1905年的诺贝尔奖，正是这一年爱因斯坦解释了莱纳德所发现的现象背后的原因。

爱因斯坦引用普朗克关于量子（quanta）的思想来解释了光电效应。他将光看作是一大群粒子（每个粒子被称为"光子"）的行为，每个光子携带着由光的频率所决定的能量。波长越短，对应光子的能量

---

① 参见《爱因斯坦奇迹年：改变物理学面貌的五篇论文》，[美]约翰·施塔赫尔著，范岱年、许良英译，上海科技教育出版社，2007年。

② Philipp Lenard，1862—1947，德国物理学家。1905年因为阴极射线的研究而获得诺贝尔物理学奖。

就越高。如果你挥棒的速度越快，你将会赋予棒球更多的能量——假设你击中了棒球。当短波长（高能量）的光子击中电子且使得它有足够的能量逃离金属时，这个电子所具有的能量将比较长波长（较低能量）的光子所激发出的电子更大。巴里·邦兹[1]所击出的本垒打自然要比一位全能内场手在瑞格利球场（Wrigley Field）借助风势而击出的本垒打更好。

对光电效应的解释为爱因斯坦赢得了1921年的诺贝尔奖。伟大的实验家如莱纳德获得了诺贝尔奖，但是伟大的解释者如爱因斯坦不仅获得了诺贝尔奖，他还创造了历史。也许是因为被爱因斯坦超越，也许是因为对自己无法找到光电效应恰当解释（那样他就能横跨实验和理论领域）的愤怒，莱纳德将爱因斯坦的相对论诋毁为"犹太人的科学"，并成为一名忠诚的纳粹主义者。

物质是波还是粒子？

我不知道标准的博士论文应该有多长，但我可以肯定在不同的领域答案不一样。我的博士论文大约是打印稿70页，包括了我从3篇发表的论文中摘取出的足够多的结果——其中的许多内容我都已经忘记。即使是在数学学科内，我相信也有许多博士论文是很长的。

当然也存在短的博士论文，并且是非常短。1924年，路易斯·德布罗意[2]写了一篇非常短的博士论文，在其中他提出了全新的思想：物质也可以具有波的特点。他的论文核心是一个描述了粒子的波长（这是波的特性）和它的动量（粒子特性）之间简单关系的方程。1927年，这个结果被实验证实，因而德布罗意于1929年获得诺贝尔奖。

---

① Barry Bonds，他是一名美国职棒选手，美国职棒生涯本垒打纪录保持者。

② Louis de Broglie，1892年8月15日—1987年3月19日，法国物理学家，他是法国外交和政治世家布罗意公爵家族的后代，1929年因发现了电子的波动性，以及他对量子理论的研究而获诺贝尔物理学奖。

为了了解这个不寻常的思想，我们需要对前面例子中的喷漆器进行一些调整，使得那些油漆粒子以非常慢的速度沿直线飞出——大约是每几秒钟一个油漆粒子。我们将这个喷漆器对准双缝，在经过了异常枯燥的长时间等待后，观察双缝背后纸板上的油漆图案究竟像什么。正如意料之中的一样，它和我们将喷漆器全速运行时所得到的结果非常相似——落在两条细缝后方的两条边缘模糊的漆线。抛开喷漆器，我们利用能够射出电子的电子枪进行同样的实验（并且使用能够在撞击点发光从而记录电子撞击的探测器），此时某些奇怪且意料之外（当然这在德布罗意的意料之中）的结果发生了。此时我们看到的不是两条边缘模糊的光带，而是全黑区域与明亮光带的交错图像——这是波的干涉的特征。结论是显而易见的——在这种情形下，电子的行为类似于波。物质和光一样，有时候的行为像粒子，有时候的行为像波。

两难境地 —— 分光镜实验

物理领域中许多有意思的实验都用到了分光镜（beam splitter）。假设一个光子从棒球场地的本垒开始其旅程，它击出一个二垒安打，于是可以移动到二垒。然而在这个实验中，光子可以经过通常路线上二垒——先移动到一垒，再移动到二垒，或者通过一条在棒球比赛中会判击球手出局的路线——先移动到三垒，再移动到二垒。这是现代版本的双缝实验。有一个光子探测器放置在二垒处，跟前面一样用于记录光子的撞击。光子移动的路线在二垒处交汇，从而如果波发生了干涉就会被探测到。分光镜将光子送往通向一垒或通向三垒的两条路径中的一条，路径的选择是随机的，但通向任一条路径的概率均相等。在这个变体实验中，和双缝实验一样，探测器显示出了干涉图像，这意味着光子的行为和波一样。

现在把这个实验做一个小的改动。在一垒教练席（或三垒教练席，这无关紧要）放置一个光子探测器，棒球教练总是能判断跑垒者是否从自己面前跑过——或者没能跑过。类似地，光子探测器也能判断光子是否经过自己。这样就会对二垒处的图像产生戏剧性的影响，此时图像变为两条明亮的光带，说明此时光子的行为和粒子一样。

光子怎么会知道？

只要被观测到（通过光子探测器），光子的行为就和粒子一样。若没有被观测到（没有光子探测器时），光子的行为就和波一样。这件事很奇怪 —— 光子怎么会知道自己是否被观测到？这是量子力学核心的谜题之一，也是经常以不同面目出现的谜题。

事情变得愈加奇怪。在20世纪70年代，约翰·惠勒[①]提出一个天才的实验，现在称之为延迟选择实验（delayed-choice experiment）。在离本垒很远的地方（二垒）放置一个光子探测器，并配上双位开关。若开关是闭合的，那么光子的行为像粒子；若开关是打开的，那么光子的行为像波。这本质上是前两个实验的组合。

惠勒的建议是当光子离开本垒后再决定光子探测器上的开关是开启还是关闭。这就是所知的延迟选择实验，因为决定探测器的开或关的选择被推迟到（可假定的）光子已经做出它自己（究竟是像粒子还是像波）的选择之后。这就出现了两种可能性 —— 光子的行为是在它离开本垒的瞬间就被决定（但如果是这样，它怎么知道探测器上的开关是开还是关呢），或者光子的行为是由最终光子探测器的开关状态决定。如果是后者（正如实验最终所表明的那样），光子在离开本垒时必须同时处于两种状态，或者是一种混合状态，这个混合状态或者在它穿过途中的光子探测器时得知自己被探测到了的时候，或者在它没有被观测到的情况下到达二垒的时候被确定为两种状态之一。

正如前面已经提到的，量子现象的数学描述由概率论完成。在被

---

① John Wheeler，1911年7月9日 — 2008年4月13日，美国物理学家。沃尔夫物理奖获得者，理查德·费曼（Richard Feynman）、基普·索恩（Kip Thorne）都是他的学生。

观测到之前，一个电子在空间中并没有一个确定的位置；它的位置由概率波决定，概率波给出了这个电子可能出现在空间中某一位置的概率。在被观测到之前，一个电子无处不在 —— 尽管它更有可能出现在某些地方。此外，从某个位置移动到另一个位置时，电子会通过所有可能的连接两位置之间的路径！然而，观测行为会导致波函数的"崩塌"，因此电子再也不是无处不在，而是出现在某个特殊的位置。观测行为同样会导致电子通过所有可能路径的能力的消失，而从可能的亿万条路径中选择一条路径。

惠勒同时还提出自然界用一种规模宏大的延迟选择实验描述了量子力学的反直觉性。此时取代实验室中分光镜的是数十亿光年之外的类星体，作为引力透镜，它和分光镜的作用一样 —— 允许光子通过两条不同的路径之一到达地球。这些路径在宇宙空间中会聚，如果在路径上没有光子探测器，那么结果将会是干涉图像；如果有光子探测器，那么光子的行为就像粒子。反直觉的观点是，看上去这样的光子在它数十亿年前穿过引力透镜时就已经做了究竟是像波还是像粒子的"决定"。但实验证明这个决定并非由光子决定，而是由宇宙决定 —— 如果我们进行了观测，光子的行为就像粒子；如果没有，它的行为就像波。

概率波和观测：人类的例子

尽管概率波和观测会导致它崩塌这样的思想看上去不可思议，但仍有一个简单的每年都会发生在每个大学的情形作为类比。许多学生入校时并没有分专业 —— 也即并不清楚他们的未来是从事生物化学、商业或其他事业。大学的通用教育政策需要学生选择一定数目学科的课程，因此他们需要学习各式各样的课程。这些学生就如同概率波，他们尚未选择的专业就是生物化学、商业以及一大堆其他可选专业的概率混合体。

然而在某一时刻，这些学生们必须选择一个专业，这通常是与自己的专业导师协商之后的结果，导师会告诉学生可供选择的专业、不同专业的要求以及他们可能会从事的职业道路（如果这个学生尚不清楚的话），然后学生做出他（她）自己的决定。这个选择导致了波函数的崩塌，现在这个学生就有了专业方向。

没人观测你，你就什么都不是

19世纪50年代的一首流行歌曲是迪安·马丁[①]的《没人爱你，你就什么都不是》（*You're Nobody 'Till Somebody Loves You*）。在量子力学中，你只不过是一个概率波，直到某人或某个东西观测到你。在物理世界中是什么构成了观测，而观测又是怎么发生的呢？物理学界普遍持有的观点是观测包含了与这个宇宙的相互作用。我们对实在（reality）的直观概念——事物拥有确定的状态和属性——与量子力学所描述的世界发生了冲突，在量子世界中，事物只是拥有许多状态和属性的概率混合体，只有与宇宙的相互作用才能从最初的可能状态中创造出我们所认为的实在。

薛定谔的猫

埃尔文·薛定谔[②]提出了一种引起极大争议的方法来想象量子行为的这种内在奇异性。他设想存在这样一个盒子，其中有一只猫、一瓶毒气以及一个放射性原子，在一小时内这个原子有百分之五十的可能性衰变。如果它衰变了，就会激发释放毒气的装置，杀死那只猫（看上去薛定谔应该不曾真正养过猫——尽管他也许有过一只惹是生非的猫）。请问一个小时过去后，猫处于什么状态？[4]

---

① Dean Martin，原名Dino Paul Crocetti，1917年6月7日—1995年12月25日，美国歌手、演员、电视明星。

② Erwin Schrödinger，1887年8月12日—1961年1月4日，奥地利理论物理学家，量子力学的奠基人之一。1933年，因为"发现了在原子理论里很有用的新形式"（即量子力学的基本方程——薛定谔方程和狄拉克方程），薛定谔和英国物理学家保罗·狄拉克共同获得了诺贝尔物理学奖。

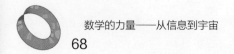

这个问题的传统答案是猫或者是死的，或者是活的，只要我们打开盒子就能知道。量子力学对这个问题的答案是猫半死半活（或半不死半不活）——当盒子打开后答案就能确定，因为观测导致了波函数的坍塌。

虽然半死半活的猫也许是反直觉的，但这确实是量子力学所给出的解释——我们如何反驳这个答案？如果没有观测（观测不需要去看猫的状态，而只需要获得关于放射性原子的状态信息即可，因为这决定了结果），我们又怎么能知道结果？你几乎从未见过的隐居的邻居是否也处在半死半活的状态？而该状态只有当他与这个世界进行某种互动之后才能决定？就在最近，一个男子以干尸的状态被发现死在电视机前——在其他人决定看看他的时候，他已经死了十三个月（电视机一直开着）。

作为一种计算方法，量子力学可能是物理学中最准确的——已证实它能精确达到的位数要多于我们的国债（精确到分）数字的位数。某些物理学家觉得这应该是所有物理学都能做到的——给定计算规则从而使得我们能够制造计算机和磁共振影像仪。更多的物理学家认为这能告诉我们更深刻且更重要的关于实在的事情——但是物理学界尚未对实在是什么达成一致意见，如果他们都无法做到这一点，对于其他人就更难了。

量子橡皮擦

光子和电子在被观测到之前是概率波，在被观测到之后就变成对象，这样的思想是许多实验的主题。其中一个特别有独创性的实验是量子擦除实验，马兰·斯库利（Marlan Scully）和凯伊·德吕尔（Kai Druhl）于2000年[1]首先设想了这个实验。回到我们构建的那个棒球场模型中，假设有一个光子穿过了某个位于一垒或三垒的教练，教练

---

[1] 其实应该是1982年，参见 M. O. Scully and K. Drhl, Phys. Rev. A 25, 2208（1982）。

将一个能让我们判别光子所选择的道路的识别标志拍在它背上（很像棒球教练的行为）。当这件事发生时，显然发生了观测行为，因此光子将会像粒子一样行进 —— 位于二垒之后的探测器上的图像是熟悉的两条光带，意味着光子的粒子性。

现在假设当这个贴上标签的光子到达二垒的时刻，有某种方法移除了光子身上的标签（在光子上面贴上或移除标签看上去很奇怪，但这只是实现这个实验的一种方式，并不影响这里的讨论）。从而没有了任何做标记的证据 —— 标签被擦除了［因此就有了量子橡皮擦（quantum eraser）这个术语］。既然没有了表明光子从哪条道路移动到二垒的证据，干涉图像再次出现。

毫无疑问这非常奇怪，但却不令人惊讶。这正是斯库利和德吕尔所预言的结果，因为量子力学告诉了我们：在它们和这个宇宙发生相互作用之前，光子和电子是概率波，然后它们变成粒子。如果我们不能确定它们与这个宇宙发生了作用 —— 这也是量子擦除实验所实现的 —— 那么它们就是概率波。其中我们也许永远也无法知道的是，为什么它们的行为是这样的，是否存在着另外的一种行为方式。这正是物理学的终极目标之一：不仅要告诉我们宇宙运行的方式，而且要告诉我们为什么宇宙只能以这种方式运行 —— 或者告诉我们另外的方式。

在2007年5月号的《科学美国人》上刊登了一篇关于如何构造你自己的量子橡皮擦的文章，[5]它可以表明我们目前科技的发展程度。它看上去并不复杂 —— 但每次当我试图组装某些东西时，总是会发现多余的部件（制造商为什么从来也不寄来准确数目的部件）。我记得就在第一次原子弹试验之前，我读过一篇关于物理学家推测原子弹的爆炸或许能生成一种被称为李－威克物质（Lee-Wick matter）的超密状态物质的文章，据说该物质（至少是理论上）能导致宇宙的毁灭。然而他们的计算中缺乏我把零部件拼凑起来的努力（当时我只有四岁），因此我认为我应该将家庭版量子橡皮擦的实验留给那些具有

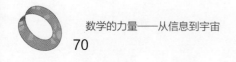

特别机械才能的人去完成。

不确定性原理

数学的某些分支，比如几何学具有高度的可视性；但另外一些分支，比如代数学就具有高度的符号性，虽然许多重要的结论来自以几何的眼光审视代数问题或者以代数的眼光审视几何问题。但不管怎样，大部分人习惯于用一种或另一种方式来看待问题。爱因斯坦表达此思想的方式很优美：在他的晚年，他说自己几乎从未用词汇来思考过物理学。他可能是看到了图像；他也可能是看到了概念之间的联系。我十分惊讶于这种能力 —— 有时候当我利用图像思考问题时，图像几乎都是来自于描述它们的词汇。

在20世纪的前几个十年中，随着物理学家对亚原子世界的探索越来越深，对所发生的现象的想象也变得越难。因此包括维尔纳·海森伯在内的某些物理学家更愿意单独使用符号表达式来描述亚原子世界。

解决这个复杂问题的海森伯不同于那个在第一次世界大战末期德国政府垮台之后，参与了发生在慕尼黑街头的数次与共产党的激战被誉为"街头战士"的海森伯。当时的海森伯只有十几岁，随着反叛年纪的过去，他的注意力从政治转向了物理，由于才能出众他成为了尼尔斯·玻尔的一名助手。因此海森伯非常熟悉玻尔的"太阳系"原子模型，在其中电子被看作围绕原子核的轨道运动，就像行星围绕着太阳转动一样。当时玻尔的原子模型碰到了一些理论上的困难，好几位物理学家都试图解决这些问题。我们已经碰到过的埃尔文·薛定谔就是其中之一。薛定谔的结论需要将亚原子世界看成由波组成，而不是粒子。海森伯采用了另外一种方法，他发明了一个数学系统，该系统由矩阵（矩阵有点像电子表格 —— 一个由数字组成行和列的长方形阵列）组成，并且我们可以对这个系统进行操作来得到已知的实验结果。薛定谔和海森伯的方法都是有效的，相比玻尔的原子模型，它们都能解释更多的现象。实际上，这两种理论后来被证明是等价的，只是利用了不同的思想得到了同样的结果。

1927年，海森伯做出了不仅能获得诺贝尔奖，而且会永远改变哲学世界观的成果。还记得在18世纪末期法国数学家皮埃尔·拉普拉斯阐述科学决定论的精髓的那段话，如果我们能知道宇宙中每个物体的位置和动量，那么我们就能准确地计算出未来所有时间每个物体的位置。海森伯的不确定性原理[6]却说，精确地确定给定时刻某个事物的位置以及它将要去的地方是不可能的。

这些困难并不会在宏观世界中显现 —— 如果某人向你投掷一个雪球，通常你都能够推测出雪球在未来的位置从而可能躲离它的路线。另一方面，如果你和雪球的大小都和电子差不多，你在决定移动到何处时将会碰到困难，因为你将无法知道雪球会飞向何处。

我们可以通过一件每天都要发生的事情来了解海森伯不确定性原理背后的思想 —— 加油站买汽油。交易的数额是某些数量的美元和美分 —— 美分是我们货币系统的量子，即最小的不可分的货币单位。交易的数额计算为最接近的美分，这就使得我们无法精确知道究竟买了多少汽油，即使我们知道每加仑汽油的准确价格。

如果每加仑汽油需要2美元（在过去的美好时光里确实如此），那么交易数额近似到一美分将会产生1/200加仑汽油的误差（是的，如果你采用了一种合理的近似规则，你可以将此误差减少为1/200加仑汽油的一半，但是加油站的计费器可能会将12.5300001美元近似为12.54美元）。如果你开始从某个已知的地点直线前进，并且你的汽车每30英里耗费一加仑汽油，那么1/200加仑汽油可供行驶0.15英里 —— 或者792英尺（1英尺=0.30米，下同）。因此以美分来计算结果就会导致你产生位置上792英尺的不确定性。我还记得1961年夏天当我用上自己的第一辆车时的情形，我习惯于在汽车的储物格中放上50美分以备不时之需。当时汽油价格大约是每加仑25美分 —— 以每30英里耗费一加仑汽油来计算，以美分来计算所导致的位置不确定性

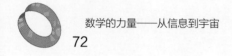
大约是1.2英里。汽油的价格越低，位置不确定性就越大。实际上，如果汽油是免费的，你就不需要付钱 —— 因此你完全不知道汽车可以开到什么地方。

不确定性原理以类似的方式起作用。两个具有一定关系的变量被称为共轭变量，不确定性原理表明这两个量的不确定度的乘积必须大于某个事先给定的量。我们最熟悉的共轭变量可能就是音符的音长和它的频率 —— 音符持续的时间越长，我们就能越准确地确定其频率。以极短时间发出的音符听上去仅像滴答一声，此时不可能确定其频率。

然而，不确定性原理中所含的魔鬼的根源在于位置和动量（动量是物体质量与速度的乘积）是共轭变量。我们确定某个粒子的位置越精确，那么关于它的动量的信息就越少 —— 如果我们能够以很高的精度确定粒子的动量，那么关于它在何处的信息就很有限。由于动量是质量与速度的乘积，因此如果赋予一辆汽车极微量的动量，它所能获得的速度几乎为零，但如果赋予一个电子同样的动量，它将获得极大的速度。

海森伯的不确定性原理常常被错误地解释为不完美的人类在试图精确测量现实现象时所表现出来的无能。诚然不确定性原理确实是关于知识局限性的论断，但它也是这个世界的量子力学观点的直接推论。作为量子力学的基础，不确定性原理有着现实世界的衍生物，每日都会碰到的激光和计算机的构建就离不开它。古希腊哲学家首先阐明的简单的因果宇宙观从未受到质疑，但却被它永远放逐。海森伯曾阐述过不确定性原理的影响如下：

> 我们的语言不适合描述发生在原子中的过程，这件事一点都不奇怪。正如有人评述过的那样，因为发明这种语言是用来描述日常生活的体验，而这种体验由那些包含极大量原子的过程所构成。此外，试图修正我们的语言以使得它能描述原子层面的过程也是极其困难的一件事，因为词汇只能描述那些我们

> 能够形成心理图像的事物（things），而这种能力同样来源于我们
> 的日常体验……在有关原子事件的实验中我们不得不面对事物
> 和事实，以及那些真实如日常体验的现象，但是原子或者基本
> 粒子本身并不真实，它们构成了一个由可能性而非事物或事实
> 构成的世界……原子并不是事物（things）。[7]

如果原子不是事物，那它们是什么？在海森伯揭露这个事实75年
之后，物理学家和哲学家仍对此问题一筹莫展。正如我们前面已经知
道的，原子在被观测到之前是概率波，此后变为事物。这个答案并不
能让人完全满意，但至少是目前我们所能得到的最好结果。

下沃比根小镇的调查

（量子）纠缠是我们将要讨论的量子力学三大谜题中的最后一个，
它也可以转化为我们熟悉的场景。在沃比根湖（Lake Wobegon）[8]的
南方坐落着小镇下沃比根（Lower Wobegon），和沃比根湖不同的是，
不仅这里小孩子的数量都处于平均水平，而且整个小镇都如此——
它是如此的平均以至于对于任何随机问题的投票，比如说"你喜欢芦
笋吗？"这样的话题，百分之五十的回答者会给出"喜欢"，而百分之
五十的会给出"不喜欢"。

一天，调查公司决定对下沃比根的配偶们的意见进行采样。每个
调查员将会提出三个问题。问题一是"你喜欢芦笋吗？"问题二是"你
认为迈克尔·乔丹是有史以来最伟大的篮球运动员吗？"问题三是
"你相信国家正朝着正确的方向前进吗？"

每个家庭都会有两位调查员上门进行调查。第一位调查员会询
问丈夫三个问题中的一个，另一位调查员将会询问妻子三个问题中
的一个——每位调查员都随机选择询问的问题。有时询问丈夫的问
题和询问妻子的问题会一样，有时则不一样。如果将回答结果列成表
格，那么百分之五十的答案是肯定的，而百分之五十的回答是否定的。

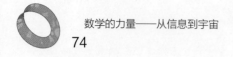

但其中有些事情很特别 —— 当丈夫和妻子被问到同一个问题的时候，他们的答案总是相同的！

调查员绞尽脑汁地试图找出这一奇怪现象的解释。最终某人猜测也许是夫妻两人提前串通好了答案。即使不知道问题是什么，但他们也许制定了如下的一条原则：如果题目中含有某个特定的字，就回答"是"；否则就答"否"。

是否有一种方法来测试这个假设呢？值得一提的是，这是可以做到的。如果每一对夫妻都约定了某种回答问题的规则，那么仅存在着四种可能性 —— 取决于三个问题，他们的规则也许会出现三个"是"，或三个"否"，或两个"是"和一个"否"，或两个"否"和一个"是"。

下面让我们来看看丈夫和妻子对被提问问题的回答 —— 即使他们被问到了不同的问题（当然我们已经知道如果他们被问到同一个问题的话，他们的答案是一致的）。调查员有九种方式来问这三个问题，如果夫妻两人使用的规则导致了三个"是"或三个"否"，那么他们回答问题的结果都会是相同的。如果夫妻两人使用的规则导致两个"是"和一个"否"，不妨假设问题一和问题二的答案是"是"，而问题三的答案是"否"。

下面的表格列出了所有的可能性：

丈夫的问题号	丈夫的回答	妻子的问题号	妻子的回答
1	是	1	是
1	是	2	是
1	是	3	否
2	是	1	是
2	是	2	是

续表

丈夫的问题号	丈夫的回答	妻子的问题号	妻子的回答
2	是	3	否
3	否	1	是
3	否	2	是
3	否	3	否

注意到在九种情况中的五种（第1，2，4，5，9行）中，夫妻两人的答案是一致的。当回答问题的规则导致两个"是"和一个"否"，或者是两个"否"和一个"是"的时候，答案将会和这九种情况中的五种一致。当回答问题的规则导致三个"是"或者三个"否"的时候，答案总是一致的。因此如果丈夫和妻子制定了回答问题的规则，那么这一点将会在数据中体现。因为当调查员走进每个家庭并随机询问每对夫妻这些问题时，丈夫和妻子的九个答案中至少会有五个答案是相同的。

在确信自己已经得到了这个谜题的答案之后，调查员开始检查自己获得的数据。令人惊讶的是，丈夫和妻子的答案中大约有一半的数据是一致的。因此调查员得出结论，夫妻两人并没有制定任何答题规则。但这仍留下一个疑问：当他们被问到同一个问题时，为什么丈夫和妻子的答案总是相同的？

这很简单，一位调查员得出结论：当配偶中的一位被问到某个问题时，他（或者她）将他（或者她）被问到的问题以及他（或者她）的答案传递了出去，因此当配偶中的另一位被问到相同的问题时，她（或者他）就能给出同样的答案。解决方案也很简单——阻止配偶之间的相互交流即可。因此他们采取了一些预防措施——夫妻二人都被仔细地检查过是否携带有通信设备，并在不同的房间中回答问题。尽管如此，当他们被问到同一个问题的时候，他们给出的答案仍是相同的！

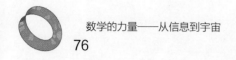

如何解释这一切？有两种可能的答案，它们需要我们去相信某些不能用目前的科学所解释的现象。第一种可能性是丈夫和妻子拥有某种直觉——并非某种直接的交流方法，但却知道对方将如何回答问题。毕竟许多丈夫和妻子拥有补全对方话语的能力。[9]第二种可能性是婚姻并非仅仅是两人的结合，而是两人的融合。在这种意义下，丈夫和妻子实际上是同一人。我们把丈夫和妻子看作不同的个体，但对于调查员所提出的问题而言，他们是一个单独的个体——对其中某人问一个问题等价于对另一人问同一个问题。这个可能性与上一个"直觉"可能性的区别在于，在直觉情况中，丈夫和妻子是不同的个体，他们的答案一致是因为他们知道对方如何回答。两者的差别很微妙，但毕竟是有区别的。

纠缠与EPR实验

许多量子力学的性质都类似于光子所面对的波粒二象困境——在发生观测或者进行测量之前，这些性质都处于多种不同可能性的叠加状态中。光子有一种性质是绕着某根轴的旋转，一旦选定了轴且光子被观测到，那么它可以向左旋转或向右旋转，但每次测量它都有百分之五十的可能性向左旋转，以及百分之五十的可能性向右旋转，并且这个选择是随机的。这显然很类似于下沃比根居民对调查问卷的回答。

在一个钙原子吸收了能量并回到它初始状态的过程中，它会发射出两个光子，这两个光子的性质就类似于下沃比根里丈夫和妻子对调查问题的回答。这两个光子被称为是纠缠的——对其中一个光子自旋量的测量结果会自动地决定另外一个光子自旋量的测量结果，即使在最初的时候这两个光子都不具有自旋，而具有一个向左或向右自旋概率相等的概率波。至少这是被物理学家广泛接受的一种观点。

阿尔伯特·爱因斯坦对这样的观点感到非常不舒服。他和物理学家鲍里斯·波多尔斯基（Boris Podolsky）、内森·罗森（Nathan Rosen）在1935年设计了一个想象中的实验——后来被称为EPR实验[10] —— 来挑战这个观点。爱因斯坦、波多尔斯基和罗森对于在测量之前不知道自旋量这个概念持反对意见。假设有两组相隔数光年距离的实验员，他们打算测量这些光子的自旋。如果光子A的自旋被测量，并且数秒后光子B的自旋也被测量，尽管这个时间根本不足以从光子A向光子B发送一条关于自身自旋信息的讯号，但量子力学预言光子B仍将"知道"光子A的测量结果！

按照爱因斯坦的说法，此时我们有两种选择。一种是接受量子力学所谓的哥本哈根解释（它主要归功于尼尔斯·玻尔），即使它们之间没有信号传递，光子B依然知道光子A处发生了什么。这种类似于下沃比根"直觉"的可能性无疑会让人觉得，量子力学似乎在现实世界中打开了一扇神秘主义之门。毕竟不经过可测量的信息传递便知晓另一个个体处发生了什么，还有比这更神秘的吗？另一方面，我们也可以选择相信存在着某种更深刻的实在，它由目前尚未发现或尚未测得的某物理性质所表现，这种性质将能解释这种现象 —— 它也对应着下沃比根的"答案预演"现象。爱因斯坦在去世之前都坚定地相信后一种观点，这在物理学界中被称为"隐变量理论"。

贝尔定理

在1935年至1964年之间，超过一百篇论文讨论了隐变量解释的利弊得失，但这些仅仅是讨论和论证 —— 直到爱尔兰物理学家约翰·贝尔（John Bell）设计了一个非常巧妙的实验，使得隐变量理论能够接受实际的测试。贝尔提出这个实验中必须包含能够测量出一对光子绕三个轴中的一个的自旋量的仪器。每个光子的轴都是随机选定，并记录这两个光子的自旋量。这些测量结果将会被成对地记录：数对（2，L）表示选定轴2进行测量，且光子绕这个轴是向左旋转的。

假设两个处于纠缠态的光子被分别赋予了如下的程序：如果选定轴1或轴2，那么就向左转；如果选定轴3，则向右转。再假设每个光子的轴是随机选定的，那么两个光子的轴就有了九种可能的选择，正

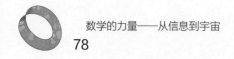

如下沃比根事件中调查员所面对的九种可能的问题选择。绕轴旋转是另一组共轭变量的例子 —— 不可能同时测出一个光子绕多个轴的旋转量。这同样对应于下沃比根的情形 —— 每个调查员仅问一个问题。

这对光子是否真如爱因斯坦、波多尔斯基和罗森所猜测的那样具有某种隐藏的程序？贝尔设计了这个假想中的实验来检验这个假设是否正确。如果事实确实如此，这两个光子将有超过 5/9 的概率具有相同的旋转方向。此后数年中，人们对贝尔实验进行了数千次的尝试。在计数器的记录中，光子对具有相同自旋方向的记录从未超过一半。这个无可辩驳的证据说明了光子对不可能具有某种隐藏的程序。

是否可能存在另一种解答？排除了隐变量解释，下一个最有可能的解释就是光子之间可以某种方式相互通信。在第一个光子的自旋被记录的瞬间，它向另一个光子发出一条类似于"某人刚刚测量了我绕轴1的自旋量，我向左旋转了"的信息。

相对论理论对信号机制的存在并无任何限制，但是它却要求任何信号的传播不能快于光速。到了20世纪80年代初，技术的提高使得人们能够以一种更加复杂的形式进行上面的实验。在这个试验中，测量两个光子的设备被放置于足够远的距离之外，并安装了一台随机化设备，用于在测量了第一个光子的自旋之后选择用于测量第二个光子的那条轴。这个实验的有趣之处在于其中增加了一个新的处理方式：科技的发达保证了能在极短的时间里选择第二个光子的轴，而这个时间不足以让光线从第一个探测器到达第二个探测器。因此第一个被测量的光子可以向第二个光子发送信号，但是第二个光子根本无法及时收到信号而采取相应的行动 —— 在信号以光速从第一个光子传递到第二个光子之前，第二个光子的自旋就已经被测定。这个实验的结果由阿兰·阿斯佩（Alain Aspect）于1982年在实验室中获得，[11]其中探测器之间的距离以米来计算。到了20世纪90年代末，探测器之间的距离已经增加到了11千米，但是结果仍然相同。如果选择了相同的轴，光子对的旋转方向一定是相同的 —— 但是它们以相同方向旋转的概率仍小于一半。

自从一个多世纪前马克斯·普朗克创造出量子的思想以来，这就是量子力学中最神秘的未解事件。尽管狭义相对论限制了物质、能量或信息不能以超光速运动，但是发生在这里的事情说明概率波可以在整个宇宙的尺度之上瞬间坍塌。

第一部《星球大战》（正序版第四集）电影中有一个片段，是欧比旺·克诺比 ① 感受到了原力（the Force）的巨大扰动。而你不需要成为欧比旺·克诺比就能感受到概率波的扰动，因为宇宙为你做好了一切，让概率波在所有发生观测的地方同时坍塌。

但这一切又是如何做到的？目前只有猜测和想法 —— 包括那些也许是我们永远无法知道的想法。即使我们永远无法知道，但追寻这种知识的过程无疑也会给我们带来科技和哲学上的进步，并将极大地改变我们的世界。领导了1919年的远征并证实了爱因斯坦的相对论的阿瑟·爱丁顿爵士 ② 说得好："宇宙不仅仅是我们想象中的那么奇怪，它比我们能够想象的还要奇怪。" [12] 谁又曾想到过波粒二象性、不确定性原理和（量子）纠缠呢？

第一回合

萨缪尔·约翰逊 ③ 有他的博斯韦尔 ④，约翰·惠勒自然也应该有一位 —— 可能物理学家和数学家都无法简洁地描述出科学所面临的困

---

① Obi-Wan Kenobi，电影《星球大战》中的虚拟人物，他是一位绝地大师。

② Sir Arthur Eddington，1882年12月28日 — 1944年11月22日，英国天文学家、物理学家、数学家，是第一个用英语宣讲相对论的科学家。

③ Samuel Johnson，1709 — 1784，常称为约翰逊博士（Dr. Johnson），英国历史上最有名的文人之一，他花九年时间独力编出的《约翰逊字典》（A Dictionary of the English Language）是著名的字典之一。

④ James Boswell，1740 — 1795，英国传记作家，其最著名的作品为《约翰逊传》。

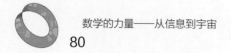

境。大尺度物理学（相对论）和微观物理学（量子力学）之间的不相容性，其主要原因在于描述它的数学模型。在非常非常小的尺度中，毫无疑问的胜者——就目前而言——是离散的观点，因为马克斯·普朗克的假设导致了离散的描述，它在预测所有相关物理量的结果方面都取得了难以置信的成功。这一成就证明了一群生活在两千五百年前的准宗教神秘主义人士的正确性，而我们将在下一章中谈到他们。

注释：

［1］参见http://en.wikipedia.org/wiki/Niels_Bohr。这个网页可以看到他的传记，稍稍留意那些引文。尼尔斯·波尔一半类似于尤吉·贝拉，一半类似于尤达大师①。下面这句引言应该被每一位公众人物认真地学习："永远不要说得比想得快。"

［2］参见http://en.wikipedia.org/wiki/Rayleigh-Jeans_Law。这个简明的网页非常有趣，其中既有瑞利-金斯定律的公式，又有普朗克的修正公式，同时还有一幅表明紫外灾难的图片。

［3］参见J. Bronowski, *The Ascent of Man*（Boston: Little, Brown, 1973）, p. 336。

［4］参见http://en.wikipedia.org/wiki/Schrodinger's_cat。 物理学中有许多有争议性的假想实验。这一网页中有着相当全面的讨论。

［5］R. Hillmer and P. Kwiat, "A Do-It-Yourself Quantum Eraser," *Scientific American*, May 2007。然而如果在此过程中你意外地擦除了整个宇宙，那么你不应该怪我或者杂志出版商。

［6］参见http://en.wikipedia.org/wiki/Uncertainty_Principle。这个网站中包含了全面的推导过程，如果你了解线性代数和Cauchy-Schwarz不等式，这通常是数学和物理学科的高阶课程。

---

① Yoda, 电影《星球大战》中的虚拟人物，他曾是绝地议会成员，也是位具有强大原力的绝地大师。

［7］参见W. Heisenberg, *The physical principles of the quantum theory*, Chicago: University of Chicago Press（1930）。

［8］这是由Garrison Keillor在他的全国公众广播节目A Prairie Home Companion中虚构出来的一个小镇，这个小镇里"女人很强大，男人很好看，所有的孩子数都在平均范围之上"。沃比根湖效应，指的是每个人都认为自己处于平均水平之上，可以在汽车驾驶员和大学学生（在估计他们的数学水平）之中观察到。

［9］值得注意的是，调查显示有很大一部分妻子能够完成她们丈夫的句子，但反之则很少。

［10］参见http://en.wikipedia.org/wiki/EPR_experiment。这个网页非常好，同时还包括了关于贝尔不等式的内容，从而我无需再去其他地方寻找。

［11］参见http://www.drchinese.com/David/EPR_Bell_Aspect.htm。如果你就像电视节目《艾德先生》①中那样，希望"获得第一手材料"，那么这个网站能让你下载这个领域中最著名的三篇文章（EPR实验、贝尔定理和阿斯佩的实验）的PDF版本。这三篇文章都需要极其专业的知识，但如果你想看到原始材料，这就是你所需要的。该网站还包括了三位主角的照片——你可能会将阿兰·阿斯佩误认为是杰拉尔多·里维拉②。

［12］参见http://www.quotationspage.com/quote/27537.html。

---

① *Mr. Ed*是一部于1961年至1966年之间播出的美国电视情景喜剧，其主角是一匹会说话的金黄色马。

② Geraldo Rivera，美国著名的律师，记者，脱口秀主持人。

第二部分

不完整的工具箱

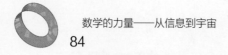

4

不可能的构造

兄弟会

这是由一群对宗教和神秘主义拥有共同信念的男人们组成的强大秘密社团。但突然有一天，他们整个信仰结构被一个发现而击碎，这个发现蕴含了如此丰富的思想，进而改变了整个文明世界的思想。

这听上去有点像主业会[①]的描述，这个强大的秘密天主教社团在畅销小说《达·芬奇密码》中起着关键作用；又或者，这也像在17世纪伽利略做出惊人发现——木星的卫星居然围绕着一颗不是地球的天体旋转——之后，教会的核心成员所面对的事实。然而我们这里所说的社团比伽利略要早两千多年，这个社团由哲学家、数学家毕达哥拉斯创立，其社团格言——一切皆数——表明了他们的观点：宇宙由整数或者它们的比构成。而2的平方根的发现动摇了他们的世界，一个正方形对角线与其边长的比值是不可通约的（incommensurable）——即它无法表示成为两个整数的比。

事实上，古希腊人为这个事实构造了数值方法与几何方法的证明——数值方法的证明基于奇数和偶数的概念。如果2的平方根可以表示为两个整数的比值 p/q，其中可以选择没有公因数（我们在小学就知道可以消去公因数来约化分数）的 p 和 q。如果 $p/q = \sqrt{2}$，那么 $p^2/q^2 = 2$，因此 $p^2 = 2q^2$。因为 p^2 是2的倍数，且奇数的平方一定是奇数，

① Opus Dei，全名为圣十字架及主业社团（Sanctae Crucis et Operis Dei; Prelature of the Holy Cross and Opus Dei），天主教自治社团。在中文版《达·芬奇密码》中被译为天主事工会。这里我们采用了Opus Dei的官方中文名称——主业会。

所以 p 是偶数。由于 p 和 q 没有公因数，q 必然为奇数。令 $p = 2n$ 就有 $(2n)^2 = 2q^2$，从而 $q^2 = 2n^2$，利用同样的推理可说明 q 是一个偶数，因此我们得到了 q 既是偶数也是奇数的结论。

2 的平方根不可通约这一发现对希腊数学发展的影响，与木星卫星的发现对天文学发展的影响有着同样深远的意义。古希腊人从数（arithmos）的哲学 [对数字的信念，它是我们现在算术（arithmetic）一词的来源] 转向了几何学的逻辑推理，而后者的有效性是可以保证的。

古希腊的几何学 —— 后来由欧几里得将其规范化 —— 最初是基于直线和圆。探索几何学的工具则是用于画出直线和线段的直尺，以及画出圆的圆规。现在并无记载说明为什么古希腊人所用的直尺上并无标记，也即上面没有刻上任何长度标记。可能是早期古希腊几何学家只能获得最简单的工具，因此使用圆规和无刻度的直尺就成了几何学的传统方式。然而直到希腊人开始研究图形而不是利用直线和圆来构造图形之后，带有刻度的直尺的功用才开始显现。不过这些研究发生在公元前四百年，另一项撼动古希腊根基的重大事件发生之后。

第一次瘟疫

公元前 430 年，正陷于伯罗奔尼撒战争（Peloponnesian War）的雅典人遭到了一场席卷全城的瘟疫袭击。历史学家修昔底德 [1] 染上瘟疫但幸存了下来，从而得以描述其恐怖的过程。[1] 眼睛、喉咙和舌头变得血红，随之而来的是打喷嚏、咳嗽、腹泻和呕吐，皮肤上面布满了溃疡和脓包，伴随着灼烧般的口渴。疾病起源于埃塞俄比亚，然后传播到埃及、利比亚，最后到达希腊。瘟疫持续了大约四年，夺去了三分之一雅典人的生命。直到最近通过 DNA 分析我们才知道这场疾病实际上是伤寒。[2]

---

① Thucydides，公元前 460 年至前 455 年间—约公元前 400 年，古希腊历史学家、思想家，以《伯罗奔尼撒战争史》传世，该书记述了公元前 5 世纪斯巴达和雅典之间的战争。

我们可以想象一下人们绝望的心情，几乎可以肯定的是，他们试尽了所有方法，即使对抗灾难的机会微乎其微。经过祈求提洛岛①上的神祇，所得到的解决办法是将现有祭坛的体积增大一倍，而祭坛的形状是一个立方体。

将祭坛的边长增加一倍很容易，但是这样造出来的祭坛体积将会是原先体积的八倍。古希腊人是几何学的高手，他们知道为了构造一个体积为原先体积两倍的立方体，必须将立方体的边长增加到原来边长的2的立方根倍。所有的专家都无法利用现有的圆规和无刻度直尺这样的工具构造出希望中的长度。在埃拉托塞尼（Eratosthenes）的叙述中，当时负责建造祭坛的工匠咨询柏拉图如何解决这个问题，柏拉图回答说神谕其实并非真的需要这样一个祭坛，神谕这样说主要是为了羞辱一下希腊人，因为他们对数学和几何学的忽视。[3]在瘟疫发生期间，雅典的人民或工匠也许并不想听到有关希腊教育中数学缺失问题的教导。

瘟疫折腾了四年之后终于消退，但是构造一条希望中长度的线段的问题却留了下来 —— 或许是因为希腊人喜爱这个问题所带来的智力上的挑战，或许是打算将它作为瘟疫下次袭来时的一种可能的防御手段。但不管怎样，构造一条符合期望长度的线段这个问题被不同的数学家用不同的方法解决了。

最优美的解答也许是阿尔希塔斯②所给出的，他所构造的解答基于三种曲面的交：圆柱面、圆锥面和环面（环面看上去像轮胎的内胆）。这个解答体现了相当程度的复杂性 —— 立体几何要比平面几何复杂得多（我在高中的立体几何课程中得到了B−，直到今天它仍然

① Delos，爱琴海上的一个岛屿，基克拉泽斯群岛的心脏。在希腊神话中，它是女神勒托的居住地，岛上建有狄俄倪索斯、波塞冬、赫拉、伊西斯等的神庙。

② Archytas，公元前428年 — 公元前347年，古希腊哲学家、数学家、天文学家、政治家和军事家。他是毕达哥拉斯学派的成员，是（数学）力学的创始人，柏拉图的好友。

是我学过的数学课程中最困难的一门）。另外两种相对简单的解答由米奈克穆斯^①利用平面曲线获得：一种利用两条双曲线的交，另一种利用抛物线和双曲线的交。[4]

阿尔希塔斯和米奈克穆斯的解答代表了贯穿我们这本书的主题 —— 对某个问题答案的寻求，即使它是不可能的，但常常会带领我们到达从未有人或数学家到达过的富饶之地。米奈克穆斯被看作是抛物线和双曲线的发现者，[5]这是四种圆锥曲面中的两种，剩下两种是圆和椭圆。每种曲线都可表示为平面和圆锥面的交线，这些曲线不仅在自然界中频繁出现，而且可以被应用于许多代表我们这个科技时代的设备之中：卫星天线的双曲反射面中的双曲线，取代手术治疗利用声波击碎肾脏结石的医疗碎石机中的椭圆，远距离无线电导航系统（loran）中的抛物线。

古希腊人并非简单地寻找数学问题的解答，他们还将这些结论应用于实际。柏拉图发明了一种叫做柏拉图机器的装置，它应用几何学来画出长度为给定线段长度的立方根的线段。然而，柏拉图并非唯一的攻克倍立方问题的实际构造问题的专家。另外一位承担这个任务的是埃拉托塞尼。他的构造涉及直线的简单旋转和附属三角形，不仅适用于处理立方根的构造，也适用于任意整数次方根的构造。埃拉托塞尼在他的装置上写上彩色的说明，以及对对手设备的嘲讽。

"亲爱的朋友，如果你急切地想从任意小的立方体获得一个是它双倍体积的立方体，或者及时地将任意立体的形状变为另一个，那么这正是你所需要的。利用它，你还能测量出山谷、深坑或者井沿的大小，只需要你将两件工具上的两把尺子对接在一起。你根本不需要去寻找那些困难的工具，像阿尔希塔斯的圆柱面，或在米奈克穆斯的圆

---

① Menaechmus，公元前380年 — 公元前320年，古希腊数学家和几何学家，他与柏拉图是好友，他研究了二次曲线的相交问题并利用双曲线和抛物线解决了悬而未决的倍立方问题。

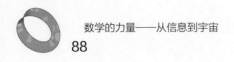

锥上切上几刀，或者像虔诚的欧多克索斯^①那样用直线将这样的曲线形式包围。"[6]

埃拉托塞尼这种自私的评论也许可以说明他为什么被同时代人取了 Beta（这是希腊字母表中的第二个字母）这样的绰号，因为他们认为埃拉托塞尼做出的不可忽视的伟大成就（其中包括了第一次对地球周长的测量，第一份星表的编制，以及许多数学、天文学和地理学上的贡献）配不上那些给予顶尖学者的最高赞扬。

"（埃拉托塞尼）实际上被他的同时代人认为在所有知识领域都取得了伟大的成就，尽管在每个领域他都没能成为第一。正因为如此他被称为 Beta，他的另一个绰号 Pentathlos 也代表了同样的意思，表明一个全能的竞技者虽然不是跑步或摔跤等项目的冠军，但却在每个项目都获得了亚军。"[7]看起来即使在古希腊，人们也认为亚军的同义词就是"失败者"。

尽管看上去不会有像瘟疫防治那么重要的后果，几何学中的其他问题也让希腊的数学家感到困惑。希腊人解决了其中的两个问题——化圆为方和三等分角，但却是使用了经典尺规作图之外的方法。第三个问题是构造任意边数的正多边形（如果一个多边形所有的边长都相等或它所有的内角都相等，那它就是正多边形——正方形和等边三角形都是正多边形），他们对此则无能为力。

英文俗语"化圆为方"（squaring the circle）——作出一个面积等于给定圆面积的正方形——通常用来表示某件不可能完成的任务。和倍立方问题一样，这个任务并非不可完成。阿基米德描述过一种清晰的构造过程，该过程首先将给定的圆"展开"得到一条线段，其长度就是给定圆的周长。[8]然而，展开过程无法用尺规作图完成。类

---

① Eudoxus of Cnidus，公元前410年——公元前355（或347）年，古希腊天文学家、数学家，柏拉图的学生，他的所有作品均已失传。

似地，三等分角的任务 —— 作出一个角度为给定角的三分之一的角 —— 可以利用在直尺上标注记号轻松地完成（这个方法同样来自阿基米德），但这一过程同样落在欧氏几何的尺规作图所允许的操作之外。这些构造说明古希腊人尽管知道欧氏几何的局限性，但仍愿意去寻找解决问题的方法，即使这些方法只能在提出问题的系统之外获得。

我们不清楚古希腊人是否曾猜测这些任务在尺规作图的范畴中无法完成。应该可以想到的是，像阿基米德这样的数学家在这些问题上倾注了大量的精力之后，也许会得出上面的结论。但我们清楚地知道，在这些问题的不可能性已经被证明的今天，在得到了至少五代数学家的承认之后，仍有无数人耗费精力去寻找"证明"并将结果寄到数学杂志。一部分在这些问题上面花时间的人根本不清楚数学家已经证明了三等分角或化圆为方是不可能的。[9]但有些人清楚，他们更愿意相信数学上的不可能性并非绝对，或者不可能性的证明中存在着错误。

利用直尺和圆规可以简单地构造出正三、四和六边形，正五边形的构造要稍微复杂些。古希腊人知道所有这些构造方法，但对其他正多边形的构造方法却无能为力。[10]在20世纪20年代后期，一份据称是阿基米德（还能有谁？）的手稿被发现，其中给出了正七边形的构造方法，变化之处是利用了带有刻度的直尺。只是，当这四个问题得到令整个数学界满意的最终解答的时候，离阿基米德的时代已过了将近两千年。

数学界的莫扎特

任何一张伟大数学家的列表中都应该包括卡尔·弗雷德里希·高斯（Carl Friedrich Gauss，1777—1855），这位数学界的莫扎特。他的数学天才在幼年就已显现。据说在三岁的时候，他已能够研究父亲的账本并找出其中的错误。莫扎特因为幼年时期已能谱曲而知名，高斯也因为幼时所展现的天才而知名。在小学的算术课程中，学生被要

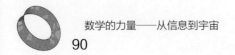

求将1至100相加。高斯立刻就在自己的石板上写下了"5050"并大叫道："这就是答案！"对于一位儿童如此快地得到正确答案，老师目瞪口呆。高斯所采用的方法被数学家称为"高斯技巧"。高斯意识到如果将这个和写为如下形式

$$S=1+2+3+\cdots+98+99+100$$

然后用相反的次序写出同样的和

$$S=100+99+98+\cdots+3+2+1$$

等式左边相加会得到$2S$，右边相加则可以看做是100对数，每一对数的和都是101（1+100，2+99，…，99+2，100+1），因此可以得到$2S=100\times101=10100$，因此$S=5050$。[11]

更令人惊讶的事实是，在十四岁时第一次见到对数表后，他对其研究了一段时间，随后在纸上写下"当N趋向于无穷大时，小于给定数N的素数个数将会接近N除以N的自然对数"。这个结果作为分析数论的核心问题直到19世纪后半叶才得到证明。高斯没有给出这个结果的证明，但能在十四岁时提出这个猜想也表现出他的不凡才能。[12]

当他十九岁时，高斯给出了利用尺规作图画出正十七边形的构造方法，并且他的构造技巧表明具有$2^{2^N}+1$条边的正多边形均可尺规作出［这种形式的数被称为费马素数[13]，它们最先被因费马大定理而知名的法国数学家皮埃尔·德·费马（Pierre de Fermat）研究］。这是两千多年以来首次有人给出了古希腊人所不知道的正多边形的构造方法。

如果要列举出高斯的成就，那将耗费可观的时间和空间——这足以说明他的一生践行了自己的诺言。今天高斯被认为位于有史以来最伟大的数学家的前三位或前两位——这还不包括他在物理和天文学领域所做出的显著的成就。

皮埃尔·万策尔：无名神童

我不是一名数学史专家，在写这本书的过程中，我对皮埃尔·万策尔（Pierre Wantzel）这个名字并不熟悉，因此我猜测许多今天的数学家们对这个名字应该也很陌生。万策尔出生于1841年，是一位应用数学教授的儿子。和高斯一样，他在数学方面的才能在幼年时期就已显现——高斯纠正了父亲账本中的错误，万策尔在九岁时就能处理困难的调查问题。在经历了高中和大学的辉煌学术生涯后，万策尔进入了工程学校。然而考虑到讲授数学比研究工程学能够给自己带来更大的成就感，他成了巴黎综合理工学院（École Polytechnique）的分析学讲师，同时他也是另一所学校的应用力学教授，并在巴黎的其他大学中讲授物理和数学。

高斯曾宣布过倍立方问题和三等分角问题[14]无法用尺规作图方式解决，但他并没有为这一结论提供证明。这是高斯在许多问题上的标准处理方式，但却将他的同行们置于两难的境地，他们不知道是否应该研究某个特定的问题，因为担心高斯在此前已经解决了这个问题。然而万策尔是第一个发表有关高斯断言的证明的人——最终解决了这两个问题。万策尔还简化了有关多项式根的阿贝尔-鲁菲尼定理（Abel-Ruffini theorem）的证明，并利用它证明了一个角可利用尺规作出当且仅当它的正弦和余弦是规矩数（constructible numbers）。利用简单的三角学可以证明20度的正弦和余弦不是规矩数。此外，万策尔还解决了哪些正多边形可利用尺规作出，他证明了这样的正多边形的边数 n 只能为2的幂次和费马素数的乘积。

万策尔的同事、当时法国著名数学家让·克劳德·圣维南（Jean Claude Saint-Venant）描述过万策尔的习惯："他通常在晚上工作，直至深夜才上床，继续阅读以及一两个小时焦躁的睡眠，或者就是咖啡和鸦片的滥用，在奇怪和无规律的时间吃饭，直至其婚姻失败。"圣维南进一步地评论了万策尔为何不能取得更大的成就（尽管他的成就已经为古往今来99%的数学家带来了荣耀）："我相信这主要应该归因于他无规律的工作习惯，担任过于繁多的职务，以及他对于自身身体状况的不重视。"[15]

化圆为方的不可能性

到了19世纪中期，数学家已经证明能够尺规作出的线段，其长度一定是整数进行加、减、乘、除和开方等运算之后的结果（由于无法从该过程获得整数的三次方根，因此倍立方问题和三等分角问题都是不可能的）。由于单位半径的圆面积为π，为了将这个圆化为正方形，我们必须能够构造出一条长度为π的平方根的线段，而做到这一点的前提是能构造出长度为π的线段。

当时数学家已经证明了实数直线包含了两种类型的数：一类是像22/7这样的有理数，它们可以看作是两个整数的商或一个整数与另一个整数的比；另一类为无理数，即那些不能表示为整数比值的数。正如我们已经知道的，毕达哥拉斯学派知道2的平方根是无理数，并且受过教育的古希腊人都知道这个事实，以至于它的一种证明出现在了苏格拉底的对话中。[16]无理数进一步地被分为代数数和超越数，整系数多项式的根被称为是代数数。在1882年，德国数学家费尔迪南·冯·林德曼（Ferdinand von Lindemann）用一篇13页的论文证明了π是超越数，从而证明了化圆为方是一项不可能用尺规作图完成的任务。尽管许多基础性的工作是由法国数学家查尔斯·厄尔米特（Charles Hermite）做出的，林德曼关于π的超越性的证明类似于厄尔米特关于e（自然对数的底）的超越性的证明，但直到今天仍是林德曼享有此项荣誉。尽管今天有许多奖金用于奖励重要问题的解答，但在19世纪，荣誉是数学家所能获得的唯一回报。那时和现在一样，荣誉通常会归于在大厦上放上最后一块砖的人，而不是构造大厦地基的人。[17]

不可能性的教训

在这一章中所讨论的所有问题都是伟大问题（great problem）。

伟大问题一般描述相对简单，容易激起人们的兴趣，但却难以解答，并且它的解决往往能够扩展这个问题本身所属领域的范围。它会让我们思考所给出的假设对解决这个问题是否足够，所采用的工具对于完成这项任务是否足够。

欧几里得平面几何包括了直线和圆的简单结构，但寻找倍立方和三等分角问题答案的探索过程将我们带领到更远的疆界。正如欧几里得在《几何原本》第一卷中给出的，平面几何的公理包括如下几条：

1.任意两个点可由一条直线连接；

2.任意直线段都可沿着直线任意延长；

3.给定任意直线段，可以作一个以线段某端点为中心、线段长度为半径的圆；

4.所有的直角都相等；

5.（平行线公设）如果两条直线与第三条直线相交，位于同一侧的内交角之和小于两直角之和，那么如果将这两条直线在这一侧无限延长，它们一定相交。[18]

上述公理仅仅涉及了点、线、角和圆。尽管《几何原本》的概要表明它包括了平面和立体几何，但其中讨论的几何图形却仅包含了多边形和多面体、圆和球面。阿尔希塔斯、米奈克穆斯和埃拉托塞尼所提出的倍立方问题的解法无疑超越了《几何原本》中所描述的欧氏几何的范畴。

试图解决化圆为方问题的过程导致了更加深刻的对实数直线和数的概念的分析。正多边形尺规作图问题的解决揭示了几何学和一类特殊素数之间的奇妙联系。实际上，这也正是数学拥有持久吸引力和奇妙性的特点之一——不仅在数学各分支之间，而且在数学与其他领域之间都存在着一些意想不到的联系。

然而数学有时候会让人草率地做出某些不正确的结论。为了用一致的模式描述行星的轨道，约翰尼斯·开普勒（Johannes Kepler）对当时已知的六颗行星和五种正多面体之间的一致性感到震惊。也许将来会有更多的行星被发现，但希腊数学家已经证明只存在五种正多面体：正四面体、立方体（正六面体）、正八面体、正十二面体和正二十面体。基于并不充分的数据，开普勒建立了这样的模型。

"地球的轨道是所有物体的测量基准，正十二面体外切于它；火星的轨道从外面包含着它们，正四面体则外切于火星轨道；然后是木星的轨道，立方体外切于木星轨道；土星的轨道包含前面的所有物体。地球轨道的内部则内接着正二十面体，其中包含着金星的轨道；金星轨道中内接着正八面体，其中包含着水星的轨道。现在你就知道行星个数的原因。"[19]

这是一个精巧且美妙的模型 —— 但却大错特错。寻找某种模式的诱惑是如此强烈，就如同我们认为在火星上看到了一张脸，而那只不过是在光线照射下地形构造的某些特征得到了强化，从而看上去像人脸。我们有时会基于不完整的数据或信息看到某些数学的模式，也正是开普勒所做出的极端困难的决定赋予了他永久的名誉：当他发现这个模型无法匹配第谷（Tycho Brahe）提供给他的更好的数据的时候，他抛弃了这个模型。在做这件事的时候，他建立了行星运动的开普勒定律，而这也促使牛顿发现了更一般的引力理论。

毕达哥拉斯学派回归

毕达哥拉斯学派的基本教义是宇宙由整数以及它们的比构成。2的平方根不可通约这一发现粉碎了这一世界观 —— 在毕达哥拉斯学派那个年代。然而有趣的是，最终可能会证明毕达哥拉斯学派竟是正确的！目前我们所知的描述宇宙的最精确理论 —— 量子力学，本质上是毕达哥拉斯学派所信奉观点的现代版本。正如我们已经看到的，根据量子力学理论，由基本单位 —— 质量、能量、长度和时间 —— 的整数倍所构成的世界都可以通过量子来进行测量。有关2的平方根所处的实数系统的数学，只不过是一种非常实用、出于智力兴趣的理想构造。在真实世界中，对于我们用某种物质对象真正构造出的正方形，它的（同样由这种物质构成的）对角线或者比真实的长度短一些，或者要长一些。

这就促使我们思考是否有其他早期文明所知道的，但却被长期抛弃的思想正安静地等在一旁，期待着以一种现代形式重新归来。

注释：

[1]参见http://www.perseus.tufts.edu/hopper/text?doc=Perseus:text:1999.04.0105:book=2:chapter=47中第47章至第55章。

[2]参见 *International Journal of Infectious Diseases*，Papagrigorakis，Volume 11，2006。

[3]参见 T. L. Heath，*A History of Greek Mathematics I*。（New York: Oxford，1931）

[4]参见http://www.history.mcs.st-and.ac.uk/Glossary/duplicating_the_cube.html。这个优秀的网站不仅包括了阿尔希塔斯和米奈克穆斯关于倍立方问题的解答，而且还给出了埃拉托塞尼寻找根的方法。读懂阿尔希塔斯的方法需要一定的解析几何基础，但米奈克穆斯的解答相当直接，高中毕业生不应该觉得困难。即使读者不打算按照其中的构造"实际操作"一下，这个页面依然值得一看，因为你可以欣赏古希腊人所到达的复杂程度。他们仅仅使用几何学（没有解析几何学，那将极大地简化几何问题），在没有纸和笔的情形下取得这样的成果，这一事实我仍然难以相信——尽管我们还没有接触到阿基米德的成果。

[5]参见 T. L. Heath，*A History of Greek Mathematics I*。（New York: Oxford，1931）

[6]同上。

[7]同上。

［8］参见 A. K. Dewdney, *Beyond Reason*. (New York: John Wiley & Sons, 2004) p.135。这一构造肯定不是阿基米德最杰出的成果——而是他闲暇时做出的结果，但这也足以成为一些稍逊的数学家生涯中的成果。阿基米德简单地利用展开圆周的长度作为直角三角形的底边，圆的半径作为三角形的高。这样得到的三角形其面积为 $1/2 \times (2\pi r) \times r = \pi r^2$，随后用标准构造可以给出一个与该三角形面积相等的正方形。

　　［9］参见 http://www.jimloy.com/geometry/trisect.htm。这个网站可能给出了最多的三等分角问题的错误结果——某些结果非常巧妙，错误也很微妙。我多么希望在我成为 UCLA 初级教员的 20 世纪 60 年代末期就有这个网站。和现在一样，UCLA 是《太平洋数学杂志》(*Pacific Journal of Mathematics*) 的编辑部所在地，当时编辑部收到许多关于三等分角问题的论文——编辑们一般不会直接粗暴地回复一句"这是不可能的，请不要再寄相关论文"，而会有礼貌地给出"证明"中错误的详细分析。猜猜是谁会进行这样的分析？那就是像我这样的初级教员。在寻找这些错误的过程中我学到了很多几何学的知识，但如果当时有这个网站，我就能节省下许多宝贵的时间。

　　［10］参见 http://mathworld.wolfram.com/GeometricConstruction.html。这个网站给出了如何构造等边三角形、正方形、正五边形以及高斯的正十七边形的方法。Mathworld 网站还有许多好东西——某些内容非常专业，但起点并不高。我认为这个网站主要是为了出售许多数学家信赖的 Wolfram 公司的产品 Mathematica 软件或为其提供售后支持。因此，它读起来有点像《数学评论》(*Math Reviews*)。

　　［11］参见 http://en.wikipedia.org/wiki/Carl_Friedrich_Gauss。我承认维基百科会碰到许多问题——由于任何人都可以自由地编辑其中的内容，有时候某位编辑维基百科的人有某种动机并利用维基百科进行传播。然而这些事情极少会发生在有关数学的词条上——很难想象某人对于高斯有什么隐秘的动机。此外，在维基百科中常会有二次参考链接，可供我们对这一问题进行更深入的研究或确认内容的真实性。

　　［12］参见 http://www.math.okstate.edu/~wrightd/4713/nt_essay/node17.html。这个网页不仅包含了高斯最原始的猜想，同时还包括了几个相关的猜想。如果知道一点微积分会有所帮助，但其中绝大部分内容只需要

知道自然对数是什么即可。

[13] 参见http://en.wikipedia.org/wiki/Fermat_number#Applications_ of_Fermat_numbers。这里有一个吸引人的定理，它说如果2^n+1是素数，那么n必然是2的方幂。费马素数一直都有人在研究，最近的一个有趣结果是费马数不可能写成自己的因数之和，像$6=1+2+3$和$28=1+2+4+7+14$这样可以写成自己因数之和的数被称为完美数（perfect number）。费马数也可用于计算机仿真中产生随机整数序列。

[14] 参见http://planetmath.org/encyclopedia/TrisectingTheAngle. html。这个网站包含了大量的关于这个问题以及相关问题的材料。

[15] 参见http://www.history.mcs.st.and.ac.uk/Biographies/Wantzel.html。这个网站有许多优秀的数学家传记，其中也包括了很容易就能找到的有关万策尔的一篇。

[16] 实际的对话发生在柏拉图所著的《美诺篇》（Meno）中，在其中苏格拉底与一位没上过学的仆人男孩一起发现了2的平方根的无理性。你可以在下面这个网页上找到这一段论证的记述：http://www. mathpages.com/home/kmath180/kmath180.html。尽管哲学并不是我高中（或其他任何地方）学得最好的课程，但我仍然记得老师告诉我们《美诺篇》中有许多无意识的幽默。有时苏格拉底的对话相当于今天帕丽斯·希尔顿①的有偿出场——苏格拉底会在宴会场合有偿地表演一段对话以娱乐宾客。这一段对话的主题是"德行"（virtue）——实际上是对美诺的讥讽，我的哲学老师告诉我们美诺代表了当时某种类似于教父的角色。

[17] 参见http://www.history.mcs.st-and.ac.uk/Biographies/Lindemann.html。正如前面提到的，这个网站有许多优秀的传记和二次参考链接。它同样包含许多内部链接，这样你就能到处逛逛获得相关的信息。

[18] 生活在信息时代的好处之一就是海量的经典文献都能在网上找到。在这个网站http://aleph0.clarku.edu/~djoyce/java/elements/toc. html中你可以找到欧几里得经典著作的一个绝妙的版本，其中包括了

---

① Paris Hilton，生于1981年2月17日，她是美国有名的社交名媛、演员、歌手和模特儿，也是著名希尔顿酒店集团承继人之一。

有用的Java小程序。

[19] 参见http://www.astro.queensu.ca/~hanes/p014/Notes/Topic019. html。本书中引用的片段来自"Kepler the Mystic"这一节。（该链接已经失效。——译者注）

5

数学的"希望钻石"

诅咒

"希望钻石"（Hope Diamond）可能是世界上最著名的钻石。它的名声并非来自它的大小 —— 它重45.52克拉，而"光之山"（Koh-i-Noor）钻石为186克拉 —— 也非来自于含硼杂质所带来的明亮蓝色。它的名声来自于这样一种信念：拥有它的人将会受到印度女神悉多（Sita）的诅咒，因为这颗钻石原本是她的神像的眼睛，但却被人偷走。

根据传说[1]，最初偷走这颗钻石的珠宝商人塔韦尼耶（Tavernier）在去往俄国的途中被野狗咬死。路易十六和王后玛丽·安托瓦妮特（Marie Antoinette）曾拥有过希望钻石一段时间，结果在法国大革命中双双死于断头台。钻石的名称来源于它的一位拥有者亨利·托马斯·霍普 ①，他的孙子亨利·法兰西斯·霍普因为嗜赌而将家产荡尽。希望钻石最终被伊娃林·沃什·麦凯林（Evalyn Walsh McLean）买下，她的财富足以购买这颗钻石，但却不足以阻止悲剧。她的第一个儿子在9岁时因车祸去世，她的女儿在25岁时自杀，她的丈夫被诊断为精神失常，在精神病院中去世。

希望钻石给世间带来了一系列的不幸 —— 但与寻找高次多项式方程解的故事中主要角色所遭受的苦难比起来，它却逊色得多。

① Henry Thomas Hope，在英文中Hope的意思为希望。

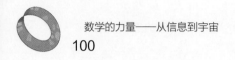

一位数学家的求职面试

数学系的学生都会听说这样一个有关数学家去某公司应聘工作的故事。当被问到能做什么时,数学家回答说我能解决问题。于是面试官将他带到一间屋里,其中有一个火盆,桌子上面放着一桶水,面试官要求这位数学家将火扑灭。数学家抓起水桶,将水浇在火焰上,成功地扑灭了火。然后他转身问面试官:"我能得到这份工作吗?"

"你还得通过下一个测试,"面试官回答。数学家被带到另一间屋里,其中有一个火盆,桌子下面放着一桶水,面试官要求这位数学家将火扑灭。数学家抓起水桶 —— 将它放在了桌上。学生们都想知道究竟他为什么这样做? 因为数学家习惯于把新的问题转化为他们已经解决了的问题。

数学的进展通常是知识累积的过程,前人的结果被用于推导出更深刻和更复杂的结果。寻找多项式方程解的故事也是如此,一般的三次多项式方程具有 $ax^3+bx^2+cx+d=0$ 的形式。多项式是我们唯一能够计算的函数,[2]因为他们仅仅涉及加、减、乘、除四种运算。当我们计算对数值或者某个角的正弦值时(比如说使用计算器),除了极少数例外情形,对数或正弦函数都用多项式来近似,所计算出的也是这些近似值。

早期结果:一次和二次方程的解

寻找多项式方程解的故事早在古埃及时代就已开始,埃及数学家已经很擅长求解线性(一次)方程。一个例子是方程 $7x+x=19$,在今天六年级的学生可以毫不费力地解出这个方程,他们将左边相加得到 $8x=19$,然后两边同时除以8就可得到 $x=19/8$。可是埃及时代的阿姆斯[①]并不懂

① Ahmes,有记录以来最早的数学作者之一。他生活在古埃及的第二中间期和第十八王朝时代,其代表作为写于约公元前1650年的兰德数学纸草书。

得代数,阿姆斯在兰德纸草书①这份最古老的数学手稿中负责撰写名为"获知所有黑暗事物的指导"(许多今天的学生毫无疑问会同意这种对数学的定义)这一章节。阿姆斯解决这个问题的方法只能说是相当曲折。[3]

空中花园可能是巴比伦人对古代世界奇迹的唯一物质贡献,但是他们的数学成就在当时却十分出色。他们能够用"凑平方法"解决某些二次方程(具有$ax^2+bx+c=0$形式的方程),[4]现在高中的代数课程中用此方法来得到这个方程所有的解,其结果被称为是二次求根公式。这个方法早在公元9世纪就由阿拉伯数学家花剌子密(Al-Khwarizmi)给出,他同时还是代数之父。

德尔费罗和三次方程

时间大约过去了七百年,方程求解问题在此期间没有任何显著进展。直到公元15世纪中期,一群杰出的意大利数学家开始了求解方程$ax^3+bx^2+cx+d=0$的征程。这个被称为一般三次方程的方程被证明是一道难题。

随着多项式次数的增加,要解决它就需要更多不同种类的数。像$2x-6=0$这样的方程,只需要正整数就能解出,但是$2x+6=0$就需要负整数,而$2x-5=0$则需要分数。二次方程给这个复杂场面带来了平方根和复数,很显然像$x^3-2=0$这样的方程将会需要三次方根。不是

① Rhind papyrus,也称阿姆斯纸草书,或者大英博物馆10057和10058号纸草书,是古埃及第二中间期时代(约公元前1650年)由名为阿姆斯的书记员在纸草上抄写的一部数学著作,与莫斯科纸草书齐名,是最具代表性的古埃及数学原始文献之一。这部纸草书总长525厘米,高33厘米,最初应该非法盗掘于底比斯的拉美西斯神庙附近。1858年为苏格兰收藏家兰德购得,因此得名。根据阿姆斯在前言中的叙述,内容抄自法老阿美涅姆赫特三世时期(公元前1860年—前1814年)的另一部更早的著作。纸草书的内容分两部分,前面是一个分数表,后面是84个数学问题和一段无法理解的话(也称为问题85)。问题涉及素数、合数和完全数,算术、几何、调和平均数以及简单筛法等概念,其中还有对π的简单计算,所得值为3.1605。

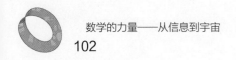

整数的根被称为根数（radical），现在的目标就是要找到一个由整数、根数和复数表示的公式，它能给出一般三次方程的全部解。这样的公式就被称为"根式解"。

第一位在利用根式求解三次方程领域取得进展的数学家是希皮奥内·德尔费罗（Scipione del Ferro），他在公元15世纪后期找到了能够解决一般三次方程的某种特别情形的求解公式，这种情形是 $b=0$。这样的"退化三次"方程具有形式 $ax^3+cx+d=0$，当全世界都知道他的成就时，德尔费罗在数学界的名声毫无疑问地得到了显著的提升。然而这是一个马基亚维利[①]论述辩论重要性的时代 —— 而辩论常常是一个人能在意大利学术界生存下去的关键。

决斗 —— 智力层面上的 —— 是当时有抱负的新人获得权威学术职位的一种方法。挑战者向某位学者提出一系列质问或数学问题，而这位学者也将会用自己的一系列问题进行反击。经过事先约定的一段时间后宣布结果 —— 正如大家所期望的，奖金将归属于胜利者。退化三次方程的解是德尔费罗的杀手锏 —— 如果他被挑战，那么他将为挑战者准备一系列的退化三次方程。就目前我们所知，德尔费罗从来也没用过自己的杀手锏。[5]

一场以方程为武器的智力决斗

在去世之前，德尔费罗将这套方法传给了他的学生安东尼奥·菲奥尔（Antonio Fior），一位天分不足但野心更胜其老师的数学家。德尔费罗将这套解法作为防卫工具，但是菲奥尔却决定用它来为自己树立名声，他发起了一次向知名学者尼科洛·丰塔纳（Niccolò Fontana）的挑战。

---

① Niccolò Machiavelli，1469年5月3日—1527年6月22日，意大利的政治哲学家。他是意大利文艺复兴中的重要人物，他所著的《君主论》一书提出了现实主义的政治理论，另一著作《论李维》则提及了共和主义理论。

丰塔纳在童年时曾被一位士兵用剑砍在脸部而受了严重的伤，这影响了他的说话，从而别人给了他一个绰号塔尔塔利亚（Tartaglia）——口吃者——这也是我们今天所知道的名字。当菲奥尔向塔尔塔利亚提交了一份包含三十个问题的挑战书时，塔尔塔利亚用涵盖许多数学领域的三十个问题作为反击——但他却发现菲奥尔的问题仅仅就是三十个退化三次方程。

这是经典的孤注一掷的情形——塔尔塔利亚或者一道题目也解不了，或者就能解出三十道题目，这取决于他能否找到求解退化三次方程的方法。塔尔塔利亚最终得到了退化三次方程 $x^3+mx=n$ 的解公式

$$\sqrt[3]{\frac{n}{2}+\sqrt{\frac{m^3}{27}+\frac{n^2}{4}}}-\sqrt[3]{-\frac{n}{2}+\sqrt{\frac{m^3}{27}+\frac{n^2}{4}}}$$

你能看出来，想要靠碰运气得到这个公式几乎是不可能。

我将用退化三次方程 $x^3+6x=20$ 来验证这个公式。结果可以表示为 $x=\sqrt[3]{10+\sqrt{108}}-\sqrt[3]{-10+\sqrt{108}}$，将这个结果进行简化可以作为高中代数课程中一道很好的题目，但对于那些喜欢现代科技的人可以用口袋式计算器验证 $x=2$，这确实是原方程的一个根。

所有的数学教材都会带有些许的欺骗性，教师会意识到这一点，但学生们通常不会。在建立像退化三次方程求解公式这样的结果时，会有大量的尝试和错误过程，并且绝大部分结果是错误的。我们知道像贝多芬这样伟大的作曲家会有记录他们灵感的速记簿，我们可以从中发现贝多芬在决定最终版本之前所考虑过的那些片段。许多数学家也是这样——他们保留着自己失败尝试的记录，因为有时候对于某个问题不适用的方法也许能解决另外的问题。然而这些记录一般来说并不能成为历史档案，因此我们无法知道德尔费罗究竟花了多长时间得到自己的方法。利用现代的记号，德尔费罗最终成功的解法并不难得到。

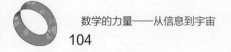

我们可以将退化三次方程除以 x^3 的系数从而得到如下形式的方程

$$x^3+Cx+D=0$$

这通常也是教材中所给出的方程，让我们试着去重述德尔费罗所做的工作。数学家通常会尝试不同的方法，希望可以获得好运。因此德尔费罗假设这个方程的解具有 $x=s-t$ 这种形式。尝试这样形式的解是有原因的，因为利用两个变元 s 和 t 会给这个问题增加一个额外的自由度，这是数学家解决问题的军械库中一件标准武器。但数学家所付出的代价是必须解决多一个变元的问题，而这有可能远远超出因为简单而获得的补偿。经过这样的替换之后，退化三次方程变为

$$
\begin{aligned}
&(s-t)^3+C(s-t)+D\\
=&(s^3-3s^2t+3st^2-t^3)+C(s-t)+D\\
=&(s^3-t^3+D)-3st(s-t)+C(s-t)\\
=&(s^3-t^3+D)+(C-3st)(s-t)
\end{aligned}
$$

到了这里，德尔费罗意识到自己应该是"好运临头"了。如果他能找到满足 $s^3-t^3+D=0$ 和 $C-3st=0$ 的 s 和 t，那么上面的式子就会变成

$$0+0(s-t)=0$$

从而 $x=s-t$ 就会是退化三次方程的一个根。这样，德尔费罗将原来的方程转化为包含两个方程的系统

$$3st=C$$

$$t^3-s^3=D$$

现在剩下的问题就是找到满足这两个方程的 s 和 t，而这一步就是将桌子下的水桶移到桌子上 —— 这两个方程可以转化为一个二次方程！将 $C=3st$ 中的 t 用 s 表示可以得到 $t=C/3s$，将它代入 $t^3-s^3=D$ 可得方程

$$C^3/(27s^3)-s^3=D$$

两边同时乘以 s^3 并移项可得

$$s^6 + Ds^3 - (C^3/27) = 0$$

这个方程可以看作是关于 s^3 的二次方程

$$(s^3)^2 + Ds^3 - (C^3/27) = 0$$

利用二次求根公式，我们可以得到 s^3 的两个可能的解，但无论取哪个解，求出它们的三次方根并利用 $t = C/3s$ 计算出 t，结果 $s - t$ 将会相同，这样就解决了原来的退化三次方程。

当这个过程清晰地写在教材中时，看起来并不困难，但当你只有一个月的时间并且你的未来取决于它的时候，这就会变得相当困难。在孤注一掷的与时间的竞赛中，（毫无疑问）精疲力竭的塔尔塔利亚尽全力找到了一种独创的解决这个问题的几何方法，并用它在竞赛截止日前找到了所有的解。塔尔塔利亚宽宏大量地免去了菲奥尔所下的赌注 —— 在这个决斗中，他的赌注是三十桌豪华宴席 —— 但这对于菲奥尔而言只是很小的代价，当塔尔塔利亚声名鹊起之后他逐渐地销声匿迹了。

卡尔达诺和费拉里 —— 登上顶峰

获知塔尔塔利亚成功的人中有一位叫做吉罗拉莫·卡尔达诺（Girolamo Cardano），他是出现在数学舞台中不平凡的人之一。卡尔达诺聪明但却不幸 —— 他身受数种疾病困扰，其中包括痔疮、疝气、失眠和阳痿。由于这些生理上的问题混杂在一起也带来了他心理上的一系列问题。他有恐高症，无法控制对疯狗的恐惧；他也许不是受虐狂，但却养成了遭受身体痛苦的习惯，因为当他停止时感到很愉快。我们知道这一切是因为卡尔达诺写了一本详尽的自传，无论多么隐私的细节都没有被遗漏，如果说16世纪也有深夜脱口秀[1]的话，那他肯

① 一种电视娱乐节目的形式，由于在深夜播出，会涉及一些粗口和成人话题。

定会是主角。

卡尔达诺对塔尔塔利亚的成就非常着迷，他写了好几封信恳求塔尔塔利亚告诉他成功的秘密。塔尔塔利亚给他的回复等价于现代的"对不起，我的代理人正准备签署一份出版合同"，但是卡尔达诺坚持不懈，最终他成功地说服塔尔塔利亚离开家乡布雷西亚，拜访了住在米兰的自己。在这次见面中，卡尔达诺成功地让塔尔塔利亚透露自己的秘密——但代价是塔尔塔利亚让他立下誓言："我向你对天发誓，以我绅士的信念，如果你告诉我你的发现，我不仅永远不会发表它们，而且我还会以一位真正的基督教徒的信念保证，我会将它们以密语写下，这样在我死后别人都无法看懂。"[6]

和许多同时代的人一样，卡尔达诺极度相信梦境以及它所带来的征兆，同时他也是一位实用占星家。一天夜里他梦到一位穿白衣服的美丽女人，他殷勤（且成功）地向自己生命中第一位这样的女性表达了自己的爱意，尽管他的机会微乎其微，因为当时他一贫如洗。就在他与塔尔塔利亚见面后不久，他听到了喜鹊的喳喳叫声，于是他相信这是好运的前兆。当一位男孩出现在他家门前试图寻找一份工作时，卡尔达诺突然之间认为这就是喜鹊所预言的好运，并将他带进了屋。也许喜鹊报喜理论确实有那么回事，这个男孩证明了自己具有潜在的数学能力。起初这位叫做卢多维克·费拉里（Ludovico Ferrari）的男孩只是卡尔达诺家中的一位仆人，但逐渐地卡尔达诺教会了他数学，在费拉里二十岁生日之际，卡尔达诺将如何求解退化三次方程的秘密告诉了他。这两位数学家决定攻克解决一般三次方程这个难题。

卡尔达诺和费拉里取得了两项主要的成就，第一项是找到了将一般三次方程转化为退化三次方程的变换公式，而塔尔塔利亚的技巧已经能够解决退化三次方程。这个变换就如同将桌子下的另外一桶水移到了桌面上。

和上面一样，通过将方程除以 x^3 的系数，我们可以假设一般三次

方程具有如下形式

$$x^3+Bx^2+Cx+D=0$$

如果我们令 $x=y-B/3$，方程就会变为

$$(y-B/3)^3+B(y-B/3)^2+C(y-B/3)+D=0$$

将前两项展开可得到

$$[y^3-By^2+(B^2/3)y-(B^3/27)]$$
$$+B[y^2-(2B/3)y+(B^2/9)]+C(y-B/3)+D=0$$

这里并不需要将等号左边继续展开，只需要注意到包含 y^2 的仅有两项，$-By^2$ 出现在 $(y-B/3)^3$ 的展开式中，By^2 出现在 $B(y-B/3)^2$ 的展开式中，这两项相消之后的结果就是一个关于 y 的退化三次方程，此时德尔费罗的技巧可以解出此方程的解 y，因此 $x=y-B/3$ 就是原三次方程的一个根。

这是他们取得的第一个突破，但是第二个却更加令人兴奋：费拉里发现了将一般四次方程转化为三次方程的方法，而他们已经能够解开三次方程。这是代数在一千年中所取得的最重大的进展 —— 但这两大进展最终都建立在塔尔塔利亚对退化三次方程的求解公式的基础之上，并且卡尔达诺的誓言使得他们无法发表自己的结果。

数年之后，卡尔达诺和费拉里去博洛尼亚旅行，在那里他们读到了德尔费罗的文章。这些文章包含了德尔费罗对于退化三次方程的解法 —— 这和塔尔塔利亚所发现的结果完全吻合。卡尔达诺和费拉里说服自己，既然德尔费罗已经提前得到了这个结果，那么使用它也不算违背卡尔达诺对塔尔塔利亚立下的誓言。

卡尔达诺在 1545 年出版了他的经典著作《大衍术》（*Ars Magna*）。代数确实是卡尔达诺的"大衍术"—— 尽管他是一位卓有成就的医生（在当时而言），他曾为教皇看过病；尽管他写过第一部概率论的数学

著作（卡尔达诺本身是一位赌徒），但他在代数方面的贡献让他名垂千古。前面所描述的用来求解退化三次方程的方法就取自《大衍术》。

在《大衍术》中，卡尔达诺给那些他所依赖的伟人们充分的赞誉。在关于一般三次方程解的这一章的前言中，他以如下一段文字开头：

> "博洛尼亚的希皮奥内·德尔费罗大约在三十年前发现了这个公式并将它传给了威尼斯的安东尼奥·玛丽亚·菲奥尔，后者与布雷西亚的尼科洛·塔尔塔利亚进行了竞赛，并让塔尔塔利亚得以发现同样的结果。塔尔塔利亚在我的恳求之下将结果告诉了我，但却限制公开说明。在这些人的帮助之下，我找到了它（不同的）形式上的说明。这些内容非常困难。"[7]

塔尔塔利亚无法接受这种形式的泄密，指责卡尔达诺违背了他神圣的誓言。卡尔达诺没有回应这些指控，但是性格鲁莽的费拉里却做了。这最终导致了塔尔塔利亚和费拉里之间的一场竞赛 —— 但是费拉里有主场优势并取得了胜利。塔尔塔利亚将自己的失败归咎于观众对于本地选手强烈的支持（市民们热衷于一场智力比赛的结果而不是像今天那样热衷于足球比赛的结果，这难道不让人感到欣慰？当然也有可能是因为在16世纪人们没有太多东西可以关注）。当然费拉里认为他的胜利源自于自身的出色。到了这一步，利用根式寻找多项式方程的解的故事又再次停顿了两个世纪，等待着故事中的最终人物的登场。

这个故事中许多主要角色所遭受的痛苦也造成了许多悲剧。卡尔达诺的妻子年轻早逝，他的长子詹巴蒂斯塔·卡尔达诺（Giambattista Cardano）因为谋杀罪被处死，他的另一个儿子也因为犯罪而被关进监狱。卡尔达诺自己也因被当作异端（那是一个不适合异教徒的时代）而送入监狱，但后来被释免。卡尔达诺的墓志铭也许可以当作他的《大衍术》的结语："五年心血写就，但却流传千年。"[8] 卢多维克·费拉里死于中毒，许多历史学家相信这是他的妹妹所为。

五次方程的不可解性

一般三次方程可以通过转化为退化三次方程得到解决，四次方程可以通过转化为三次方程得到解决 —— 但更高次多项式方程的解会变得更加错综复杂。看起来解决一般五次方程的未来依然是沿着同样的道路：找到某种变换可以将它转化为四次方程，然后使用费拉里的公式。这看上去是一条相当沉闷的道路。也许这是为什么这个问题停滞了两百年的原因，尽管同时期数学家取得了相当多的进展，但大部分都在微积分及其相关领域。找到五次方程的解已经不再是数学界最重要的问题 —— 全新的微积分看上去要更性感。

数学和科学领域有时都会碰到的事情是，当学术界所拥有的工具不足以解决某个问题时，数学界或科学界就会束手无策。这时就需要新的、不同的技巧 —— 虽然学术界在这些技巧真正浮出水面之前常常认识不到这一点。这就是五次方程求解问题所面临的局面。这个问题的解决直到19世纪初才初现端倪，当时三位天才的数学家用一种完全不同的方法开创了新局面，同时这也永远地改变了数学的进程。

保罗·鲁菲尼

在卡尔达诺和费拉里解决了四次方程之后的近250年里，数学家们试图揭开五次方程的神秘性。一些数学史上伟大的名字在这片浅滩上纷纷折戟，其中就包括了莱昂哈德·欧拉（Leonhard Euler）和约瑟夫路易斯·拉格朗日（Joseph-Louis Lagrange），后者发表了一篇著名的论文《关于代数方程解的思考》（*Reflections on the Resolution of Algebraic Equations*），在其中他说自己打算回去研究一下五次方程的解，他觉得有很大希望能够用根式求解。

保罗·鲁菲尼（Paolo Ruffini）是第一位认为五次方程无法利用根式求解的数学家，他在《方程的一般理论：在其中证明了次数大于四的一般方程的代数解的不可能性》（*General Theory of Equations*

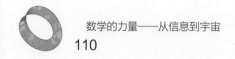
in Which It Is Shown That the Algebraic Solution of the General Equation of Degree Greater Than Four Is Impossible）中给出了一个证明。在其中他说："次数大于四的一般方程的代数解总是不可能的。利用这个非常重要的定理我能够断言它（如果我没犯错的话）：为了给出它的证明是我出版这卷著作的原因。伟大的拉格朗日以及他超群的思想为我的证明提供了根基。"[9]

不幸的是，这段序言中的话变成了事实——在他的证明中有一个错误。然而鲁菲尼不仅窥见了真相，他还意识到寻找解的过程依赖于分析当我们对多项式的根进行置换后，方程所发生的变化。虽然他没有提出置换群的概念，但他仍然证明了该理论中的许多基本结果。

鲁菲尼只是又一位运气不好的数学家。他从没有收到过对他工作的真实评价——至少在他在世时。只有奥古斯丁-路易斯·柯西（Augustin-Louis Cauchy）是唯一的给予他尊敬的著名数学家，但当他的论文被当时法国和英国一流数学家审查时，得到的却是中立（英国）和不利（法国）的结果。鲁菲尼从没被告知自己的证明中存在着错误——如果哪位数学家告诉了他，他立刻就能纠正这个错误。一般来说，对于有瑕疵的证明，最熟悉的人有着最好的机会去改正它——但是鲁菲尼从没得到这样的机会。

普遍的群 —— 特别的置换群

数学最重要的贡献之一就是它能够证明那些看上去毫不相似的结构之间存在着重要的共同特征。这些特征可以被纳入到一组公理中，所有结构中的结论都满足这些公理。这样的对象中最重要的一个被称为群（group）。

为了引入群的定义，我们先考虑由所有非零实数构成的集合。任意两个非零实数 x 和 y 的乘积 xy 也是非零实数，这个乘法满足结合律：$x(yz)=(xy)z$。数 1 具有性质：对于任意非零实数力有 $1x=x1=x$。最后，每个非零实数都有一个乘法逆元 x^{-1} 满足 $xx^{-1}=x^{-1}x=1$。这些就是用于定义一个群 G 的关键性质。而群 G 是一些元素的集合，也是一种将集合 G 中的元素 g 和 h 组合成 gh 的方法。这种组合元素的方法通常被称为乘法，gh 被称为 g 和 h 的乘积，然而我们将会看到存在着许多群，它们其中的"乘法"与算术中的乘法毫无相似之处。乘法必须满足结合律：对任意三个元素 a、b 和 c，有 $a(bc)=(ab)c$。群中必须包含一个单位元素，记为 1，它满足对任意群中的元素 g 有 $g1=1g=g$。最后，群中的每个元素 g 必须有一个乘法逆元 g^{-1}，使得 $gg^{-1}=g^{-1}g=1$。

一个有趣的群的例子来自我们洗牌时所发生的事，它和五次方程的求解有着重要且奇妙的联系。完全地描述洗牌过程是可能的，我们只需要考虑所有牌的初始位置以及它们的最终位置。比如说，在一次完美的洗牌中，上面的二十六张牌会拿在左手，下面的二十六张牌会拿在右手。经典的"瀑布式"洗牌法首先放出右手的最下面一张牌，然后是左手的最下面一张牌，然后是右手的倒数第二张牌，如此下去，双手的牌交错放置。我们可以用下面的表格来描述完美洗牌，表中给出了每张牌初始的位置以及它最终的位置，最上面的牌在位置 1，最下面的牌在位置 52。

初始位置	1	2	3	⋯	24	25	26	27	28	29	⋯	50	51	52
最终位置	1	3	5	⋯	47	49	51	2	4	6	⋯	48	50	52

我们可以将这个过程用代数记号简记如下

初始位置（x）	最终位置
$1 \leqslant x \leqslant 26$	$2x-1$
$27 \leqslant x \leqslant 52$	$2x-52$

一副扑克牌的所有洗牌方法所组成的集合构成一个群。两种洗牌方式 g 和 h 的乘积 gh 是如下的重置：首先进行洗牌方式 g，然后进行洗

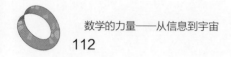
牌方式h。这个群的单位元则是不改变任何牌的位置 ——"幽灵式洗牌"有时是魔术师或赌场老干所采用的手法。任何一种洗牌方式的逆元就是将所有牌回复到原先位置所进行的洗牌方式。比如说，我们可以用上面的表格来看看完美洗牌的逆元。

初始位置	1	2	3	4	...	49	50	51	52
最终位置	1	27	2	28	...	25	51	26	52

同样，代数记号简记如下

初始位置（x）	最终位置
x为奇数	$(x+1)/2$
x为偶数	$26+x/2$

为了说明这是完美洗牌的逆元，只需作如下说明：如果某一张牌的初始位置是x，此处$1 \leqslant x \leqslant 26$，那么完美洗牌将把它移动至位置$2x-1$（这是一个奇数），因此逆变换将把它移动至位置$[(2x-1)+1]/2=x$，即它的初始位置。如果某一张牌的初始位置为$x$，此处$27 \leqslant x \leqslant 52$，那么完美洗牌将把它移动至位置$2x-52$（这是一个偶数），因此逆变换将把它移动至位置$26+(2x-52)/2=x$ ——再次回到它的初始位置。类似地我们可以证明，如果先进行逆变换操作，再进行完美洗牌，那么每一张牌还是会回到自己的初始位置。尽管这与五次方程问题不相关，但是进行八次完美洗牌后，一副牌将会和它的初始状态一样 ——如果用g代表完美洗牌，那么这就是说$g^8=1$，数学家就将g称为阶为8的元素。证明洗牌操作满足结合律并不困难 ——但它比较繁琐枯燥，所以我跳过了该过程。

请注意完美洗牌 ——以及它的逆元 ——都会保持最上面一张牌不动。如果考虑所有的保持第一张牌不动的洗牌方式，我们将会发现它们也能构成一个群 ——任意两种这样的洗牌方式的乘积仍保持第一张牌不动，其逆元也将保持第一张牌不动。一个群的子集如果依然构成群，就被称为子群（subgroup）。

区分所有洗牌方式构成的群与所有非零实数构成的群的一种方式是，后者是交换的（commutative）——不管你用哪种次序将两个数相乘，其结果均相同：比如 $3 \times 5 = 5 \times 3$。但前者构成的群却非如此，如果洗牌方式 g 仅仅将最上面的两张牌交换位置（其余的牌保持不动），洗牌方式 h 仅仅交换第二和第三张牌，让我们来看看这副牌中的第三张将会发生什么变化。如果我们先进行洗牌方式 g，那么第三张牌不改变位置，但当我们进行洗牌方式 h 之后，它就会移动到位置2。如果我们先进行洗牌方式 h，那么第三张牌会移动到位置2，然后进行的洗牌方式 g 将会把它移动到位置1。因此以不同顺序进行洗牌会产生不同的结果——洗牌方式的顺序（群中的乘法）确实能够产生差别。

尽管标准的一副牌中只包含了52张牌，但我们显然可以对一堆任意数目的牌进行洗牌。一副 n 张牌的所有可能的洗牌方式构成的群被称作对称群 S_n。S_n 的结构——也就是它的子群的个数及特征——随着 n 的增大而愈加复杂，这也是决定为什么五次方程没有根式解的关键所在。

尼尔斯·亨里克·阿贝尔（1802—1829）

尼尔斯·亨里克·阿贝尔（Niels Henrik Abel）出生在挪威的一个贫穷的大家庭中。在他十六岁时，他开始着手一项阅读数学伟大著作的计划；但当他十八岁时，他的父亲去世了。虽然自己身体健康状况不佳，阿贝尔仍然承担了照顾家庭的重任。尽管重担在身，他仍然决定向五次方程发起进攻。起初他认为应该遵循卡尔达诺和费拉里的步伐，但当他发现自己的证明中存在错误时，他准确地得到了相反的结论：不可能找到一般五次方程根的代数表达式。他和鲁菲尼所走过的道路一样，但却避开了那位意大利数学家所碰到的陷阱。阿贝尔最终证明了一般五次方程不能利用根式求解，从而给这段起源于三千年

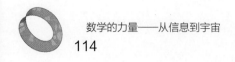
前埃及的征程画上一个句号。

在发表了一篇关于自己的证明的研究报告后，阿贝尔去了柏林。在那里他开始在刚创办不久的克列尔杂志①发表自己对于许多问题的研究结果，这些结果得到了许多德国数学家的赏识。然后他去往巴黎，他希望在那里也能获得顶尖法国数学家的认可。

然而法国并不是有利于数学交流的地方，阿贝尔写信给自己的朋友说，"新人要想在这里获得注意是非常困难的。"[10]失望加上结核病造成的虚弱，阿贝尔回到了家乡，他在二十七岁这样一个悲剧的年龄去世。但阿贝尔所不知道的是，他的论文正逐渐引起整个数学界的兴奋，在他去世后两天，一封授予他柏林某个学术职位的信才寄到他家。

埃瓦里斯特·伽罗瓦

关于五次方程求解的故事中的第三位主角同样遭受了类似的不幸。埃瓦里斯特·伽罗瓦（Évariste Galois）比阿贝尔晚九年出生在巴黎的郊区。作为一名镇长的儿子，伽罗瓦并没有在学校中展现任何特别的才能 —— 但是到了十六岁时他意识到抛开老师的评价，自己应该拥有一定的数学才能。他申请了巴黎综合理工学院（École Polytechnique）—— 一所培养出许多数学家的学校，但由于他的中学成绩一般，因此没有被录取。在十七岁时，他写了一篇论文并提交给了科学院 —— 但是当时最著名的数学家奥古斯丁-路易斯·柯西丢失了手稿。随后不久他向科学院提交了另一篇论文 —— 但是当时科学院的秘书约瑟夫·傅里叶②在收到后不久就去世了，从而手稿也不

---

① Crelle's journal，指的是由德国数学家、工程师奥古斯特·克列尔（August Crelle）所创办的《纯粹与应用数学杂志》（*Journal für die reine und angewandte Mathematik*）。

② Joseph Fourier，1768年3月21日 — 1830年5月16日，法国数学家、物理学家，提出傅里叶级数，并将其应用于热传导理论与振动理论，傅里叶变换也以他的名字命名。

知所踪。乔纳森·斯威夫特 [1] 曾评论说:"我们判断天才可以基于如下的事实:即所有的蠢人都一致反对他。"伽罗瓦看上去是特别的不幸,因为所有的天才都一致反对他,尽管是无心的。

经历了这些不顺心的挫折之后,伽罗瓦希望从当时的政治中找到宣泄口,于是他加入了国家卫队。作为一位活跃的革命者,他在1831年的一次晚宴上提议干杯,从而被视为是对国王路易-菲利浦一世 [2] 的威胁。这次宣言紧跟着一个被证明是致命的错误——他爱上了一位年轻的姑娘,而她的另一位爱人向伽罗瓦发出决斗的挑战。伽罗瓦做了最坏的打算,他在决斗前一夜花了整晚的时间草草记下了他的数学笔记,并托付给一位朋友将它们出版。第二天,伽罗瓦参加了决斗,并在一天后死于决斗中所负的伤,当时年仅二十岁。

虽然阿贝尔是证明五次方程的不可解性的第一人,但伽罗瓦发现了一套后来被证明是非常重要且更加普遍的解决问题的方法。伽罗瓦是第一位将群的概念系统化的数学家,而群是现代代数学的中心。群、多项式和域(field)之间的联系是被称为伽罗瓦理论(Galois theory)这一数学分支的基本主题。伽罗瓦理论不仅能够解释为什么五次方程没有一般的解公式,它还能精确地解释为什么低次的多项式存在解公式。值得注意的是,伽罗瓦理论也能为三个尺规作图问题的不可能性提供清晰的解释:为什么不能倍立方,为什么不能三等分一个角,以及为什么某些正多边形可以用尺规作出。

伽罗瓦群

当我在高中第一次学习二次求根公式时,我的代数老师提到存在

---

[1] Jonathan Swift, 1667—1745, 英国作家, 讽刺文学大师, 以《格列佛游记》和《一只桶的故事》等作品闻名于世。

[2] King Louis Philippe, 1773年10月6日—1850年8月26日, 法国国王, 在位时间为1830年至1848年, 又称"路易腓力"。

着三次和四次多项式的求根公式,但对于五次多项式却没有。当时我不能完全理解老师话中的含义,而是将他的话简单地理解为数学家还未发现这样的公式。直到后来我才意识到确实存在着能给出五次多项式方程的根的公式,但是这些公式利用了根式之外的表达式——如果描述解的"语言"仅仅由整数、整数的根和使用它们的代数表达式,那么这种语言将无法表示所有五次多项式的根。我学生时代的一个目标就是找出为什么是这样——但为了完全理解它,我必须学会伽罗瓦理论。为了理解伽罗瓦理论,首先必须学习抽象代数的入门课程,这门课通常出现在大学的三年级。但不管怎样,理解这个理论中的一些基本思想还是有可能的。利用二次求根公式,方程 $x^2 - 6x + 4 = 0$ 有两个根 $A = 3 + \sqrt{5}$ 和 $B = 3 - \sqrt{5}$,这两个根满足两个基本的代数方程:$A + B = 6$ 和 $AB = 4$。当然它们也会满足更多的代数方程,比如说 $5(A+B) - 3(AB)^3 = 5 \times 6 - 3 \times 64 = -162$,但是这个方程显然是由那两个基本方程构造出来的。它们还会满足 $A - B = 2\sqrt{5}$,但是这个方程与两个基本方程有着本质的区别:在两个基本方程中出现的数仅仅是有理数,而这个方程中包含了无理数。同时注意到如果我们尝试某些像 $A + 2B$ 这样的式子,我们也会得到无理数 $9 - \sqrt{5}$,因此由 A 和 B 构造出来的、仅包含有理数的方程肯定是有限多个。

让我们再次观察这两个方程 $A + B = 6$ 和 $AB = 4$,但不写成这样的形式。我们将它们写成 $\square + \triangle = 6$ 和 $\square \triangle = 4$,这么写的目的是为了研究不同可能的将两个根 A 和 B 放入 $\square$ 和 $\triangle$ 的方式,从而得到一个正确的结论。这里我们有两种办法实现它,一种是我们前面从方程所得到的方法——把 A 放入 $\square$ 以及 B 放入 $\triangle$,这样就能得到原先两个(正确的)结论 $A + B = 6$ 和 $AB = 4$。如果考虑两张牌,最初时 A 在上面 B 在下面,将它们洗牌,用 $\square$ 代表最终在上面的符号,$\triangle$ 代表最终在下面的符号。那么将 A 代入 $\square$ 和 B 代入 $\triangle$ 就表示进行的是幽灵式洗牌。另一种洗牌的结果只会出现 A 在下面 B 在上面,也就是说将 B 代入 $\square$ 和 A 代入 $\triangle$,这时所得到的结论 $B + A = 6$ 和 $BA = 4$ 也同样正确。使得仅含有理系数的代数方程都是真命题的洗牌方式就构成了多项式的伽罗瓦群。因此多项式 $x^2 - 6x + 4$ 的伽罗瓦群就是包含了两个元素(幽灵式洗牌和上下交换式洗牌）的对称群S_2。

　　并不是在所有的情况下S_2中的元素都会出现在多项式的伽罗瓦群中。我们来看这个例子，考虑多项式$x^2 - 2x - 3$，它的两个根是$A=3$和$B=-1$。这两个根满足$A+2B=1$，因此检验含有理系数的代数方程□$+2$△$=1$。如果将等式左边的A和B交换位置，那结果将会是$B+2A=1$，这不是一个真命题，因为$B+2A$的实际结果是5。对于这个多项式，唯一能够从原方程生成真命题的洗牌方式只有单位元（幽灵式洗牌），因此在这个例子中，$x^2 - 2x - 3$的伽罗瓦群只包含一个元素：幽灵式洗牌。

　　将拉普拉斯的《天体力学》译成英文的美国天文学家纳撒尼尔·鲍迪奇[①]曾说过这样一段著名的话："在拉普拉斯的著作中出现'因此这显而易见'这样的词语时，我从来没有跳过它，而是花费数小时去填补空缺的内容直到我找到并且能说明为什么显而易见为止。"[11]这一点对于"可以证明……"这样的话也同样适用。所以我不喜欢加入这样的内容，除非它是必须加入的——但在这里我必须加入这样一个命题。我们可以证明一个多项式的根可以用根式表示，仅当它的伽罗瓦群用子群语言来说具有一个特别的结构。这个结构被称为可解性（solvability），它描述起来太过于专业，但是它的名字显然是来自于利用根式求解多项式方程这个问题。可以证明（呃，我又来了）多项式$x^5 - x - 1$的伽罗瓦群是不可解的，因此这个多项式的根无法用根式表示。

后续发展

　　五次方程的不可解性被证明是数学发展史上的一个重要时刻。我们也不可能确定地知道，如果五次或更高次多项式被证明可以找到根式表示的解之后，会发生什么样的事情。但多少能肯定的是，因为五

---

① Nathaniel Bowditch，1773年3月26日—1838年3月16日，美国的早期数学家之一，他的主要工作在海洋航行领域，其代表作为出版于1802年的《美国实践航海学》（*The American Practical Navigator*）。

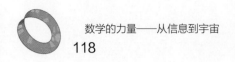
次方程不存在这样的解，数学才变得更加有趣。

数学是用来描述众多现象的语言 —— 但是一种语言需要词汇。数学语言中最重要的词汇之一是函数（function）。函数，比如说幂函数和根函数，可以用两种基本方式组合在一起 —— 代数方式（利用加、减、乘、除）和复合（composition）方式（一个接着一个，就像连续洗牌一样 —— 你可以先对一个数平方然后再求它的三次方根）。五次方程的不可解性实际上是宣告由幂函数和根函数所构成的函数词汇表不足以描述某些方程的解。这实际上激发了人们搜寻其他能够用来描述这些解的函数。

函数来自于何方？通常它们来自于实际需要。三角函数用来表示由角所决定的量，以及用来描述周期现象；指数函数和对数函数用来描述增长和衰退过程。许多函数来自于在科学和工程中很重要的方程（通常是微分方程）的解。比如说，贝塞尔函数（Bessel function）（以19世纪数学家和物理学家威廉·贝塞尔[①]命名，他是第一位计算出恒星距离的人）是某个方程的解，这个方程可以描述鼓膜在受到击打时如何振动，或者热在圆棍中如何传导这些过程。

1872年，德国数学家菲尼克斯·克莱因[②]用超几何函数找到了五次方程的通解表达式，超几何函数是一类作为超几何微分方程的解的函数。[12]在1911年，亚瑟·科布尔[③]利用坎佩·德·费里耶函数（Kampé de Fériet function）解出了六次多项式方程，这个函数我从未听说过，因此我怀疑99%的在世数学家也没有听过这个函数。此时

[①] Friedrich Wilhelm Bessel，1784年7月22日—1846年3月17日，德国天文学家及数学家。他精确测定了岁差常数和恒星视差。

[②] Felix Klein，1849年4月25日—1925年6月22日，德国数学家。他的主要研究方向是非欧几何、群论和函数论。他提出的爱尔兰根纲领影响深远，代表作有《高观点下的初等数学》。

[③] Arthur Coble，1878年11月3日—1966年12月8日，美国数学家。他的主要研究方向是有限几何学及其群论、方程的伽罗瓦理论及Cremona变换等，他于1933年至1934年期间担任美国数学会主席。

前景变得暗淡 —— 看上去次数更高的多项式如果其通解能够被发现，那么它们将会用更加难以理解的函数来表示。实际上函数就像单词：它们的功用很大程度上取决于它们被使用的频率，这些太专业以至于只有极少数人知道的函数（或单词）也只有有限的价值。

　　求解方程并非只是数学的中心问题，它也是科学和工程的中心问题。数学家感兴趣的只是某个特别方程的解是否存在而已，但是要利用它就必须知道这个解是什么 —— 还要精确到第三、第五或第八位小数点。数值分析（numerical analysis）并不像它的名称所暗示的那样，是对数的分析，它是这样一个数学分支：它讨论如何寻找方程的近似解 —— 精确到第三、第五、第八（或任意）位小数点。在知道找到某个方程的解的准确公式是不可能的，但仍然需要这个解的准确近似值来构造某个事物的情况下，数学家发明了一些技巧用于找到这些近似解并且（这一点同样重要）还知道这些解的准确度有多高。用一个便宜的计算器就可以算出4的三次方根是1.587401052；但如果你将这个数再三次方，结果将不会是4 —— 尽管它和4很接近。计算器所给出4的三次方根精确到小数点后第九位数 —— 这对于制造任何机械设备以及许多电子设备都足够了。从实用角度出发，数值分析能够给出足够精确的多项式的根，用以制造任何依赖于这些根的设备。

　　到了这里，寻找多项式的根的征程走向了一个新的方向。这个任务在19世纪初所发生的突然转折将群论带入我们的视野中，与之类似，一些相当新的数学分支也开始涉及这个问题。许多被广泛研究的群都与物体的对称性有关系。比如说，我们知道S_3是对三张牌进行的所有洗牌方式的集合。然而如果我们想象一个三顶点分别为A、B和C的等边三角形，其中A是上顶点，B和C分别为左下和右下顶点。那么这个三角形可以通过旋转或镜面反射使得新的位置对应着某种洗牌方式，

三角形	1	2	3	4	5	6
上顶点	A	C	B	A	C	B
底部定点	BC	AB	CA	CB	BA	AC

实际上我们可以从这个例子中看出群结构是如何出现的 —— 两种不同的基本操作就能够生成其他所有的结果。其一是逆时针旋转120度，我们将它记为R。三角形2是三角形1通过R所生成的。另一种基本操作是保持顶点不动，但交换底部两顶点位置，我们将它记为F。三角形4就是三角形1通过F所生成的。类似地，三角形3是三角形1经过两次R得到，这个操作记为RR，或R^2；三角形5是三角形1首先经过R，然后经过F所得到的，记为RF；三角形6是三角形1首先经过F，然后经过R所得到的，记为FR。

这本质上和三张牌的洗牌方式构成的群是同一个 —— 我们可以将R等价于将顶部的牌移到底部的洗牌方式，将F等价于保持顶部牌不动、交换第二和第三张牌的洗牌方式。这种将看上去不同的群进行等价的操作称为同构（isomorphism）—— 一种能够让数学家把关于某个对象成立的事实搬到另外一个对象上的过程。一般五次方程没有根式解的证明就涉及一个群同构于正二十面体（icosahedron，这个柏拉图立体由二十个面构成，每个面都是正三角形）的对称性所构成的群。今天，数学家正在从几何学中搜寻希望，希望他们能够发现可以用于解决多项式根的问题。

法国政治家乔治·克列孟梭[1]曾说过，战争实在太重要，以至于不能全部交给将军们。类似地，群论同样很重要，以至于不能全部交给数学家。科学中广泛采用了群论，因为群论是对称性的语言，而科学家们发现对称性在许多定律中扮演着重要角色。我不知道是否有人写过《人类学家必知的群论》或《动物学家必知的群论》，但确实有类似题目的写给生化学家、化学家、工程师的书籍 —— 可能包括了字母表中的绝大部分[2]。并且我还能肯定的是，字母表中几乎所有字母

---

[1] Georges Clemenceau，1841年9月28日—1929年11月24日，法国政治家。他于1906年至1909年以及1917年至1920年期间两度担任法国总理。

[2] 包括前面所谈到的人类学家（Anthropologist）和动物学家（Zoologist），以及此处的生化学家（Biochemist），化学家（Chemist）和工程师（Engineer），作者指的是这些英文名称的首字母。

都被用于描述不同种类的群（我们已经知道字母 s 被用于"可解群"）。发现规律或者找到规律中遗漏的元素往往都是重大发现的关键所在，群论正是为找到那些遗漏的元素提供了系统的框架。

无法找到五次方程的解公式，并不是我们寻找多项式方程根式解这个故事的终点。相反，由此衍生出了许多有用且令人兴奋的结论，面对这些结论，即使是在那个年代曾经登上顶峰的卡尔达诺和费拉里无疑也会觉得充满着魔力，就像那些初次读到卡尔达诺的《大衍术》的人一样。

注释：

［1］参见 http://history1900s.about.com/od/1950s/a/hopediamond.htm。

［2］更准确地说，多项式是我们能够计算的处处可微分的唯一函数。比如说，分析学家最爱的函数 $f(x)$ 定义为当 x 为有理数时，$f(x)=0$；当 x 为无理数时，$f(x)=1$。它也能够被计算出每个值但它却处处不可微分。这个函数完全是人造的，它与现实世界的任何过程都没有联系。

［3］参见 A. B. Chace, L. S. Bull, H. P. Manning, and R. C. Archibald, *The Rhind Mathematical Papyrus*（Oberlin, Ohio: Mathematical Association of America, 1927–29）。这个方法被称为试位法（false position method），它的描述可参见 http://www.history.mcs.st-and.ac.uk/HistTopics/Egyptian_papyri.html。

［4］一个"凑平方法"解方程的例子如下：

$x^2 - 4x - 5 = 0$

$x^2 - 4x = 5$

$x^2 - 4x + 4 = 5 + 4$（此为"凑平方"的步骤）

$(x-2)^2 = 9$

$x - 2 = 3$ 或 $x - 2 = -3$

$x=5$ 或 $x=-1$

［5］参见W. Dunham, *Journey Through Genius*（New York: John Wiley & Sons, 1990）。

［6］引自http://www.history.mcs.st-and.ac.uk/Biographies/Cardan.html。

［7］参见G. Cardano, *Ars Magna*（Basel, 1545）。

［8］同上。

［9］引自http://www.history.mcs.st-and.ac.uk/Biographies/Ruffini.html。

［10］参见Carl B. Boyer, *A History of Mathematics*（New York: John Wiley & Sons, 1991）, p.523。

［11］引自F. Cajori, *The Teaching and History of Mathematics in the United States*（Whitefish, MT: Kessinger Publishing, 2007）。

［12］公比为r的几何级数是无穷和$1+r+r^2+r^3+\cdots$；超几何级数能够生成这个级数。有关这个话题的更专业的讨论可以参见http://en.wikipedia.org/wiki/Hypergeometric_functions，但除非你计划从事的专业需要高一级的数学，否则你可以跳过这个讨论。

6

泾渭分明

成年

有一些快乐即便是三岁小儿也能享受，比如说冰激凌和春日里洒在脸上的温暖阳光 —— 但有些快乐却是成人的：智慧的交谈、蔬菜、几何学。

相信我，我并没有在十八岁的某天醒来大叫，"数学看上去有趣极了 —— 也许我应该研究数学。"我喜欢数学可以追溯到我在幼儿园中开始学习数数，或更早。我喜欢数学的过程停滞在我碰到几何学之后，此后痛苦的一年中，我拼尽全力去获得 B，因为我总是不知道如何去证明某些东西，或者我能知道如何去证明但却漏掉某些步骤。高等代数和三角学复燃了我的热情，而当解析几何和微积分出现时，我已经回到了自己的数学轨道上 —— 部分原因是因为这两门课程几乎不需要知道太多东西，除了几何学的一些基本知识。

我已经记不起几何学中最令我痛苦的是哪部分，但我记得反证法（归谬法）应该排在靠前的位置。反证法是这样的一种证明：首先你要假设结论是错误的，然后证明这样会导致矛盾，因此剩下的可能性就是结论是正确的。几何学中的许多反证法都是欧几里得著名的第五公设 —— 平行线公设 —— 的结果。

无争议的几何学

无争议的几何学适用于所有的一切，但不包括平行线公设。它包括了那些我们无法定义但每个人都知道的基本对象、某些涉及基本对

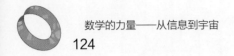

象的定义，某些明显的算术和几何事实，以及四个位于平行线公设之前的公设。

基本对象就是那些基本的东西，比如说"点"。欧几里得将点定义为没有部分的对象。[1]我能接受它——我并不能像哲学家那样准确地说出这些抽象构造是什么，但是我（和你）知道欧几里得的意思，因此我们能够继续前进。明显的算术事实像"等量加等量，其和仍相等"。欧几里得采用的一个明显几何事实是"彼此能重合的物体是全等的"——如果线段 AB 和 CD 能够重合在一起，那么 $AB=CD$。

现在我们可以看看这四条没有争议的公设。我将假设线段有端点，但直线没有。利用这些术语，可以写出公设如下：

公设1.任意两点之间可以用唯一的线段相连。

公设2.任意线段都可以延长为直线。

公设3.给定圆心及半径，存在唯一的圆。

公设4.所有的直角都相等。[2]

仅仅利用这四条公设就能构建出相当庞大的几何学——但那并非我们此时要考虑的问题。

平行线公设

退一步说，欧几里得最初的平行线公设是比较啰嗦的。

公设5（欧几里得）：在平面上如果一条直线与另外两条直线相交，在同一侧的两个内角之和小于两直角和，那么将这两条直线无限延长，它们一定会在内角和小于两直角和的这一侧相交。[3]

为了理解这里所发生的事情，可以想象一下将三角形的每条边都无限延长这件事。先看你所认为的这个三角形的底边，上面的"内角"指的是底边与另外两条边所成角，这两个角的角度之和小于180度，也就是小于两直角和。如果我们改变两边的方向，使得它们延伸之后相交在底边的另一侧，此时的"内角"之和也会小于180度。那么当内角之和恰好等于180度时会发生什么？这两条直线无论在哪一侧都不会相交，因此它们或者在底边相交（但此时会发生三条直线重合的情况）或者永不相交。

正如你所看到的，平行线公设的这种表述方式并不容易让人接受，即使是在古希腊时代也有人建议将它进行修改。普罗克洛斯[①]建议了一个我们现在常用的版本（两条平行线之间的距离处处相等），但却是苏格兰数学家约翰·普莱费尔[②]获得了荣誉，因为他在18世纪和19世纪之交所写的一本非常畅销的几何教材中包含了它。无论是过去还是现在，荣誉总是归功到那些有最好公共关系的个人身上。

公设5（普莱费尔公理）：在平面上过给定直线外一点，仅有一条直线平行于已知直线。[4]

这就是我所学到的平行线公设。它有两个明显的优点。第一，它比欧几里得原先的版本更加容易理解、直观和易于应用；第二个优点则更加微妙——它能促使人们思考这个问题，是否有可能创造出某种几何学，在其中能作出多于一条平行于给定直线的平行线？

当然，这样的几何学不可能在平面上存在，因为那正是具有五条公设的欧几里得平面几何所依赖的地方。然而如果我们来到欧氏

---

① Proclus Lycaeus，公元412年2月8日—公元485年4月17日。希腊新柏拉图主义哲学家，雅典柏拉图学园晚期的导师。他建立并发展了新柏拉图主义的体系。在公元450年左右，他给欧几里得《几何原本》的卷I作评注，写了一个"几何学发展概要"，通常称为《普罗克洛斯概要》。

② John Playfair，1748年3月10日—1819年7月20日，苏格兰科学家、数学家、爱丁堡大学自然哲学教授。以其名字命名的普莱费尔公理则被用于替代欧几里得的平行线公设。

三维空间，我们就能得到无穷多条穿过给定点的直线平行于已知直线——平行就是当两条直线无限延伸时，它们不会相交。我们只需取一条直线以及一个平行于这条直线的平面。如果取定平面中的某一点，那么穿过这一点的任意平面上的直线显然都不会与原来那条直线相交——除了一条直线外，所有的直线在现代术语中都被称为异面直线（skew lines）（有一条直线是真正平行于给定直线的，因为它和给定直线落在同一平面内）。

杰罗拉莫·萨凯里

并非所有的意大利数学家都有像塔尔塔利亚、达尔达诺和费拉里那样富有色彩的人生。杰罗拉莫·萨凯里（Girolamo Saccheri）生来就注定是一位耶稣会牧师并在帕维亚大学（University of Pavia）讲授哲学和神学。在那里他还拥有数学系的教职，这不禁让我想起这种情形是不是类似于20世纪70年代发生的"数学教师严重缺乏"事件，当时初中和高中数学教师的缺乏导致工艺老师或体育老师都成为了代数教员。我的一位好朋友在大学时的专业是政治科学，当她在20世纪70年代成为一名中学老师时，代数课程正缺乏老师，因此她接下了这门课程，并且作为代数老师获得了满意且成功的职业生涯。

但不管怎样，萨凯里一直默默无闻。直到1733年，他的重磅炸弹《欧几里得无懈可击》（*Euclides ab Omni Naevo Vindicatus*）（这本书有许多译名，但我喜欢这个）出版问世。这还是一颗定时炸弹，它的价值直到很久以后才被认识到。在这本书中，萨凯里迈出了通向非欧几何重要的第一步。

萨凯里做了前人试图去做的那件事——证明平行线公设可以由前四条公设推出。他从一条线段（底边）开始，构造出两条等长的线段（边），每条边都与底边交成直角。然后他将两条线段的端点连上（顶点），得到了一个现在称为萨凯里四边形（Saccheri quadrilateral）的图

形 —— 当你做同样的事情时，你立刻就能意识到这是一个长方形。

然而，你知道它是一个长方形是因为顶部的每个点到底边的距离相等（两边长度相等），因此你就能够接受普罗克洛斯版本的平行线公设。萨凯里并没有假设平行线公设。利用其他的公设，他能够简单地证明顶角，也就是顶点和两边所成的那两个角，一定相等。这样就有了三种可能性：顶角是直角（这样就可以证明平行线公设可以被其他四个所推出）；顶角是钝角（大于90度）；顶角是锐角（小于90度）。

萨凯里首先构造了一个反证法，在其中他证明了顶角是钝角的假设会导致矛盾。然后他试图证明顶角是锐角的假设也会导致矛盾 —— 但经过大量工作之后，他发现除非假设这样一个有问题的结论：在无穷远处的点相交（这被称为"无穷远点"）的直线实际上在线上的一点相交，否则就不能证明。在这种情况下，萨凯里面临两个选择 —— 继续采用这个有缺陷的证明只是为了回报自己的感情投资，或者承认自己无法证明顶角是锐角的假设能够导致矛盾。现在看来，如果他当时选择了第二项，他就有可能将非欧几何的发现提前数十年 —— 但是他选择了第一项。

萨凯里也是第一位认识到非欧几何如下重要性质的数学家：顶角为锐角的假设将会导致三角形的内角和必然小于180度。对于宇宙究竟是欧氏或者非欧的大部分研究都涉及测量三角形的角度 —— 三角形越大越好 —— 然后看看这个测量结果是否能够揭示宇宙的根本几何结构。如果三角形的内角和小于180度，并且这个结果又不是由于实验误差造成的，无疑能够说明宇宙是非欧的。然而三角形的内角和非常接近180度，那么只能说明宇宙是欧氏的，并且不能成为一个确定的结果。

跳舞天使的再一次降临

萨凯里在1773年发表了自己的结果。大约三十年后，莱昂哈

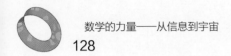

德·欧拉和约瑟夫·拉格朗日的同事——德国数学家约翰·兰伯特[1]利用非常相似的办法对这个问题发动了又一次冲击。他没有采用萨凯里的四边形（两个直角和两条相等的边），而是考虑了一个具有三个直角的四边形，并利用前四条公设来推导第四个角的大小。和萨凯里一样，他也倾向于第四个角是钝角的可能性；但和萨凯里不同的是，他意识到如果假设第四个角是锐角将不会导致任何矛盾。在第四个角是锐角的假设之下，兰伯特成功地证明了几个对于非欧几何模型很重要的命题——这多少有点像我的大学代数老师乔治·塞利格曼曾试图证明16维的代数一样。然而兰伯特没有构造出非欧几何的模型，因此在他去世的那个年代人们依然不清楚天使是否能够在这个特殊的针尖上跳舞。兰伯特比塞利格曼幸运的是，他人的帮助即将到来——只是最终的裁定还需要等待将近一个世纪。

数学神童未发表的交响曲

在18世纪和19世纪之交，三位数学家沿着本质上相同的道路向着构建非欧几何的目标出发——他们都做了本质上同样的操作：将普莱费尔的公理替换为另一条。通过研究"过给定直线外一点，存在着多于一条直线平行于已知直线"，他们三人得到了大致相同的结论——虽然历史将大部分的功绩归于尼古拉·伊万诺维奇·罗巴切夫斯基和亚诺什·鲍耶（János Bolyai）。

尽管高斯无疑是第一位知道使用上述普莱菲尔公理的替换形式可以得到相容几何学的人，但他生活在一个不同的时代——并以一套和今天完全不同的原则进行数学研究。高斯有个非正式的格言"*Pauca, Sed Matura*"——从拉丁语译过来就是"少，但是精，"这也代表了他发表论文的态度。在确信可以增加自己的声誉时高斯才会发表自己的论文（因此考虑到高斯的声望，这意味着他只会发表精华之

---

① Johann Lambert，1728年8月26日—1777年9月25日，德国数学家。他的主要成就包括首先将双曲函数引入三角学，研究了非欧几何的现象，以及证明π是无理数。

中的精华），并且这些结果一定是修缮到特别完美的状态。当然，和许多数学家一样，他不会焚烧自己的论文，并且愿意私下交流自己的结果。有一天，卡尔·雅可比 [1] 拜访了他，当时普遍认为雅可比是欧洲排名第二的数学家。雅可比想讨论一下他刚获得的一些结果，但是高斯从抽屉中抽出一些纸，告诉雅可比自己已经获得了这些结果。气愤的雅可比说道，"你没有发表这些结果而去发表那些更差劲的论文，真是可惜。" [5]

也许是牛顿定下了固执的发表论文的标准，他把自己关于万有引力的工作锁在抽屉中 —— 可能是因为他和罗伯特·胡克 [2] 关于光的本性的恶性学术争论的结果。过了几年，天文学家埃德蒙·哈雷 [3]（因哈雷彗星而知名）拜访牛顿，并问他在引力的平方反比定律之下物体将如何运动。令哈雷惊讶的是，牛顿告诉他自己已经算出这将会是一个椭圆。被震撼到的哈雷愿意承担出版牛顿的《原理》（ Principia ） [4] 所需的费用 —— 当时哈雷拜访牛顿时，牛顿并没找到《原理》的全部，因为他忘记自己把它塞在什么地方了。当牛顿无法避免出版这件事情之后，他选择了匿名出版 —— 但他对于约翰·伯努利 [5] 所提出的一个问题的解答是如此巧妙，即使没有署名，伯努利也知道肯定是牛顿的作品著作，于是宣称"从爪子就能判断这是一头狮子"。

---

[1] Carl Jacobi，1804年10月4日 — 1851年2月18日，德国数学家，他在椭圆函数、动力学、微分方程和数论领域做出了奠基性的贡献。

[2] Robert Hooke，1635年7月18日 — 1703年3月3日，英国博物学家、发明家。他在物理学研究方面提出了描述材料弹性的基本定律 —— 胡克定律，且提出了万有引力的平方反比关系。在机械制造方面，他设计制造了真空泵、显微镜和望远镜。

[3] Edmond Halley，1656年10月29日 — 1742年1月14日，英国天文学家、地理学家、数学家、气象学家和物理学家，他最著名的成就是计算出哈雷彗星的公转轨道，并预测该天体将再度回归。他也是第二任英国皇家天文学家。

[4] 全名为《自然哲学的数学原理》（ Philosophiae Naturalis Principia Mathematica ），是英国科学家艾萨克·牛顿的三卷本代表作，成书于1686年。中译本最初出版于1931年。

[5] Johann Bernoulli，1667年7月27日 — 1748年1月1日，出生于瑞士巴塞尔，是一位杰出的数学家。他是雅各布·伯努利的弟弟，丹尼尔·伯努利（伯努利定律发明者）与尼古拉二世·伯努利的父亲。数学大师莱昂哈德·欧拉是他的学生。

今天数学家对待发表论文的态度则完全不同。除了极少数的例外（像安德鲁·怀尔斯宣称得到费马大定理的证明），数学家一般都会发表，或尝试发表他们得到的结果——即使它并不是某个问题最完美的结果，甚至不是完整的结果。

这样做是有原因的。年轻的数学家，特别是著名大学的年轻数学家深谙这句谚语"不发表就淘汰"。对于助理教授能否获得终身职位的最终决定一般会在他受雇佣之后的六年之内做出。无论你是多么好的教师，在顶尖的大学中，你最好能够在六年中做一些事情来证明自己，发表论文则是非常明智的选择——否则你就得去寻找另一份工作了。因此发表论文的压力是非常巨大的。此外即便是获得了终身教职，发表一些东西也是很重要的，因为这样能够有所贡献，这样做的时候，你也许能够发现一些关键的步骤，它能将某些未证明的结果或某些人的定理变成你的或某人的定理。我知道这一点是因为我在一篇由著名捷克斯洛伐克数学家弗拉斯季米尔·普塔克（Vlastimil Pták）所写的论文中读到了一些非常好的想法，而我也有过这样的想法，[6]因此我写了一篇短文发表在《美国数学会会刊》（*Proceedings of the American Mathematical Society*）上。这篇论文中的最好结果后来成为了普塔克–斯特恩定理（据我所知，这是唯一以我为名的定理）——九个月后一篇发表在其他杂志的论文得到了同样的结论。正如汤姆·莱勒（Tom Lehrer）在他的讽刺歌曲"尼古拉·伊万诺维奇·罗巴切夫斯基"中所写道的那样：

> 于是我写啊写
> 白天和黑夜
> 以及午后的时间，
> 谁知不久后
> 我的名字在第聂伯罗彼得罗夫斯克[①]被诅咒
> 当他发现我是发表结果第一人！[7]

---

① Dnepropetrovsk，沙俄时期称叶卡捷琳诺斯拉夫，现为乌克兰的一个州。

高斯在研究可能的几何学上花了很长时间。在十五岁时，他告诉自己的朋友海因里希·克里斯蒂安·舒马赫[①]他已经能够构造出逻辑上相容的、有别于通常欧氏几何的几何学。最初，他同样沿着利用其他四条公设推出平行线公设的道路出发，但最终得到了他十五岁时的那个结论，即存在着其他相容的几何学。在1824年，他写信给弗兰茨·陶林努斯[②]纠正陶林努斯对平行线公设的证明中的错误，然后高斯写道，"三角形内角和小于180度的假设会导致一种奇怪的几何学，与欧氏几何相当的不同，但却完全自洽，我已经发现了一些让我满意的结果……这种几何学的定理看上去是矛盾的，并且对于外行而言是荒谬的；但不要慌，静下心来思考就能明白它们并非不可能。"[8]相当清楚的是高斯并没有构造出一个相容几何学的模型，只是确信这样的几何学是可能的。

高斯用如下的话结束了给陶林努斯的信，"不管怎样这都是一次私人的交流，不能公开使用其中的内容或者公开任何用此内容推导出的结果。也许将来我有了比现在更加宽松的环境之后，我会自己公开这些发现。"几年之后，在给天文学家海因里希·奥伯斯[③]的信中，高斯重复了上述的结果以及自己不想将其公开的愿望。

不管怎样，高斯对于现实世界的几何结构有可能是非欧氏的这一结果相当震惊，于是他构思了一个实验来解决这个问题。萨凯里和高斯都推导出如果平行线公设不成立，那么三角形的内角和将会小于180度。高斯利用哥廷根附近的山丘构造了一个三角形，三角形的边长大概是40英里，他测量了三角形中每个角的大小然后计算出它们的和。如果结果真的是小于180度，他就能得到一个惊天动地的结论。

① Heinrich Christian Schumacher，1780年9月3日—1850年12月28日，德国天文学家，高斯的好友。

② Franz Taurinus，1794年11月15日—1874年2月13日，德国数学家，其主要成就在非欧几何的研究。

③ Heinrich Olbers，1758年10月11日—1840年3月2日，德国天文学家、医生及物理学家。他的主要成就包括发现智神星和灶神星，以及提出奥伯斯佯谬。

但结果并非如此：三个内角之和只比180度少2秒（1/1800度），这个差别应该是实验误差的结果。

沃尔夫冈·鲍耶和亚诺什·鲍耶

沃尔夫冈·鲍耶（也叫法卡斯·鲍耶）是高斯在哥廷根学生时期的同学。作为同学，他们曾一起讨论过关于平行线公设的问题。后来当沃尔夫冈回到匈牙利之后，他们依然靠通信保持着友谊。然而沃尔夫冈的儿子亚诺什无疑是家族中的数学明星。沃尔夫冈给了亚诺什数学上的指导，而亚诺什也证明自己有超群的学习能力。亚诺什十三岁的一天，沃尔夫冈病倒了，但他却很自然地让自己儿子去学院帮自己代课。如果一位十三岁的孩子出现在平时教授所站的地方，我不清楚我会有什么样的感觉。

在亚诺什十六岁时，沃尔夫冈写信给高斯，请求他把亚诺什带回去当学徒，从而能够促进亚诺什的专业发展。也许是信件寄丢了，高斯并没有回信，于是亚诺什进入了帝国工程学院（Imperial Engineering Academy），打算今后从事军事方面的职业。除了是一位有才华的数学家之外，亚诺什还是一名优秀的剑士和热情的小提琴演奏家。他曾经接受过一个挑战，在其中他要和十三名骑兵军官进行连续对决，但允许他在对决的间隙演奏一段小提琴。亚诺什赢得了所有的十三场对决，但没有人评价他的小提琴演奏。

在学院里，亚诺什对平行线公设产生了兴趣。和其他人一样，他最初的努力也是试图证明它。在这个问题上失败的父亲恳求自己的儿子把精力放在别处，"不要在这个问题上浪费任何一个小时，"沃尔夫冈写道，"它不会有任何结果，反而会毒害你的一生……我相信我自己已经尝试过这个方面的所有方法。"[9]

亚诺什并不是第一个不遵从父命的儿子，在1823年他给自己的父亲写下这段宣言："我已经下定决心，只要我完成并整理好材料，在时机到来的时候就能出版关于平行线的著作。目前我仍然不清楚该往哪条路走，但只要有可能，我选择的路一定会将我带至目标……现在我所能说的就是我无中生有地构造了一个全新的奇怪世界。"[10]

亚诺什确实创造出了一个全新的奇怪世界。他构造出三组不同的公设集合，分别发展了一套完整的几何系统。第一个系统采用了经典的五条欧几里得公设——这显然是欧氏几何结构。第二个系统现在称为双曲几何，包含了前四条欧几里得公设以及平行线公设的否定。这就是亚诺什伟大的贡献：非欧几何系统化的发展。他的最后一个系统，绝对几何，仅仅基于前四条欧几里得公设。

亚诺什的工作，也是他唯一发表的作品，被包含在他父亲所写的一本教材中当做附录。他的父亲将作品寄给高斯，高斯在给朋友的信中说他认为亚诺什·鲍耶是第一流的天才。然而他给沃尔夫冈的回信却是完全不同，高斯评论道，"赞扬这个工作实际上就等于赞扬我自己。这篇文章的所有内容……与我自己所思考的内容完全吻合，而这些内容可以追溯到三十或三十五年之前。"[11]

尽管这不是故意的羞辱，但对于亚诺什却产生了灾难性的后果。他深深困扰于高斯早就走过相同道路这一事实，从此他的生活逐渐恶化。他依靠着从军队退役时得到的一小笔补助和家族的房产为生。脱离了数学圈后，他继续发展了一些自己的思想，在死后留下了大约两万页的数学笔记。可是如果亚诺什知道他的最高成就——成为第一位出版相同非欧几何论文的人——也被别人剥夺的时候，他将会变得更加痛苦。

尼古拉·伊万诺维奇·罗巴切夫斯基

第三位非欧几何的发现者在这个故事中实际上是第一人——或者至少他是第一位发表论文的人。尼古拉·伊万诺维奇·罗巴切夫斯基是一位贫穷政府职员的儿子，他的父亲在他七岁那年去世，他的母亲带着他搬到了西伯利亚东部的喀山。尼古拉和他的两个兄弟得到了国家奖学金而进入高中，随后尼古拉进入了喀山大学，目标是成为一名医药行政人员。然而，他一生中的角色却是学生、老师和管理者。

尼古拉显然是一位极富天分的学生，他在二十岁生日之前从大学毕业，获得了物理和数学的硕士学位。随后他获得了助理教授的职位，并在三十岁时成为正教授。当然，有许多天才的数学家年纪轻轻就获得了正教授，但不管怎样这也是一件惊人的成就。

罗巴切夫斯基大体上和高斯以及鲍耶走的是同一条路，将假设替换为"过给定直线外一点，存在着多于一条直线平行于已知直线"，并由此得到双曲几何。他在1829年以《论几何学的基础》(*On the Foundations of Geometry*)为题发表了这个结果（因此确立了优先权，因为高斯从未发表，而鲍耶的工作发表于1833年）。然而，这个结果并非发表在有同行审阅的杂志上，而是在《喀山信息》(*Kazan Messenger*)这样一份学校自己出版的内部月刊上。罗巴切夫斯基相信它应该获得广泛且有学识的读者，于是将它投到圣彼得堡科学院——在那里这篇文章很快就被拒稿，因为审阅手稿的那位"小丑"无法看到其中的价值。这句话说得也许有点重，但在我的职业生涯中也有几篇文章被类似的"小丑"拒绝，因此我对罗巴切夫斯基深表同情。不管怎么说，罗巴切夫斯基的努力只是在"最初被拒绝的伟大作品"列表中又加上了一项。

值得赞扬的是，罗巴切夫斯基并没有泄气，最终他于1840年在柏林出版了一本名为《平行线理论的几何探索》(*Geometric Investigations on the Theory of Parallels*)的著作。罗巴切夫斯基给高斯寄去了一本，高斯对此留下深刻印象并给罗巴切夫斯基回了一封贺信。高斯还写信给自己的老朋友舒马赫——这位高斯曾首次跟他提到过不同几何学的人——说虽然他对于罗巴切夫斯基的结果并不惊讶，因为他早已知晓，但对于罗氏用来推导结果的方法很感兴趣。高斯甚至为了能够读懂罗巴切夫斯基的其他文章而在如此高龄时学习了俄语！

罗巴切夫斯基的一生与亚诺什·鲍耶的一生大不相同。罗巴切夫斯基在三十四岁时成为了喀山大学的校长，从此过着舒适的生活，但他从未放弃让非欧几何得到公认的努力。在喀山大学五十周年校庆时，他做了最后的努力。即使他已经失明，但他仍然口述了一篇《泛几何学，或一般且严格的平行线理论的几何基础概要》(*Pangeometry, or a Summary of the Geometric Foundations of a General and Rigorous Theory of Parallels*)，并发表在喀山大学的科学杂志上。

尽管是在他去世之后，但罗巴切夫斯基的工作最终得到了认可。就像希尔伯特向康托尔的努力致敬一样，英国数学家威廉·克利福德[1] 这样描述罗巴切夫斯基，"维萨里对盖伦[2] 所做的事情，哥白尼对托勒密所做的事情，正是罗巴切夫斯基对欧几里得所做的事情。"[12] 今天这三位主要人物被认为是非欧几何的共同发现者，并且大部分的荣誉都归于鲍耶和罗巴切夫斯基，他们各自独立地发展了自己的思想 —— 并将它们发表。可惜的是，当鲍耶得知罗巴切夫斯基的工作之后，他最初以为是高斯提供给罗巴切夫斯基某些自己的思想，并用来剥夺他在数学界应有的位置。但不管怎样，当鲍耶研究过罗巴切夫斯基的工作之后，他真诚地评论说罗巴切夫斯基的证明是天才的工作，整部作品是一项了不起的成就。

另一种平行

有趣的是，历史总是在重复自身 —— 即使是数学的历史。连续统假设的故事跟平行线公设的故事多少有点相像。给出一套公理系统，

---

① William Clifford，1845年5月4日 — 1879年3月3日，英国数学家和哲学家。他和赫尔曼·格拉斯曼(Hermann Grassmann)开创了现在称为几何代数的领域。以他命名的克利福德代数在数学物理和几何学领域有许多有趣的应用。

② Galen，公元129年 — 公元200年，原名Aelius Galenus 或Claudius Galenus，古希腊医学家。他的见解和理论在他死后的一千多年里是欧洲起支配性的医学理论，直到维萨里的出现。安德雷亚斯·维萨里(Andreas Vesalius，1514 — 1564)是一名解剖学家、医生，他编写的《人体构造》是人体解剖学的权威著作之一，他被认为是近代人体解剖学的创始人。

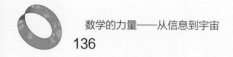

其中一条附加公理的真实性被怀疑 —— 它能够由原来的公理中证明，还是不能？在这两个故事中，附加公理最终都被证明是独立于原先的公理集合 —— 包含这个附加公理或者它的否定都会得到相容的公理系统。这两个故事相互平行的有趣之处在于 —— 一位著名的数学家（克罗内克相对于康托尔，高斯相对于鲍耶）或故意地（克罗内克）或无心地（高斯）阻止了一位不知名数学家获得他应有的承认，而让后代给予他们赞誉。同时，这样做的后果是对生命的毁灭。数学和绝大部分的人类活动一样，在这里有些人的成就可观但却缺少了难能可贵的品质。

欧金尼奥·贝尔特拉米和最后一片拼图

现在仍有一个最后的障碍需要克服：建立一个能够展现高斯、鲍耶和罗巴切夫斯基所构想出的奇妙几何性质的模型。这个工作由意大利数学家欧金尼奥·贝尔特拉米[①]完成，他在1868年写了一篇论文，在其中他真正地构造出了一个这样的模型。贝尔特拉米明确地为三位早期非欧几何学家所发展的理论找到了一个具体实现，因为他在自己的论文中写道："我们试图为这种学说找到一个真正的基础，而不是仅仅承认这种学说对于一系列新的抽象概念是必须的。"[13]贝尔特拉米在非欧几何的发展史上也有着重要的地位，正是他首先发现了萨凯里所做的工作。

数学中许多有趣的曲线都来自于对物理问题的分析。其中一条曲线叫做曳物线（tractrix），它由如下过程产生：想象一个悠悠球（yo-yo）的线完全展开，尾部拖着一辆在直轨上前进的火车模型，火车以恒定的速度前进，线保持绷紧状态，那么悠悠球的中心所描出的曲线就是曳物线，它会离轨道越来越近，但永远也碰不到它。

---

① Eugenio Beltrami，1835年11月16日—1899年6月4日，意大利数学家。他的主要工作在微分几何和数学物理领域，他首次利用伪球面证明了非欧几何的相容性，并发展了矩阵的奇异值分解，他在数学物理领域的工作影响了张量分析的发展。

如果曳物线绕着轨道旋转一圈，轨道作为所得到的曲面的对称轴，这样得到的曲面就被称为伪球面（pseudosphere）。伪球面正是非欧几何寻求已久的模型，这个曲面上的每个三角形，其内角和都小于180度。

宇宙是欧氏的还是非欧的？

高斯所进行的测量边长大约为40英里的三角形的内角和的实验，是人类尝试确定宇宙的几何结构是否为非欧的首次探索。考虑到实验误差，高斯发现自己的测量结果与宇宙是欧氏几何结构一致。目前这依然是天文学家所感兴趣的问题，因此直到今天依然在进行这个实验，只不过现在所用的长度是十亿光年的数量级。来自威尔金森微波各向异性探测器[①]的最新数据坚定地站在古希腊人一方 —— 在我们所能测量的范围内，宇宙的大尺度几何结构是平的，正如它所展现给古希腊人的那样，而那时古希腊人甚至不知道地球实际上是圆的。

注释：

［1］参见 R. Trudeau, *The Non-Euclidean Revolution*（Boston, Mass: Birkhauser, 1987）第30页。像点和线这样的东西被称为本原项。欧几里得说点是最小的、不可再分的物体。他还说了像"线是没有宽度的"的话，但是在某些特定情况下应加上修饰词"直"。

［2］同上，第40页。我不是专家，不能保证这些叙述是准确地翻译自希腊文，但这确实是大家都采用的叙述。

① WMAP（Wilkinson Microwave Anisotropy Probe），威尔金森微波各向异性探测器是美国宇航局的人造卫星，目的是探测宇宙中大爆炸后残留的辐射热，2001年6月30日，WMAP搭载德尔塔Ⅱ型火箭在佛罗里达州卡纳维拉尔角的肯尼迪航天中心发射升空。WMAP的目标是找出宇宙微波背景辐射的温度之间的微小差异，以帮助测试有关宇宙产生的各种理论。WMAP以宇宙背景辐射的先驱研究者大卫·威尔金森命名。

［3］同上，第43页。你肯定会奇怪为什么会选择这么特别的平行线公设。它看上去非常尴尬，因此寻找替代品也就毫不奇怪了。通常对于一个概念，简单的表述要比复杂的表述易于应用。

［4］同上，第128页。

［5］参见 D. Burton, *The History of Mathematics*（New York: McGraw-Hill, 1993）第544页。

［6］有人问莱纳斯·鲍林[①]为什么他会有如此多的好想法。鲍林回答的大意是他从许多的想法中扔掉了坏的想法。我也曾试图这样做，但却碰到两个麻烦——首先我无法像鲍林那样有许多想法，其次当我扔掉坏的想法后就所剩无几了。

［7］汤姆·莱勒18岁毕业于哈佛大学，获得数学学士学位，一年后获得硕士学位。本应有着光辉数学前途的他转而成为了我心目中20世纪的三位著名幽默作家之一［其他两位是奥顿·纳什（Ogden Nash）和P.G.伍德豪斯（P. G. Wodehouse）］，他也许是第一位政治不正确的黑色幽默家——是的，在兰尼·布鲁斯（Lenny Bruce）和莫特·萨尔（Mort Sahl）之前——并且他的歌曲都是经典。我对他的"Nikolai Ivanovich Lobachevsky", "The Old Dope Peddler" 和"The Hunting Song"情有独钟，但能够激荡我心灵的却是"I Wanna Go Back to Dixie"。请访问 http://members.aol.com/quentncree/lehrer/lobachev.htm。

［8］参见 D. Burton, *The History of Mathematics*（New York: McGraw-Hill, 1993）第545页。

［9］同上，第548页。

［10］同上，第549页。

［11］同上，第549～550页。

［12］同上，第554页。

［13］参见 http://www.history.mcs.st-and.ac.uk/Biographies/Beltrami.html。

---

① Linus Pauling, 1901年2月28日—1994年8月19日，美国著名化学家，量子化学和结构生物学的先驱者之一。1954年因在化学键方面的工作取得诺贝尔化学奖，1962年因反对核弹在地面测试的行动获得诺贝尔和平奖，成为获得不同诺贝尔奖项的两人之一（另一人为居里夫人）；也是唯一的一位每次都是独立获得诺贝尔奖的获奖人。

7

逻辑也有极限

骗子，骗子

回想我在大学的时光，有一段时间我的平均学分绩点（GPA）急需提高，于是我找到了哲学系提供的避难所，因为他们提供各种各样的逻辑入门课程。我参加的那门课程以如下经典的三段论开始：

> 人终有一死
>
> 苏格拉底是人
>
> 因此，苏格拉底终有一死

嗯，并不是所有的推理都需要夏洛克·福尔摩斯——但是有一些有趣的构想连最伟大的侦探都会产生兴趣。下面这个三段论克隆自上面，但却没有在逻辑入门课程中出现：

> 所有的克里特人都是说谎者
>
> 埃庇米尼得斯[①]是克里特人
>
> 因此，埃庇米尼得斯是说谎者

这看上去几乎一样——除了第一句断言是由埃庇米尼得斯所说！如果真是这样，那么埃庇米尼得斯在第一句话上撒了谎？毕竟说谎者只是某些时候说谎，并非一直在说谎。如果埃庇米尼得斯是说谎者，那么第一句话有可能是谎言——因此克里特人并非全部都是说

[①] Epimenides，约公元前6—前7世纪，古希腊克里特人，哲学家，诗人。这里所引的第一句话也被称为埃庇米尼得斯悖论。

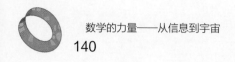

谎者，因此我们就不能进行合理的推断。

这里依然有些漏洞，如何准确地界定说谎者？他或者她需要每句话都说谎，还是偶尔说谎就被称为说谎者？经过改良之后，上面这一段通常被称为说谎者悖论的断言被凝练成六个字的命题：这句话是错的。命题"这句话是错的"究竟是对还是错？对这个命题而言，对或错是仅有的两个选择。它不可能是对的（如果它是对的，那么根据其内容它就是错的）；同时它也不可能是错的（如果它是错的，那么根据其内容的否定它就是对的）。因此不管假设它是对或是错都可以得到它既对又错的结论，因此我们必须将"这句话是错的"这句话放在是非论断的范畴之外。在这一论证中你也许隐约能够看到此前有关2的平方根是无理数的经典奇偶证明，当时证明了一个数具有两种互不相容的性质。

有些人也许会将说谎者悖论放在"思维快餐"这样的标题下。从语言学的角度看来，它并不能够激发好奇心，反而有点卖弄。但是科特·哥德尔这位天才的年轻数学家，却从说谎者悖论中看到了更深层次的东西，并用它证明了20世纪最震撼人心的数学结果之一。

巨人

1900年的数学世界的顶峰站着一位巨人——大卫·希尔伯特。作为证明了 π 是超越数的费尔迪南·冯·林德曼的学生，希尔伯特在数学许多主要领域做出了杰出的贡献——代数、几何以及分析学——这个从对微积分发展过程中所伴随的理论困难进行严格检验所发展出来的数学分支。希尔伯特还比爱因斯坦早五天提交过一篇关于广义相对论的论文，尽管它对这个理论的描述并不完全。[1]以任何标准来衡量，希尔伯特都是一个巨人。

在1900年于巴黎召开的国际数学家大会上，希尔伯特作了也许是有史以来数学会议上最有影响力的演讲。在演讲中，他通过给出二十三个重要问题[2]为数学在二十世纪的发展制定了日程表 —— 尽管他无法为问题的解答提供像克莱研究所那样的经济上的激励。希尔伯特问题表中的第一个问题就是连续统假设，我们也已经看到这个问题在策梅洛–弗伦克尔集合论体系中是不可判定的。第二个问题就是断定算术的公理是否相容。

如果在某个公理系统中不存在相互矛盾的结论，即无法证明同一个结论既真又假，那么该公理体系就是相容的。只要有一个命题既真又假就能说明该体系的不相容性，但是看上去我们永远也无法证明既真又假的命题不存在。毕竟我们不可能去证明来自某个公理体系的所有结果，只是为了去验证这个体系是否相容。

幸运的是事情并非如此。最易于分析的逻辑系统是命题逻辑，这是关于由"真/假"构成的真值表的逻辑学。这个系统经常出现在文科数学的课程中，涉及构造和分析那些由简单命题通过非（not）、与（and）、或（or）和蕴含（if … then）组合而成的复合命题。在下面这个真值表中，P 和 Q 代表简单命题；第一行的其余项表示真值依赖于 P 和 Q 的真值的复合命题，以及我们如何计算。这有点像加法表，只不过我们用"真"或"假"代替了数字，复合命题代替了和式。

	P	Q	非P	P与Q	P或Q	P蕴含Q
（1）	真	真	假	真	真	真
（2）	真	假	假	假	真	假
（3）	假	真	真	假	真	真
（4）	假	假	真	假	假	真

表中的前两列列出了命题 P 和 Q 四种可能的"真"或"假"的指定方式，比如说第（3）行给出了当 P 为"假"、Q 为"真"时不同命题的真值。

赋予"非P"的真值就是P的真值的否定。比如说P代表"太阳从东方升起"这样一个真命题,那么非P就是"太阳不从东方升起"这个假命题。

赋予"P与Q"的真值同样也反映了对词语的共同理解,为了让命题"P与Q"为真,必须要求P和Q均为真。表中的最后两列则需要更多的解释。

单词"或"在英语中可以在两种不同的情境下使用:排他的和包含的。当给命题"P或Q"赋予真值时,对于"排他的或"这个命题为真当P,Q中恰有一个为真;对于"包含的或"这个命题为真当P,Q中至少有一个为真。我在文科数学课程中给学生举了一个例子用以区别这两种情况,当服务员在餐后问你是需要咖啡或甜点时,你得到的服务是"包含的或",因为当你说"我要一杯咖啡和一份巧克力冰淇淋"时,你不可能听到服务员说:"对不起,你只能点其中一样。"命题逻辑采用的是"包含的或",上面的表格就反映了这个结果。

最后,为了满足区别明显的假命题的愿望,我们用"P蕴含Q"的真值来体现它。明显的假命题就是:那些从真的假设开始、以假的结论结束的命题。不过这样容易引起某些混乱,因为我们把下面的两个复合命题的值都定义为真。

> 如果伦敦是英国最大的城市,那么太阳从东方升起。
> 如果尤巴城[①]是加州最大的城市,那么2+2=4。

同学们对第一个命题是真命题所提出的反对意见是,在其中不存在逻辑关系;对第二个命题的反对意见是由于假设错误,所以不可能得到后面的算术结论。(在命题逻辑中)"P蕴含Q"并不表示存在着

---

① Yuba City,是美国加利福尼亚州萨特县的首府,加州第21大城市。加州最大的城市是洛杉矶。

从 P 到 Q 的逻辑论证。命题逻辑最初的目标之一是从所有的命题中找出那些明显有错误的命题，像命题"$2+2=4$，所以太阳从西边升起"就有着明显的错误。人们很容易把"P 蕴含 Q"想成有某种暗示（这意味着存在某些潜在的相连论证），但在命题逻辑中却不是这个意思。

　　命题逻辑所采用的计算复合命题"真/假"值的方法，和算术中已知 x，y 和 z 的值计算 $x+yz$ 的值的方法类似。比如说，如果 P 和 Q 都为真，R 为假，那么复合命题"（P 与非 Q）或 R"则依据上表用如下形式计算。

　　　　（真与非真）或假

　　　　（真与假）或假

　　　　假或假

　　　　假

　　最后一点，在算术命题中，有些等式像 $x(y+z)=xy+xz$ 是普遍成立的，即无论将 x、y 和 z 的什么值代入，等式两边的值总是相等。两个复合命题也有可能具有恒等的真值，无论那些构成复合命题的基本命题取什么真值。在这种情况下，这两个命题被称为是逻辑等价。下面的表格说明"非（P 或 Q）"与"（非 P）与（非 Q）"是逻辑等价的。

	P	Q	P或Q	非（P或Q）
（1）	真	真	真	假
（2）	真	假	真	假
（3）	假	真	真	假
（4）	假	假	假	真

　　上面表格的最后一列与下面表格的最后一列完全相同。

	P	Q	非P	非Q	（非P）与非（Q）
（1）	真	真	假	假	假
（2）	真	假	假	真	假
（3）	假	真	真	假	假
（4）	假	假	真	真	真

这个等价性所适用的一个场合是，当服务员问你是要咖啡或者甜点时，你回答说不需要。因此服务员不会给你上咖啡，并且也不会给你上甜点。

埃米尔·波斯特[①]在20世纪20年代初证明了命题逻辑的相容性，他所用的证明方法任何具有高中逻辑基础的学生都能看懂。[3]若假设命题逻辑是不相容的，波斯特证明了任何命题都能被证明是真的，包括像"P与（非P）"这样恒为假的命题。下一步就是要证明其他系统的相容性问题——这就把我们带回了希尔伯特列表中的第二个问题，算术的相容性。

皮亚诺公理

算术的公理体系有许多，但数学家和逻辑学家所采用的那一套由19世纪末20世纪初的意大利数学家朱塞佩·皮亚诺[②]所发明。他定义自然数（正整数的另一种说法）的公理如下：

公理1：数1是自然数。

———————————

① Emil Post，1897年2月11日—1954年4月21日，美国数学家与逻辑学家。他所研究的领域现在称为可计算性理论。

② Giuseppe Peano，1858年8月27日—1932年4月20日，意大利数学家、逻辑学家、语言学家。他是数理逻辑和集合论的奠基者。

公理2：如果a是自然数，那么$a+1$也是。

公理3：如果a和b是自然数且$a=b$，那么$a+1=b+1$。

公理4：如果a是自然数，那么$a+1\neq1$。

如果这些就是算术仅有的公理，那么你不仅能够算账，数学家也能毫无困难地证明这些公理是相容的。正是皮亚诺的第五条公理导致了问题的出现。

公理5：如果S是任何包含1的集合，并且满足：如果a属于S能推出$a+1$属于S，那么S包含所有的自然数。

这最后一个公理，有时被称为数学归纳法原理，使得数学家能够证明有关所有自然数的结论。假设某天你在一个无聊的会议上没事可干，你开始对奇数求和，不一会你就能建立下面的列表：

$$1=1$$

$$1+3=4$$

$$1+3+5=9$$

$$1+3+5+7=16$$

突然你注意到等号右边的数都是平方数，同时右边的数恰好是左边奇数个数的平方。这就促使你产生下面这个猜想：前n个奇数（最后一个为$2n-1$）之和为n^2。你还能将它写成下面的公式：

$$1+3+5+\cdots+(2n-1)=n^2$$

那么你该如何证明它？至少有两个巧妙方法可以做到。第一种方法是高斯技巧的代数版本。将奇数和S写成递增形式和递减形式

$$S=1+3+\cdots+(2n-3)+(2n-1)$$

$$S=(2n-1)+(2n-3)+\cdots+3+1$$

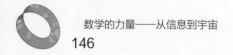
每个和 S 都恰好含有 n 项，如果我们将等式左边相加可得 $2S$，观察右边的每一列，你会注意到 $1+(2n-1)=2n=3+(2n-3)$，依此类推。将等式右边相加，就能得到 n 个 $2n$，或者 $2n^2$，因此就能得到我们的结果。

第二种方法非常简单，就连听我报告的三年级学生都能理解这个思想。我们需要在国际象棋棋盘上来看这个和。数字 1 用棋盘左上角的那个格子代替，数字 3 用第二行第二列中所有与左上角格子有公共顶点的格子代表。这样 $1+3$ 就组成了棋盘中左上角的边长为 2 的正方形。数字 5 用第三行第三列中所有与数字 3 的代表格有公共顶点的格子来代表。这样 $1+3+5$ 构成了棋盘左上角边长为 3 的正方形。依此类推。

当然你也可以用数学归纳法原理来进行证明。

$$1=1^2$$

代表了 $n=1$ 时的命题（前 n 个奇数之和为 n^2）。如果我们假设命题对整数 n 成立，那么我们所要做的就是证明命题对整数 $n+1$ 也成立。此时命题将会是前 $n+1$ 个奇数之和等于 $(n+1)^2$。正式地写出来，我们需要在假设

$$1+3+5+\cdots+(2n-1)=n^2$$

成立的前提下去证明

$$1+3+5+\cdots+[2(n+1)-1]=(n+1)^2$$

代数的基本事实和算术操作可以从皮亚诺公理推导出来，但是如何进行却有点技巧，对于剩下的证明我们只需利用通常的算术和代数法则，比如像 $a+b=b+a$ 这样的。

将等式左边括号中的式子简化将会得到

$$1+3+5+\cdots+(2n+1)=(n+1)^2$$

继续我们可以得到

$$1+3+5+\cdots+2(n+1)$$
$$=[1+3+5+\cdots+2(n-1)]+(2n+1)$$
$$=n^2+(2n+1)\ (\text{代入假设})$$
$$=(n+1)^2\ (\text{代数性质})$$

如果用 A 代表所有使得前 n 个奇数和为 n^2 的正整数 n 的集合，那么我们已经证明了 A 包含 1，并且如果 n 属于 A，那么 $n+1$ 也属于 A。由公理 5 可知，A 包含所有的正整数。

有相当多数量的深刻结果使用了数学归纳法作为主要的证明技巧。证明算术体系的不相容性将会使得许多数学家极不愉快——包括大卫·希尔伯特，他的基定理（basis theorem，环论和代数几何中的一个重要结果）就是用数学归纳法进行的证明。可以相当肯定的说，希尔伯特绝对希望某人能够证明皮亚诺的算术公理是相容的。毕竟没人愿意看到自己最著名的结果受到质疑。

因此这就需要证明皮亚诺算术公理的相容性，希尔伯特也很清楚这一点——这也就是它为什么能成为希尔伯特的问题 2，并排在许多真正著名的问题像哥德巴赫猜想（每个偶数都是两个素数的和）和黎曼假设（有着巨大潜力的专业性结果，读懂它需要对复变函数和无穷级数有所了解）之前的原因。不夸张地说，克莱数学研究所也愿意出一百万美元给那位能够证明皮亚诺公理的相容性或不相容性的人。

一位博士后引起的震动

有一种信念认为数学家最好的工作都在三十岁之前做出。也许四十岁会是更加合理的估计——菲尔兹奖只授予在此年纪之前做出的工作。但不管如何，数学中一些最重要的结果是由研究生或博士后做出的。

对于为什么会存在着一些争论，我个人的信念是在某种程度上，在某个特定问题上的工作会陷入僵化，某位著名数学家指明一条道路，剩下的大部分人都跟随而去——有时这样的道路仅此而已，无法再向前拓展。年轻的数学家则不太可能受到影响——我想起我的论文导师威廉·巴德曾给我阅读的材料，让我能跟上发展，但在我读完后却不会建议我应该做什么。

科特·哥德尔出生于希尔伯特宣布完自己的23个问题之后六年，地点位于现在的捷克共和国。他在学术方面的才能在幼年就已展现。哥德尔最初纠结于学习数学还是理论物理，但后来因为一位坐在轮椅上极具魅力的教师的课程而选择了数学。哥德尔清楚地知道自己的健康状况——他患有一种后来导致他死亡的精神问题。因此也有可能是这位教师的身体状况对哥德尔的决定产生了重要影响。

欧洲的数学家在获得终身教职的路上通常需要克服两个难关：博士论文（美国数学家也需要）和就职论文（庆幸的是，美国数学家并不需要），这是在获得博士学位之后需要做出的额外的卓越成就。哥德尔对数理逻辑很感兴趣，他在博士论文中证明了由希尔伯特与他人合作提出的一个谓词逻辑系统是完备的——即系统中的每个真命题都是可证明的。这个结果相比较于波斯特对于命题逻辑相容性的证明是一个飞跃——哥德尔的证明利用了数学归纳法来建立自己的结果。对于自己的就职论文，哥德尔决定做一件大事——算术系统的相容性，希尔伯特23个问题中的第二个。

在1930年8月，哥德尔完成了自己的工作，并向一个数学会议提交了论文。在这次会议上，希尔伯特作了名为"逻辑与理解自然"的演讲。希尔伯特仍然沿着将物理学公理化和证明算术相容性的道路上前进，他在演讲的最后充满信心："我们必须知道，我们必将知道。"讽刺的是，哥德尔在同一个会议上所提交并作了二十分钟报告的论文所包含的结果，粉碎了希尔伯特的"我们必将知道"的梦想。在一个并没有引起太多人关注的报告中，哥德尔宣布了自己的结果，下面两个条件中必有一个成立：或者算术体系包含着不能被证明的命题 [现在被称为不可判定命题（undecidable proposition）]，或者皮亚诺的公理系统是不相容的。直到今天，还没有人能够证明皮亚诺的公理系统是不相容的，抛开挥不去的不确定性，你就能获得其他任何数学家没有的无限的可能性。这个结果被称为是哥德尔不完备性定理（Gödel's incompleteness theorem）。

与爱因斯坦的相对论给物理学世界带来的一场风暴并被迅速接受不同，数学界最初并没有意识到哥德尔工作的重要性。尽管如此，在接下来的大约五年时间里，哥德尔的工作获得了广泛的认可和接受。尽管在健康方面碰到了一些问题，但他仍继续在数理逻辑中做出杰出的工作。哥德尔不是犹太人，但他容易被误认为是犹太人（他曾经被一位认为他是犹太人的街头混混攻击），当他的一位有影响的犹太教师被纳粹学生于1936年杀害之后，哥德尔遭遇了精神上的崩溃。随着第二次世界大战爆发，他离开了德国，借道苏联和日本到达美国，最后定居在普林斯顿。

身体和精神上的健康问题继续困扰着哥德尔。他在普林斯顿的朋友和熟人圈是精心挑选的 —— 有一段时间他唯一说话的人就是爱因斯坦。在他晚年的时候，偏执症又占据了上风，他的健康问题让他相信别人试图对自己下毒。因为他试图避免被下毒，他于1978年因绝食而死亡。

哥德尔不完备性定理的证明

有许多不同的方法来展示哥德尔的定理。我这里选用的展示方法是可信的，并且还能为在这一章注释中所给出的哥德尔原版证明所采用的形式证明提供一定的参考。[4]

哥德尔从说谎者悖论出发，将句子"这个命题是错的"（我们已经知道，这个命题落在能够被判定真假的范畴之外）改写成为"这个命题是不可证明的"。这就是是哥德尔的出发点,利用一个在他论文中描述的、称为哥德尔编号（Gödel numbering）的技巧,他能够将命题的不可证明性与在皮亚诺公理框架中的有关整数的不可证明性联系起来。如果命题"这个命题是不可证明的"是不可证明的,那么它就是真的,哥德尔所建立的与算术的联系就能证明存在着数论中的不可证明命题。如果命题"这个命题是不可证明的"是可证明的,那么它就是假的,哥德尔的证明就能将它联系到皮亚诺公理的不相容性。[5]

那么不可证明这个词的准确意思是什么? 就是它的字面意思,即不存在能够确定某个命题是真或假的证明。毫无疑问,不可证明命题的存在带来了不少问题。在这个学科中有两个思想派别。我们还记得,对于大部分物理学家而言不确定性原理意味着没有特定定义值的共轭参数,而不是人类不足以测量出那些特别定义的变量。数学中的一个派别也是如此来解释不可证明性 —— 它并不表示因为我们不够聪明从而无法证明某个命题的真假,它表示如果逻辑是我们的终极手段,那么它不足以完成这个任务。另一派则认为不可证明的命题本质上是有真假的,但我们所用的逻辑系统目前还不能够判定这一点。

停机问题

几乎与哥德尔得到他的不完备性定理（这也许应该被称为不完全性或不相容性定理）同时,数学家开始构想计算机以及建立计算过程背后的理论。当第一个相对复杂的计算机程序被写出之后,数学家发现了潜藏在计算过程背后可能会发生的糟糕情形:计算机也许会陷入无限循环,唯一的解决办法就是手动将程序停止（这也许意味着将计算机从电源断开）。下面是一个无限循环的例子。

程序命令序号	指令
1	转到第2行
2	转到第1行

程序中的第一个指令让程序转到第二个指令，而第二个指令又让程序转回第一个指令，如此下去。在早期的计算机程序设计中，陷入无限循环是常有的事，因此很自然地就产生一个问题：是否有人能够写出一段计算机程序，它的唯一目的就是判定其他计算机程序是否会陷入无限循环？实际上，这个问题可以表述成不同的，但却等价的形式：如果某个程序或者停止或者循环，是否有可能写出一段计算机程序用于判断其他计算机程序是停止或循环？这个问题就被称为停机问题（the halting problem）。

很快就有人证明了写出这样的程序是不可能的，这个结果被称为停机问题的不可解性。下面这个证明来自于艾伦·图灵[①]，他是这个领域早期的巨人，同时他也是第二次世界大战中破译德国密码的主要人物。然而他是一位同性恋，由于他生活在一个极度不能容忍同性恋的时代中，他被迫接受了化学治疗，这最终导致了他的自杀。

假设停机问题是可解的。那么就存在一个程序H使得给定程序P和输入I，程序H能够判定P是停止或循环。程序H的输出就是结果，如果程序H能确定P在输入I后能停止，那么H就输出停止；如果H能确定P在输入I后是循环的，那么H就输出循环。这样我们就能构造一个新的程序N，它在检查了H的输出后进行相反的操作：如果H输出"停止"，那么N就循环；如果H输出"循环"，那么N就停止。

因为我们假设了H是能够确定某个程序是停止或循环的，那么让我们将程序N看作是程序H的输入。如果H能够确定N是停止的，那么H的输出就会是"停止"，因此N是循环的；如果H能够确定N是循环的，那么H的输出就会是"循环"，因此N是停止的。换句话说，N的行为与H对它的判断正好相反。这个矛盾源于我们假设停机问题是可解的，因此停机问题一定是不可解的。

[①] Alan Turing，1912年6月23日—1954年6月7日，英国数学家、逻辑学家，他被视为计算机科学之父。

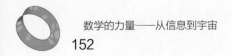

这段证明并不难理解。因为它采用了与说谎者悖论中类似的东西，并且在这个例子中看上去很可信。数学家已经证明尽管结果出现在不同的领域中，但哥德尔定理和停机问题的不可解性是等价的，能够证明它们都是彼此的推论。

跳回现在，停机问题的不可解性被证明与某一个能够保证数十亿美元产业持续发展的问题的不可解性是等价的。2007年是第一个计算机病毒出现的二十五周年，驼鹿克隆者（Elk Cloner）病毒是匹兹堡高中学生瑞奇·斯克伦塔（Rich Skrenta）所写的苹果二代计算机上的病毒。它没有太多的恶性操作，只是将自己拷贝到计算机的操作系统和软盘（你还记得这个设备吗？）上，并且在屏幕上显示如下这一段不太顺畅的诗作。

> 驼鹿克隆者：具有人性的程序
> 它会进入你所有的硬盘
> 它会侵入你的芯片
> 是的，这就是克隆者！
> 它会像胶水一样粘着你
> 它会挪用你的内存
> 并提供给克隆者！[6]

从文学角度看，斯克伦塔应该对济慈[①]或弗罗斯特[②]毫无威胁，但这个细微的行为却展开了恶意软件的整个谱系。它同样带来一个明显的问题：是否能够写出一个能够检测计算机病毒的程序？令诺顿或迈克菲[③]这样的企业高兴的是，无需担心企业的持续发展，因为我们能

---

① 约翰·济慈（John Keats，1795年10月31日—1821年2月23日）出生于18世纪末的伦敦，他是杰出的英诗作家之一，也是浪漫派的主要成员。

② 罗伯特·佛洛斯特（Robert Lee Frost，1874年3月26日—1963年1月29日），美国诗人，曾四度获得普利策奖。

③ Norton和McAfee均是著名的杀毒软件品牌。

够写出检测出某些病毒的计算机程序，但是罪犯总是跑在警察前面，至少在这个时代里是这样。能够检测出所有病毒的计算机程序的存在性等价于停机问题，这样的程序写不出来。[7]

什么是，或可能是不可判定的

我不太清楚这个领域的未来是什么样，但我能肯定数学家想要什么。和股市交易员愿意听到收市时的铃声一样，数学家愿意找到一种快速的方法来判断自己正在研究的问题是不是不可判定的。可惜的是，哥德尔定理没有提供一个算法来告诉我们究竟哪个命题是不可判定的。哥德尔所构造的不可判定命题的例子在数学上是无效的，它涉及了一个公式，该公式的哥德尔编号满足这个公式。一个公式的哥德尔编号在下标中被引用，但算术中不存在某一个单独的具有数学重要性的公式能够引用自己的哥德尔编号。数学家真正喜欢的是贴在某些像哥德巴赫猜想这样的著名问题上的标签，上面写着"别费力气了 —— 这个命题是不可判定的"或"坚持下去，你也许会有所收获"。几乎不可能有人能够找到一种给所有命题贴标签的方法。这个领域（思考停机问题的不可解性）的历史实际上就是证明了想给命题贴标签的方法是不存在的。

然而，某些非常有趣的问题被证明是不可判定的。不幸的是，这些问题相对稀少 —— 远远不够获得某些通用的、关于不可判定问题的类型的结论。到目前为止，最重要的结果是科恩所证明的，如果策梅洛-弗伦克尔集合论（以及选择公理）系统是相容的，那么连续统假设在其中是不可判定的。至少还有两个有趣的问题也被证明是不可判定的，其中一个与某个目前尚未解决的问题有关，它很有趣且容易理解。

单词问题 —— 我们并不是在讨论拼词游戏

在第五章中，我们知道等边三角形的对称群由两种基本运动的合成构成：一种是绕中心120度逆时针旋转，记做R；另一种是保持上顶

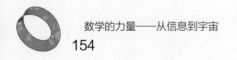

点不动，交换底部两顶点的操作，称为翻转，记做F。

如果将这个群中的单位元（保持所有顶点不变的对称）记做I，那么我们有如下的关于F和R的关系式。

$$F^2=I \quad （ F^2=FF，两个三角形的翻转就回到自身 ）$$

$$R^3=I \quad （ 连续三个120度的逆时针绕中心旋转 ）$$

$$FR^2=RF$$

$$R^2F=FR$$

正如第五章中所述，等边三角形的对称群中总共有六种不同的对称，它们可由I，R，R^2，F，RF和FR所表示。假设我们用上面的四条规则来将仅仅使用了R和F的长单词进行简化，就能得到六种中的一个。下面是一个例子。

$$RFR^2FRF=FR^2R^2FFR^2 \quad （ 替换掉最前面和最后面两个字母 ）$$

$$=FR^3RF^2R^2 \quad （ R^2R^2=R^3R=R^4 ）$$

$$=FIRIR^2 \quad （ R^3=F^2=I ）$$

$$=FRR^2 \quad （ FI=F，RI=R ）$$

$$=FR^3=FI=F \quad （哇喔！）$$

很容易地可以证明任何使用R和F生成的"单词"均可以利用这四种基本关系式简化为等边三角形对称群中的六个单词之一。这是游戏规则：我们先证明任何长度为3的字符串可以简化为长度为2或1的字符串。现在有8种可能性，我只写出最后结果。

$$RRR=I$$

$$RRF=FR$$

$$RFR=F$$

$$RFF=R$$

$$FRR=RF$$

$$FRF=R^2$$

$$FFR=R$$

$$FFF=F$$

因为每个长度为3的字符串都能简化为长度为2或1的字符串，因此对任意长度的"单词"，你可以不断重复上面这个过程直到你得到长度为2或1的单词。而这个单词必然是群中的六个基本元素之一。因此我们说等边三角形的对称群S_3是由两个生成元R和F按照四种基本关系生成的。

有许多（但不是全部）群可以像上面的例子一样定义为生成元以及一系列关系的组合。有关这样的群的单词问题（word problem）指的是找到一种算法，当给定两个单词（比如说RFR^2FRF和RFR）时，它能决定这两个单词是不是对应着群中的同一个元素。对某些群而言，这是可以做到的。但在1955年，诺维科夫给出了一个群，在其中单词问题是不可判定的。[8]诺维科夫家族对数学做出了巨大的贡献，因为单词问题而成名的彼得·诺维科夫（Petr Novikov）有两个儿子：安德烈·诺维科夫是一位杰出的数学家，而谢尔盖·诺维科夫则是更加杰出的数学家，他在1970年获得了菲尔兹奖。

顺便说一句，当魔方（Rubik's Cube）第一次出现时，杂志上出现的许多关于它的解法的论文都使用了群论[9]——因为魔方涉及一个具有生成元（围绕不同轴的旋转）以及某些关系的对称群。

你总能从这里到那里吗？

三个被证明是不可判定的问题中的最后一个是古德斯坦因定理

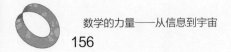
（Goodstein's theorem）。为了感受一下这个问题，我们先来看一个目前仍未解决的、跟它有一些共通点的问题 —— 克拉茨猜想（Collatz conjecture）。许多数学家认为克拉茨猜想也许是不可判定的，但它却容易理解。保罗·埃尔德什[①]这位高产的旅行数学家，他的生活方式包括了对不同的大学进行短期访问，以及为有趣问题的解答提供物质奖励。因为埃尔德什主要是依靠数学界的支持，住在他所访问的数学家家里，因此他所获得的奖励和酬金就用于设立这些奖金。奖金最低为10美元，埃尔德什为克拉茨猜想的证明提供500美元的奖金。对于克拉茨猜想，他说："目前的数学还不足以解决这个问题。"[10]

当你第一次看到这个问题的时候，它看上去就像九岁孩子所设计的数字涂鸦。首先取一个数，如果它是偶数，就将它除以2；如果它是奇数，就乘以3再加1，照此规律一直做下去。我们先来看一个例子，假设7是我们的起始数。

$$7, \ 22(=3 \times 7+1), \ 11(=22 \div 2), \ 34, \ 17,$$

$$52, \ 26, \ 13, \ 40, \ 20, \ 10, \ 5, \ 16, \ 8, \ 4, \ 2, \ 1$$

花费一些时间之后，我们最终可以到达数字1。这就是未解决的问题：无论你从哪个数字出发，最终都能到达数字1吗？无论用什么办法，只要你能证明它，我想奖金就是埃尔德什的一部分遗产，因为他已经于1996年去世。纽约时报在他去世后登了一篇头版报道。因为埃尔德什嗜喝咖啡，他的同事阿尔弗雷德·雷尼（Alfréd Rényi）曾诙谐地评价他说，"数学家就是将咖啡转变成定理的机器。"[11]

古德斯坦因定理[12]与这个问题类似：它递归（下一项的定义依赖于序列中前一项的某些操作，就像前面那个未解决的问题一样）地

---

① Paul Erdos，1913年3月26日 — 1996年9月20日，匈牙利数学家。他是发表论文数最多的数学家，并和511人合写过论文。他在组合理论、图论、数论、经典分析、逼近理论、集合论和概率论方面均做出了重要的贡献。

定义了一个序列（称为古德斯坦因序列），尽管这个序列的定义并不像克拉茨猜想中的那个定义那么简单，但仍可以证明每个古德斯坦因序列都会终结于 0 —— 我们不能仅仅使用皮亚诺公理证明这一点，我们必须使用一个附加公理：来自策梅洛 – 弗伦克尔集合论的无穷公理（axiom of infinity）。就其本身而言，古德斯坦因定理是一个有趣的、皮亚诺公理系统中的不可判定命题 —— 这一点正好与哥德尔在其原始证明中所使用的那个无趣的不可判定命题正好相反。同时还值得指出的是，古德斯坦因定理在更强的集合论体系中的可证明性让我们对"这些定理本质上是有真假的"这种看法更有信心，只需要足够的逻辑系统就能决定它们的真假。

因而，除非有另一位与哥德尔才能相当的研究生出现，证明了数学家们的一致共识是错误的，以及皮亚诺公理本质上是不相容的，否则数学家们仍然会继续依靠数学归纳法。这是目前最有用的工具之一 —— 不可判定命题的存在性对这样一个有价值的工具而言只是所要付出的微小代价。如果某位研究生真的完成了这样一件不太可能的任务，他或她肯定能得到：一块菲尔兹奖章，以及数学界永远的恨。因为他或她剥夺了数学家们军械库中最有价值的那件武器。

注释：

［1］参见 http://www.history.mcs.st-and.ac.uk/Biographies/Hilbert.html。这也许是人类历史上最后一次出现博学者的时代，他们能够在多个领域做出真正杰出的贡献。除了希尔伯特，亨利·庞加莱（著名的庞加莱猜想）也在数学和物理领域做出了重要的贡献。

［2］参见 http://en.wikipedia.org/wiki/Hilbert's_problems。该页面包含了 23 个问题的列表以及它们目前的解决程度。在这本书中没有提到的那些问题大部分都很专业，但是第 3 个问题却比较容易读懂 —— 给定任意两个体积相等的多面体，你能否将第一个切成有限多块，并重

新组合成第二个？马克斯·德恩（Max Dehn）证明了这是不可能做到的。

［3］A. K. Dewdney, *Beyond Reason*（Hoboken, N. J.: John Wiley & Sons, 2004）。有关命题逻辑相容性的证明在第150~152页。

［4］同上。不完全性定理的证明在第153~158页。参见http://www.miskatonic.org/godel.html，其中引自Rudy Rucker, *Infinity and the Mind*一书的文本框中包含了计算机程序形式的哥德尔定理的证明。

［5］参见http://www.cs.auckland.ac.nz/CDMTCS/chaitin/georgia.html。这个网页实际上包含了一篇有关哥德尔定理与信息论的论文。如果你不讨厌数学符号的话，这篇论文实际上可读性很强。

［6］参见http://en.wikipedia.org/wiki/Elk_cloner.

［7］参见*Science* 317（July 13, 2007）: pp. 210-211.

［8］参见http://www.history.mcs.st-and.ac.uk/Biographies/Novikov.html.

［9］参见http://dogschool.tripod.com。这里有一个关于群论的简单课程，其中有许多不错的图片帮助你理解魔方背后的群论。至于为什么这个网站的名字叫做奇怪的"狗狗的数学学校"，可以参见其主页的解释。

［10］参见http://en.wikipedia.org/wiki/Collatz_conjecture。这个网页有许多东西，有一些只需要有高中数学背景就可以阅读——但不是全部。

［11］参见http://en.wikipedia.org/wiki/Paul_Erdos。这个网页可以提供给你有关埃尔德什一生的许多故事以及他的成就。

［12］参见http://en.wikipedia.org/wiki/Goodstein's_theorem。这个网页的开头部分就说明古德斯坦因定理是一个非人为构造出的不可判定命题的例子，其中的数学对于新手有一点难，但是坚持下去也许就能克服它。

8

时空: 包含一切?

第二个解

回想起来, 高中代数离我已经有五十年了, 但是改变的事情越多, 高中代数就越能体现它的不变性。代数教材中出现了更多的有趣图形, 价格当然也更贵 —— 但它们仍然包含着像下一段中所谈到的问题。

苏珊有一个长方形的花园, 它的面积为 50 平方米, 它的长比宽多 5 米, 问这个花园的长、宽各为多少?

这个问题可以直接求解。如果用 L 和 W 分别表示花园的长和宽, 那么我们有如下方程

$$LW = 50 \text{（面积等于50平方米）}$$

$$L - 5 = W \text{（长比宽多5米）}$$

将第二个方程代入第一个方程, 就能得到二次方程 $L(L-5) = 50$, 展开并分解因式可得 $L^2 - 5L - 50 = (L-10)(L+5) = 0$, 因此这个方程有两个解。其中一个是 $L = 10$, 将其代入第二个方程可得 $W = 5$, 易见这两个数就是问题的解: 一个长度为 10 米、宽度为 5 米的花园, 其面积为 50 平方米, 且长比宽多 5 米。

然而, 上面的二次方程还有第二个解: $L = -5$, 将它代入第二个方程可得 $W = -10$, 这两个数也是满足上面两个方程的数学解。但无论在哪里, 你也找不到一个宽为负 10 米的花园 —— 因为宽是一个本质上恒正的量。

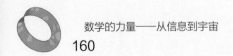

在这种情况下，高中学生知道如何去做：扔掉$W=-10$和$L=-5$这对解，因为它们在这个问题中没有实际意义。如果这样的方程出现在物理学中，物理学家恐怕不会这么快就扔掉那些看上去无意义的解。他或她宁可思考一下，这些看上去"无意义"的解是否存在着某些还未被揭示的潜在意义。而关于看起来无意义的解背后所潜藏的有趣物理学，它有着丰富的历史。

周期表中的空隙

当代字典中关于数学的定义与我找到的一本古老的芬克和瓦格诺[1]字典中的定义很相似 —— 一门关于数量、形状、大小和排列的学科。当某种规律显现的时候，它部分地解释了真实世界的现象。此时人们常常会对其进行探索，看看是否有某些未发现的现象关联着消失的部分。一个经典的例子就是元素周期表的发现。

在19世纪，化学家们给化学元素赋予一些看上去眼花缭乱的规律和结构。俄罗斯化学家德米特里·门捷列夫[2]也决定试着将已知元素组织起来找到规律。为了做到这一点，他首先将这些元素按照原子量（当约翰·道尔顿[3]发明原子理论时，正是同样的物理性质引起了他的注意）的大小排成顺序，然后他赋予这些元素另一角度的顺序，这时他参考的是第二类性质，比如说金属性和化学活性 —— 某种元素与其他元素结合的难易程度。

---

① Funk & Wagnalls，一家以出版辞书为主的美国出版公司。它的作品包括 *A Standard Dictionary of the English Language*（1894年第一版）和 *Funk & Wagnalls Standard Encyclopedia*（1912年第一版，共25卷）。

② Dmitry Mendeleyev，1834年2月8日 — 1907年2月2日，19世纪俄国科学家，发现化学元素的周期性，并依照原子量，制作出世界上第一张元素周期表，而且据以预见了一些尚未发现的元素。

③ John Dalton，1766年9月6日 — 1844年7月27日，英国化学家、物理学家。近代原子论的提出者。

门捷列夫深思熟虑之后的结果就是元素周期表，一张按行和列排列着的化学元素的表格。实际上，每一列都可用一种特定的化学性质（像碱金属或化学惰性气体）来刻画。原子量则按照每一行从左至右、每一列从上至下的顺序逐渐增大。

　　当门捷列夫开始自己的工作时，并非所有的元素都已知。因此在周期表中存在着一些临时的空隙——门捷列夫为所期望的某个具有特定原子量和化学性质的元素留下的空格，但这些元素当时尚未发现。抱着充分的信心，门捷列夫预言了三种将会在未来发现的元素，并给出了它们的近似原子量和化学性质，而此时尚未有人能证实这些元素的存在性。门捷列夫最著名的预言是关于一种他自己称为准硅（eka-silicon）的元素。门捷列夫预言这个位于硅和锡之间的元素将会是一种与硅和锡有类似性质的金属，并且他还给出了几个量化的预测：它的重量是水的5.5倍，它的氧化物的重量是水的4.7倍，等等。当准硅（后来被称为锗）在大约二十年之后被发现后，人们发现门捷列夫的预测完全正确。

　　发现一种真实世界部分满足的规律，然后试着从真实世界中找到另外的能够满足这种规律中所缺失的部分。这个故事也许是能体现这一点的最辉煌的成就，因而在物理学中被不断地复述。

负数宽度的花园

　　另外一个著名例子发生在1928年，当时保罗·狄拉克[1]发表了一个方程用以描述电子在任意电磁场中运动的行为。我们知道二次方程 $ax^2 + bx + c = 0$ 在它的判别式 $b^2 - 4ac$ 为负值时，它的两个复数根以共轭对 $u+iv$ 和 $u-iv$ 的形式出现。狄拉克方程的解是成对出现的，其形式就类似于此。任意一个正能量粒子所在的解正好对应一个负能量粒子

---

[1] Paul Dirac，1902年8月8日—1984年10月20日，英国理论物理学家，量子力学的奠基者之一，并对量子电动力学早期的发展作出重要贡献。

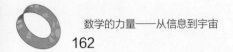
所在的解 —— 这个想法就如同具有负宽度的花园一样令人迷惑。狄拉克意识到这可能对应着一个类似于电子的粒子，它所带的电荷为正（电子所带的电荷为负）。这个想法最初受到了普遍的质疑，著名的苏联物理学家彼得·卡皮查[①]参加狄拉克每周的讨论班，无论每次讨论班的内容是什么，在结束的时候卡皮查总是要问一下狄拉克，"保罗，反电子（antielectron）在哪里？"[1]

然而最终的胜利属于狄拉克。在1932年的一个实验中，美国物理学家卡尔·安德森[②]在观察宇宙射线在云室中的轨迹时发现了反电子[后来改名为正电子（positron）]。资料并没有记载在发现正电子后，狄拉克是否跟卡皮查说，"就在那里！"如果狄拉克能够抵住这个诱惑，那他就是极少数能够做到这一点的人。狄拉克在1933年与他人一起分享了诺贝尔奖。

在数学中，一种避免陷入负宽度花园所带来的困境的方法就是限制所考虑的函数的定义域（允许的输入值的集合）。因此当考虑这一章开头所描述的那个花园的方程时，我们可以仅考虑那些取正值的 L 和 W（花园的长和宽）。因此经过限制后，我们得到的二次方程在函数的允许定义域中只有一个解，从而就消除了具有负宽度的花园所带来的麻烦。

然而，如同狄拉克方程的例子一样，物理学家不能如此英勇地限制描述现象的函数的定义域。如果这样做了，被限制的定义域也许只是描述了我们所知道的现象 —— 而被排除在外的部分却潜藏了某些意料之外的奇妙东西。

---

① Pyotr Kapitsa，1894年7月8日—1984年4月8日，苏联著名物理学家，超流体的发现者之一，曾获得1978年的诺贝尔物理学奖。

② Carl Anderson，1905年9月3日—1991年1月11日，美国物理学家，因发现了正电子而获得1936年的诺贝尔物理学奖。

复数曲奇饼

数学概念都是理想化的。某些理想化的概念，比如"三"或"点"，与我们对世界的直观理解有着紧密的联系。但有一些，比如说i（－1的平方根），它的功用就没有如此紧密的联系。量子力学中的一件常用数学工具是波函数（wave function），它是一个复数值的函数，它的平方则是概率密度函数（probability density function）。概率密度函数很容易理解：下周二我更有可能在洛杉矶（我家）而不是克利夫兰，但是那里确实有些事件可能需要我赶过去。是的，小概率的事件——但并不是不可能的事件。这个平方为概率密度函数的复值函数看上去与真实世界并无联系——然而这个数学对象，在进行恰当的操作之后，却能给出有关这个世界的准确结果。

但复数和真实世界有什么关系？我们不可能买$2-3i$块曲奇饼，而每块曲奇饼的价格为$10+15i$美分——但如果可以，我们依然能够付账！利用总钱数等于曲奇饼个数乘以每块饼的价格，总共的花费应该是

$$(2-3i)\times(10+15i)=20+30i-30i+45=65（美分）$$

类似的情况在物理学中经常发生——真实的现象有着不寻常但却有用的描述。这些描述的功用是否就仅限于我们所知道的宇宙——或者只是因为我们还未发现复数曲奇饼？

在这里我们可以引用某些海森伯说过的关于数学作用的话，即使我们还没有谈论到量子力学："……有可能发明一种数学框架——量子理论——它对于我们处理原子过程完全足够；然而，至于它的可视化，我们必须满足于两个不完整的近似物——波动图像和粒子图像。"[2]换句话说，我们也许不能以数学描述上的精确度来展现复数曲奇饼的图像——但如果可以的话，这才是我们要关注的。

标准模型

标准模型代表了目前物理学家观察宇宙的方式。模型中存在着两种粒子：代表物质粒子的费米子，以及传输目前宇宙中已知的四种力的玻色子。这四种力分别是通过光子传输的电磁力；与放射性衰变有关、通过W和Z玻色子传输的弱核力；维持原子核稳定（抵消原子核中的质子所产生的斥力）、通过胶子传输的强核力；以及尚未发现传输粒子的万有引力。

标准模型是历经一个世纪努力的结果，但即使它已经被证实在许多细节上的准确性（在某些情况下实验已经证明可以达到十五位小数的精确度），物理学家知道仍有许多问题尚未解决。粒子的质量是通过实验测量出来的，是否存在着更深刻的理论能够预测粒子的质量？费米子可以完美地分解为三种独立的"生成粒子"，为什么是三种，而不是两种、四种或其他数？四种力在许多方面有着巨大差异。电磁力差不多比引力强40倍，这也是为什么在冬天梳头（假设你有头发，我基本没有）后的梳子能够吸住纸片的原因，因为梳子上产生了足够的静电用于克服地球对纸片的引力。电磁力和引力的作用范围是无限的——强核力则被限制在原子里。电磁力可以表现为吸引力和排斥力，幸运的是，在每个非电离原子中它们是等量存在的（这样我们就不会带着许多电荷行走，除非在寒冷的冬天），但是万有引力总是表现为吸引力。银河系中心的电磁风暴对我们没有影响，但是其中心的黑洞所发出的引力肯定会影响我们。

最重要的是，是否存在着比标准模型所展示的更深层次的实在？我们已经知道，阿斯佩的实验已经证实了在量子力学性质背后没有隐变量，但这只不过在某个特定情况下排除了更深层次实在的存在性。

超越标准模型

现在的物理学家所面临的正是如狄拉克的反电子那样的变体。有许多尝试试图超越标准模型（它将目前我们所认为的那些粒子和力进行了分类）来回答"为什么是这些粒子和这些力？"寻找一个关于万物的绝妙理论的征程无疑还将继续，因为只有发现了这样的理论，或者证明了这样的理论不可能存在，才能终结这个征程。因此，现在有许多关于推广标准模型的数学描述，我们将看看其中一些模型的结果 —— 那些可能从未知道的粒子、结构以及维度的存在性。

无穷的另一面

也许有一件事是物理学的所有数学模型都承认的 —— 在这个宇宙中，不存在所谓的无穷。这并不是说在任何宇宙中都不存在所谓的无穷。在一篇有趣且令人兴奋的文章[3]中（这篇文章最初出现在《科学美国人》杂志上），物理学家马克斯·泰格马克（Max Tegmark）将四种可能会被探索的不同类型的"平行宇宙"进行了分类。他的第四级分类中就涉及了数学结构。泰格马克中肯但并不太令人信服地论证了一个他称为"数学民主"的概念。多元宇宙（multiverse，这是所有可能宇宙的全体）包括了每个可能的数学模型的物理实现。

当然我们有很好的理由去考虑这种可能性。物理学家利奥·西拉特①针对物理学中数学的"不合理的有效性"，宣称自己看不到任何合理的原因。我们在讨论连续统的物理学效用时碰到过的约翰·阿奇博尔德·惠勒曾怀疑"为什么是这些方程？"[4]他没有说出来的想法是"为什么不是其他的方程？"为什么我们生存的这个宇宙符合广义相对论中的爱因斯坦方程和电磁学中的麦克斯韦方程，而不是其他的一些方程？泰格马克给出了一个可能的回答：多元宇宙支持所有可能的（相容的）方程组，它只不过在不同的区域支持不同的方程组，而我们恰好生活在爱因斯坦–麦克斯韦区域。

---

① Leo Szilard，1898年2月11日 — 1964年5月30日，匈牙利物理学家，他构思了核链式反应过程，以及（线性和回旋）粒子加速器等。

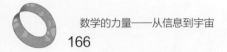

物理学史上最大的、持续数个世纪之久的争论主题是光的本性——光究竟是波还是粒子？这个问题的答案是：两者都是。这个答案直到20世纪才被普遍接受。但在19世纪中期，描述电磁行为的麦克斯韦方程支持光是波这一观点，因为方程所求得的解显然是与波类似。但不管怎样，仍有一个问题没有解决：波在传播的时候是需要媒介的。水波需要水（或其他液体），声波需要空气（或某种其他物质，它能够传递构成波的交替舒张和压缩过程）。当时认为电磁波的传播媒介是一种叫做光以太（luminiferous aether）的微小物质。尽管这个名字很可爱，但可惜的是，最初由阿尔伯特·迈克耳孙和爱德华·莫雷[①]在1887年所进行、直到今天仍在重复的实验以非常高的精度表明不存在光以太这种物质。迈克耳孙－莫雷实验的结果很快就导致了洛伦兹变换的出现，洛伦兹变换表示了在一个以恒定速度相对于另一个坐标系移动的坐标系中距离与时间之间的关系，爱因斯坦正是在洛伦兹变换的帮助之下建立了以公式 $E=mc^2$ 而知名的狭义相对论。然而，爱因斯坦同样也推导出了如下的将质量表示为速度的函数的公式：

$$m = \frac{m_0}{\sqrt{1-\left(v/c\right)^2}}$$

这里 m_0 表示物体静止时的质量，m 为物体以速度 v 运动时的质量。[5]很容易看出当 v 大于零但小于 c 的时候，分母是小于1的，因此质量 m 要大于静止质量 m_0。同样地，当 v 越来越接近 c 的时候，分母越来越趋向于0，因此 m 变得越来越大：当 v 是光速的90%时，质量 m 是原先的2倍多；当 v 是光速的99%时，质量 m 增加到原先的7倍多；当 v 是光速的99.99%时，质量 m 已经超过静止质量的70倍。

正如我们已经提到的，我们的宇宙（或者目前物理学家所确定的那个区域）憎恶无穷的事实有点类似人们曾经所认为的"自然憎恶真空"。因此具有有限质量的粒子无法超越光速——因为那时上述方

① Edward Morley，1838年1月29日—1923年2月24日，美国物理学家。他与阿尔伯特·迈克耳孙合作完成著名的迈克耳孙-莫雷实验。

程的分母将会变成0，此时质量m将会变为无穷。这并不会影响光本身以光速运动，因为光的粒子（光子）是没有质量的 —— 它们没有静止质量。

快子的出现

爱因斯坦的理论同样也证明了为了让一个具有非零质量的粒子以光速移动，我们需要无穷大的能量。然而如果你对上面的方程进行仔细观察 —— 这是为我们这个宇宙所推导出的公式 —— 将会揭示一个类似于狄拉克反电子的对应部分。如果v大于c，那么分母就需要我们对一个负数开方，从而得到一个纯虚数。纯虚数的运算法则告诉我们一个实数去除以一个纯虚数，其结果是一个纯虚数。因此如果有可能将一个物体加速超过光速，那么这个物体的质量将会是纯虚数。具有纯虚数质量且运动速度超光速的物体被称为快子（tychyon）——希腊语中的"速度"。在我们这个宇宙尚未探测到无穷的另一面所传来的信息 —— 但是缺乏证据并不代表不存在。快子在现代物理学中的名声并不好，以至于含有它们的理论均被称为是不稳定的，[6]但它们并没有被完全排除在外。尽管没有办法想象一个快子"减速"至光速以下时突然变成一个具有实数质量粒子的过程，但是某些已知的粒子确实会改变某些特征. 有三种不同类型的中微子，当它们运动时，它们会改变自己的类型。粒子会改变自己的类型这个想法看起来很奇怪，但这却是目前所谓太阳中微子亏损问题（the solar neutrino deficit problem）的唯一解释。人们花了数十年搜集中微子，但结果中只有约为期望值三分之一的中微子，因此唯一能够解释它的原因就是中微子在飞行过程中改变了种类，因为中微子搜集器只能探测一种中微子。

弦论

在这一章的前面我们提到约翰·阿奇博尔德·惠勒曾说过"为什么是这些方程？"一个等价的、也许更适合我们这个宇宙的问题就是

"为什么是这些粒子？"为什么构成我们宇宙的、标准模型中的光子、夸克、胶子、电子和中微子是粒子？它们为什么具有质量和相互作用的强度？这些问题已经超出了标准模型的范围。标准模型是这样一张表格，它提供的"什么"可供我们预测"怎样"——但是完全没有解决"为什么"的问题。

"为什么"这个问题有可能落在物理学的领域之外——但也许不。20世纪中，科学界对于基本粒子的观点首先从原子转变为中子、质子和电子，然后又转变为标准模型中的那些粒子。也许存在着更基本的、能够构成标准模型中那些粒子的粒子。该领域目前的最佳候选理论是弦论[7]（string theory，以及更加进化的版本，称为超弦理论），弦论假设宇宙中所有粒子都是被称为弦的一维对象的振动模式。具有固定长度和张力的小提琴弦只能以一种固定模式振动。当小提琴手在一根弦上拉琴弓时，发出的是好听的声音而非不和谐的噪声，这是因为每个振动模式都对应于一个音。构成弦论的弦只能以一种固定模式振动——而这些振动模式就是构成我们宇宙的粒子。

这个理论中心的弦极其微小[8]——直接去观察这样的弦就如同在100光年之外去阅读一本书一样。这当然就排除了直接观测的可能性，但是科学并不总是需要直接观测，通常只需要观测到结果就已足够。在19世纪80年代扫描电子显微镜出现之前，科学家一直都没有真正地看见过原子，但是原子理论早已牢固地建立了100多年。人们已经付出了许多努力，试图找到弦论所做出的能够被实验或观测验证的结果。然而，弦论本身也是一个发展中的理论，并且当它处于不同的演化过程时（目前弦论的发展至少已经经历了四代），它预言的结果也在发生变化。

尽管如此，弦论至少做出了两类超越标准模型的预言：它预测了还未观测到的粒子以及尚未证实的宇宙的几何与拓扑结构。这两者都值得一看——不仅因为它们本身迷人的魅力，更因为某些未来的理论有可能告诉我们这将会导致矛盾，从而我们不得不去寻找其他结果。

几年前我有幸参加了爱德华·威腾[1]在加州理工学院所作的演讲。威腾是菲尔兹奖获得者，也是弦论的领军人物。这次演讲有许多著名科学家参加，在演讲结束后有一个提问环节。其中一个很直接的问题是"你真的相信这就是世界该有的方式吗？"威腾的回答毫不含糊："如果我不相信，我就不会在这上面花上十年时间。"这一点让我信服——在演讲会场。但在我回家的路上，我突然想起数个世纪之前艾萨克·牛顿曾耗费了十年时间用于解释炼金术，他可能也用类似的方式回答了别人对炼金术有效性的质疑。

更多假想中的粒子

目前有两大类粒子虽然未被探测到，但却都是被研究的对象。第一类粒子包括了标准模型中含有的、但却未被探测到的部分粒子。这片天空中的明星是希格斯粒子，它是将质量传输给那些无质量粒子（光子就是无质量粒子）的载体。如前所述，在当前一代的粒子加速器所能达到的能量范围之内，希格斯粒子依然毫无踪迹，但许多物理学家认为它出现在我们为它设好的陷阱中只是时间问题。

从数学的角度来看，更有趣的应该是超对称粒子（supersymmetric particle）。如果将构成标准模型的那些粒子排成一列，那么这些粒子就像是它们短暂的舞伴，并且只存在于目前最流行的弦论之中。和狄拉克的反电子一样，它们作为底层数学中配对过程的结果而出现。对于狄拉克而言，配对过程来源于具有相反的电荷；而超对称粒子则出现在涉及自旋的配对过程中——标准模型的质量粒子具有1/2自旋，而它们的超对称粒子则具有自旋0。

对于希格斯粒子或超对称粒子的探测依赖于这些粒子的质量。所有未观测到的粒子都很重（它们的质量都是质子质量的数倍），随着所

① Edward Witten，生于1951年8月26日，犹太裔美国数学物理学家。他是菲尔兹奖得主（1990年），普林斯顿高等研究院教授。他是弦理论和量子场论的顶尖专家，创立了M理论。

用理论的不同，这些粒子的预测质量也不一样，但相同之处在于制造它们所需的东西——大量的能量。爱因斯坦伟大的质能方程 $E=mc^2$ 在这里就等价于不同货币之间的汇率。原子弹或恒星内部所发生的热核聚变所产生的能量都是将质量转化为能量的结果——非常小的质量能够产生大量的能量，因为质量被乘以了 c^2。为了产生一个质量为 m 的粒子，我们必须用 $m=E/c^2$ 这个方程，它需要用巨量的 E 来产生非常小的 m。这就意味着粒子加速器不得不造得越来越大，才能提供制造新粒子所需要的 E；并且如果新粒子的 m 越大，我们就需要更大的 E。有一种弦论认为下一代粒子加速器就能实现主要粒子的质量，但也有不同的弦论认为还不够，其中关键的参数依赖于基本实体——振动的弦；如果弦越小，所需要的能量就越多。

千年风云人物

1999年我最大的失望就是见到《时代》杂志在提名千年风云人物（Man of the Millennium）时的失败。稍有安慰的是他们将爱因斯坦提名为世纪风云人物（非常好的选择！），但是却失去了一个黄金机会。对我而言，艾萨克·牛顿作为千年风云人物的选择比爱因斯坦作为世纪风云人物的选择更恰当，因为我们并没有太多提名千年风云人物的机会。

艾萨克·牛顿最著名的成果是他的万有引力理论，但这只是他在数学和物理学中许多成就之一。牛顿最大的成就超越了数学和物理学，这也是他为什么能够成为千年风云人物的原因：他系统地阐述了科学方法，这推动了工业革命的产生以及此后发生的一切。牛顿所采用的科学方法包括了搜集数据（或检查已有的数据）、发明新理论来解释数据、从理论进行数学推导并预测以及检验预测是否有效。不仅是万有引力理论，在力学和光学的发展中牛顿都采用了这个方法，从而改变了西方文化的进程。

世纪风云人物

牛顿的万有引力理论无疑是人类历史上最伟大的智力成就之一。它不仅解释了每天发生的像行星轨道和潮汐运动这样的事情，它甚至深刻到能够允许像黑洞那样的概念存在，而这个概念直到几十年之前还是不切实际的想法。然而19世纪末的物理学家认识到这个理论并不那么完美——某些测量结果（尤其是水星轨道的进动）与牛顿理论计算出的结果相差巨大。

爱因斯坦并没有简单地去修补牛顿的理论，他发明了一种观察宇宙的不同方式。但是不管怎样，牛顿和爱因斯坦所见的宇宙，其内部的活动都能被四个数（维度）刻画——三个表示空间位置的数，一个表示时间位置的数。对牛顿而言，这四个数是绝对的，所有观测者观测到的发生在同一时间的两个事件之间空间距离都一样，所有观测者观测到的发生在同一地点的两个事件之间的时间都一样。爱因斯坦的贡献之一就是发现这些数值是相对的，爱因斯坦理论的一个推论就是，运动中的观测者观测到的发生在同一地点的两个事件之间的时间是不一致的。根据爱因斯坦的理论，运动中的直尺会变短，运动中的时钟会变慢——有一个实验证实了爱因斯坦是正确的，在实验中对比了两个曾精确对时的原子钟，其中一个留在地面上，而另一个跟着喷气式飞机环绕了世界。

尽管如此，牛顿和爱因斯坦都用四个数来讨论宇宙，他们的宇宙是四维的。这样立刻就产生了两个问题。第一个问题——我们的宇宙是否真是四维的？——问牛顿或爱因斯坦是否正确。第二个问题——是否有其他非四维宇宙的存在？——则更加深刻，并开始走进哲学（或纯粹数学）的范畴。

这两个问题困扰了物理学家大半个世纪。它代表了对万有理论（TOE）的追寻，万有理论不仅能够解释发生了什么，而且能解释为什么发生以及其他事能发生（其他宇宙是否存在）还是不能发生（我们

的宇宙是唯一的宇宙）。虽然万有理论仍将会留下许多无法回答的问题，但能够取得这样的成就将为一本论述人类伟大问题之一的书籍写下结局。

宇宙的几何结构

牛顿最著名的一段话来自他的《原理》，说的是"我不构造假说，因为凡不是来源于现象（观测数据）的。都应称其为假说。而假说……在实验哲学中没有地位。在这种哲学中，特定命题是由数据推导出来，然后再用归纳方法做出推广。因此才发现了……（我的）运动定律和引力定律。"[9]

他也许没有虚构假说，至少在发表论文的时候，但很难相信他对此一点怀疑都没有。在牛顿的重要数学成果中包括了发展微积分（戈特弗里德·莱布尼兹①也独立地发展了这门学科）。现代关于牛顿引力的教材中无一例外地使用了微积分的语言，因为这显然是表述这一结果的正确的数学工具。有趣的是，在自己的《原理》中，牛顿极少使用微积分，他最主要的结果是用欧氏几何推导出来的。牛顿使用几何的能力非凡，因此难以相信他既然已经将两个物体之间的引力表示为与它们之间距离的平方成反比的形式，而没有怀疑这个事实与几何之间的关系。古希腊几何学家已经知道球体的表面积等于其半径平方的某个倍数，如果存在有限数量的"引力源"从某个物体中放射出来，那么这些引力源一定会分布在一个扩张的球体表面。这样的从物体内部放射出来的引力源的存在性将能够解释引力的平方反比律，牛顿肯定也从这方面思考过。

---

① Gottfried Leibniz, 1646年7月1日—1716年11月14日，德意志哲学家、数学家。莱布尼茨是历史上少见的通才，被誉为17世纪的亚里士多德。在数学方面，他和牛顿先后独立地发明了微积分。有人认为，莱布尼茨最大的贡献不是发明微积分，而是发明了微积分中使用的数学符号，因为牛顿使用的符号被普遍认为比莱布尼茨的差。莱布尼茨还对二进制的发展做出了贡献。

另一张表格中的空隙

标准模型不是一个方程，而是一张表格。在标准模型的表格中也存在着一些空隙 —— 很适合但尚未观测到的粒子。正如同门捷列夫对化学元素的组织让他能够预测消失的元素以及它们的性质，标准模型中的空隙也迫切地希望能填入一种能够传送引力的玻色子（就像其他传送其他力的玻色子一样）。这个假想中的粒子被称为引力子（graviton）。

在某些方面引力子是解释牛顿引力的平方反比律的自然方式。电磁力也是这样一种力，它吸引或排斥的强度与电磁粒子之间距离的平方成反比，其原因是光子分布在扩张球体（以光速扩张）的表面，这个球体的中心在放射源。如果相同数量的光子分布在两个球面上，大球面的半径是小球面半径的三倍，那么大球面的面积将会是小球面面积的九倍。假设用来覆盖球体表面的光子数相同，那么大的球面上的光子密度（这是力的强度的某种度量）将会是小的球面上的光子密度的 $1/9 = (1/3)^2$。

正如牛顿几乎肯定知道的那样，我们可以合理地假设引力场的强度中有着相同的机制。但是在这里我们碰到了当代物理学所面临的一个未解决的主要问题。对于除了引力之外的那三种力而言，描述它们行为的理论都是量子理论，而量子理论主要用于描述粒子的行为。描述引力的最佳理论是相对论，这是一种场论，它研究的是遍布空间的引力场，它描述的是这个场的行为。

最初描述电磁力的麦克斯韦方程也是同样的情况。这些方程描述了电场和磁场之间如何相互作用。在20世纪上半叶，人们发明了量子电动力学，它用于描述电磁场是如何从带电粒子（费米子）与传递光子（玻色子）之间的互动产生的。量子电动力学作为后量子理论的模型之一出现 —— 其他的包括提供了关于电磁力和弱核力的统一描述的电弱理论（electroweak theory），以及具有迷人名称、描述了强核

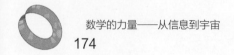
力的量子色动力学（quantum chromodynamics）。然而，即使传送引力的粒子已经就位 —— 至少是理论上的 —— 那么成功的关于引力的量子理论还有待产生，而这个理论的发展恐怕是当今理论物理学家最重要的目标。

瓶中闪电

1919年，爱丁顿爵士对于星光通过太阳时产生的引力偏折的观测结果令人瞩目地证实了爱因斯坦的广义相对论。在同一年，爱因斯坦收到了默默无闻的德国数学家西奥多·卡鲁扎[①]的一篇特别的论文。[10]

卡鲁扎做了一件数学家常常会做、但物理学家很少会做的事情：他拿来一个众所周知的结果，并将它放到全新、虚构的环境中去。这里众所周知的结果就是爱因斯坦的广义相对论，他所采用的虚构的环境是一个由四个空间维度（而不是我们所熟悉的三维）和一个时间维度构成的宇宙。

卡鲁扎选择四个空间维度可能是因为这是复杂性阶梯上三个维度的下一步。然而卡鲁扎的方法却抓到了瓶中的闪电。这个假设不仅能够得到爱因斯坦的广义相对论方程（这一点并不奇怪），而且这种方法中还会出现其他的方程 —— 这些方程正是描述电磁场的麦克斯韦方程。

在偶然情况下，一个奇怪的假设会导致某些完全奇妙且意料之外的结果。马克斯·普朗克也曾做过类似奇怪的假设，当时他假设能量以离散包的形式存在，这个假设解决了当时理论物理学中存在的许

---

① Theodor Kaluza，1885年11月9日—1954年1月19日，德国数学家及物理学家。他的主要贡献是涉及五维空间的场论方程的卡鲁扎–克莱因理论，他认为力可以通过引入维度的方式进行统一，这一思想后来被弦论所采用。

多问题，即使那时离这个假设被实验证实有效的日子还有许多年。保罗·狄拉克在关于反电子的存在性上也作了类似的假设。卡鲁扎的假设，以及描述那个时代已知的两种力（引力和电磁力）的两种伟大理论奇迹般地同时出现给爱因斯坦留下了深刻印象。爱因斯坦的热情是可以理解的——他花去一生大部分时间寻找一个能够成功地结合电磁理论和引力理论的统一场论。卡鲁扎的发现看上去就像是通往这个理论的快车道。

现在只剩下一个问题：第四个空间维度在哪里？这让我们想起卡皮查问狄拉克，"保罗，反电子在哪里？"通常的三个空间维度（南北，东西，上下）看上去已经足够在宇宙中定位任意一点。我们似乎陷在三维之中——卡鲁扎和爱因斯坦也是如此。随后数学家奥斯卡·克莱因[1]所提出的建议看起来给出了第四个维度一个颇具吸引力的可能性解释。

克莱因提出第四个维度与其他三个我们熟悉的通常维度相比极其微小。你现在正在读的书的页面看起来是二维的，但它实际上是三维的，这只是因为厚度（第三个维度）相较于构成书页其他两个维度的长与宽而言很小。这个建议让卡鲁扎的四个空间维度复苏，至少是在理论上。然而依然存在的问题就是没有人曾看见过第四个维度，如果它真的存在，就目前的技术水平而言，理论和实验都不足以完成展示它的任务。所谓的卡鲁扎-克莱因理论就这样安静地死去了。

标准模型回归

20世纪最伟大的发现之一是原子能够改变自身的种类。就像是科幻小说里的变形人一样，种类的改变让粒子可以拥有其他的形态，中微子的种类改变则造成了太阳中微子的缺损。但是中微子是相当不活

---

① Oskar Klein，1894年9月15日—1977年2月5日，瑞典理论物理学家。他的主要成就是卡鲁扎-克莱因理论。

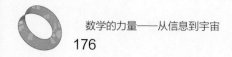

跃的粒子（中微子能够穿过数光年厚的铅板而不发生反应），而原子却是构成真实世界的材料。一个起初为氮原子的原子，经过所谓的β衰变（beta decay）就会成为碳原子。这是许多与放射性有联系的有趣现象之一，也是由弱核力所促发的行为之一。

弱核力之所以称为弱，在于它与强核力的比较，强核力通过抵抗原子核中质子所生成的排斥力来保持原子核心的稳定。尽管爱因斯坦和卡鲁扎肯定都知道β衰变现象，也很清楚必须得有某种力量保持核心的稳定；但在他们发展自己的理论时，并没有将弱核力与强核力分离出来。

在1940年至1990年的半个世纪中，有关这些力的理论发展取得了相当显著的进步。谢尔顿·格拉肖、阿卜杜什·萨拉姆和史蒂文·温伯格提出了一种理论，它能够将电磁力和弱核力统一起来。该理论假设在早期宇宙的超高温下，这两种力实际上是一种力，宇宙的冷却使得这两种力成为相互独立的力，这有点类似于不同物质的混合物随着温度降低而沉淀出来的过程。关于强核力的量子色动力学则主要由休·波利策[1]、弗兰克·维尔切克[2]和戴维·格罗斯[3]等人建立。这两个理论都经受住了实验的考验而存活到今天，也为它们的发现者赢得了诺贝尔奖。同时，它们也构成了关于我们这个宇宙中粒子和力的标准模型。

整合了电磁力和弱核力的电弱理论在实现爱因斯坦的统一场论梦

---

[1] Hugh Politzer，出生于1949年8月31日，美国理论物理学家，现任加州理工学院物理学教授。

[2] Frank Wilczek，出生于1951年5月15日，美国理论物理学家，现任麻省理工学院物理系教授。

[3] David Gross，出生于1941年2月19日，美国理论物理学家。现任凯维里理论物理研究所教授。他在任教于普林斯顿大学期间，和他的学生弗兰克·维尔切克发现了量子色动力学中的渐近自由，因此与休·波利策一同分享了2004年度的诺贝尔物理学奖。80年代中期以来他致力于弦理论的研究。

想上迈出了重要的一步。目前的观点是，它其中所包含的力随着宇宙冷却过程而分离的思想是终极统一场论的模版 —— 在大爆炸之后极其短的时间里，在极高温的状态下，所有的四种力都是一种力，随着宇宙的冷却，它们才开始分开。首先分离出来的是引力，然后是强核力，最后是电磁力和弱核力，最后两种力的描述由电弱理论给出。

这个理论的发展仍在进行中，但它也碰到了一个重要障碍。电弱理论和量子色动力学都是量子理论，它们严重依赖于量子力学来产生它们超准确的结果。我们关于引力的最好理论 —— 相对论 —— 是一个经典的场论，它不涉及任何量子力学。证实这些理论的实验在尺度上也相差巨大。我们在 10^{-18} 米的尺度上探测亚原子结构，没有发现任何与电弱理论和量子色动力学矛盾的地方。然而，我们能做的最好的、证实万有引力效应的实验是一毫米的十分之一，或 10^{-4} 米。造成这个困难的部分原因是引力相较于其他三种力极其微弱，地球的引力甚至不能克服冬日里梳头所产生的静电力，只有恒星的引力才能够将一个原子撕裂。

多维理论回归

弦论的出现复苏了有关附加空间维数的卡鲁扎－克莱因理论，但却以一种看起来几乎不可能理解的方式存在。经过数十年的努力，弦论学家们意识到，只有一种可能的多维时空能够产生与我们已知宇宙相容的方程 —— 但是这个多维时空需要十个空间维度和一个时间维度。如果我们连卡鲁扎－克莱因理论中多出来的一个空间维度都无法看见，那么我们怎么可能看见时空学家们所需要的七个额外的空间维度呢？并且这些额外维度的大小如何：它们是大的，就跟我们通常的三个空间维度一样，或者它们是小的 —— 如果是小的，那有多小？

自从牛顿发明了微积分用于帮助建立自己的力学和引力理论以来，物理学中的进步就和数学中的进展携手并进 —— 但也有某些时候某一方领先于另一方。当麦克斯韦发展自己的电磁理论时，他使用了现

成的、已有一个世纪历史的向量分析；当爱因斯坦想出广义相对论时，他发现几十年前意大利数学家所发明的微分几何恰好适用于这个工作。然而，弦论却不得不发展自己的数学，因此数学 —— 弦论用来表述其中结论的语言 —— 不能被完全地理解。

与这个问题结合在一起的另一个问题 —— 近似的必然性自从物理学开始使用数学来表述自己结论的那一天起就存在。当方程不能被准确地解出时 —— 正如我们所见到的，这是很常见的情况 —— 一种可能就是近似地求解这个方程，另一种可能就是用近似方程替换掉这个方程，然后再求解近似方程。物理学家这样做已经好几个世纪 —— 对于很小的角，这个角的正弦近似等于它的弧度（就像360度构成整个圆，2π弧度也是如此），对于大多数情况，在方程中使用一个角本身而不是它的正弦可以得到更容易求解的方程。有时弦论中的方程为了便于求解也采用了这样的近似过程，但当处理的未知量是像无穷小的弦或等价无穷小的维度时，这样的解是否能够反映宇宙的实际情形就很难说了。

那么我们能够说具有十个空间维度的弦论是正确的道路吗？有两种可能的方法，但都需要冒着极大的风险。证实弦的存在就能从推理上给出额外维度存在性的证明，如上所述，数学上的分析已经证实弦论的场景只可能在十一维（十个空间维度，一个时间维度）宇宙中成立。然而，弦论并没有明确地表明弦的大小。尽管某些版本的弦论认为弦的大小在10^{-33}米左右，这将使得我们目前所能想象的任何科技设备都探测不到弦；但也有某些版本的弦论认为弦（相对而言）比较大，有可能被探测到，即使不能直接探测到，利用下一代的粒子加速器或许能够推论它们的存在。

另一种方法依赖于这样一个事实，即万有引力所满足的逆幂律与空间维度的个数有关。我们所看到的引力是逆平方律，这是因为在我们的三维宇宙之中，引力子分布在球体的边界上，其表面积随着半径的平方而变化。在一个二维宇宙中，引力子将会分布在一个扩张圆盘的边界上,其周长(是半径的倍数)随着半径而变化。在更高的维数中,引力将会急剧下降。一个 p 维球体的表面积随着半径的 $(p-1)$ 次方变化,因此我们能够看见一种满足逆 $(p-1)$ 次幂律的引力。

这也就意味着需要我们在能够体现额外空间维度的距离上测量引力。但坏消息是目前理论所需要的额外空间维度不可能大于 10^{-18} 米 —— 而迄今为止人们只能在 10^{-4} 米附近准确测量引力。十三个数量级的差异是巨大的鸿沟,因此这种方法只能是超长期的赌注 —— 如果额外空间维度小于 10^{-18} 米的话,就更是如此。

不可知的阴影

当物理学界怀着热情和乐观的心态追求现实的终极理论之时,我们想起之前曾经谈到过的 20 世纪中关于物理世界认知的极限。至少有两种情况会导致实在的终极本质对我们永远不可知。第一种在于时空的本质在普朗克尺度(弦的尺度)和普朗克时间(光穿过弦的尺度所需要的时间)上是混沌的,以至于我们无法足够准确地测量某些结果来决定时空之中的一些关键特征。第二种情况是那种终极描述了实在的理论,其公理结构的复杂性容许了不可判定命题 —— 或者类似的东西。也许这些不可判定命题对实在毫无影响 —— 就像哥德尔所检验的那个不可判定命题是元数学命题而不是数学命题一样。但另一方面,也许某处就潜藏着一个命题,它表明实在的终极本质 —— 可以说是空间、时间和物质的"原子"—— 是永远遥不可及的。对万有理论的追寻可能会跟希尔伯特试图证明算术的相容性遇到同样的命运。某些有深厚物理背景的数学家或者研究过哥德尔不完全性定理的物理学家也许能够证明万有理论不可能存在。实际上如果某人要跟我打赌的话,我更愿意把赌注压在这边。

注释:

［1］参见http://physicsweb.org/articles/world/13/3/2。这是《物理世界》杂志的网站，这本杂志面向的读者是物理学家或对物理学有兴趣的读者。无论如何，我在这个网站上读到的东西都写得很好。（阅读该网站内容需要注册一个免费的用户账号——译者注）

［2］参见W. Heisenberg, *Quantum Mechanics*（Chicago: University of Chicago Press, 1930）。

［3］参见 http://arxiv.org/PS_cache/astro-ph/pdf/0302/0302131v1.pdf。它有一份更浅显的版本（《科学美国人》2003年5月刊）——杂志的电子阅读权限需要购买。这是一本极好的杂志，我订阅这份杂志已经三十年——但是这个稍专业的版本是免费的。它也是我在过去十年中读到的最有趣的论文之一，虽然有一部分比较困难。一定要看，一定要看，一定要看！

［4］同上。

［5］参见http://en.wikipedia.org/wiki/Theory_of_relativity。这个网站是极好的相对论入门读物，并且有进一步深入阅读的参考材料（在文中点击那些超链接）。

［6］参见B. Greene, *The Fabric of the Cosmos*（New York: Vintage, 2004）（中译本：《宇宙的结构》）第502页。这绝对是一本好书，该作者的另一本书在注释7中被引用。格林是一位顶尖的物理学家，也是一位具有幽默气质的善书者。尽管如此，这本书中仍有一些内容耗费我一些功夫去理解。这并不奇怪，因为这个东西本身就不简单。正如本地二手车销售员经常在电视广告中谈到一辆1985年的雪佛兰的优点时所说的那样，"简单就是美"！

［7］参见B. Greene, *The Elegant Universe*（New York: W. W. Norton, 1999）（中译本：《宇宙的琴弦》）。这是格林所著的第一本书——它和上一本书讨论了差不多的内容，但是在相对论和弦论上讲得更深。然而这两本书的出版间隔有5年之久，在弦论领域也发生了许多事情，因此合理的顺序是先读这一本（毕竟这一本先写），再读另外一本。

［8］参见B. Greene, *The Fabric of the Cosmos*（New York: Vintage,

2004)（中译本：《宇宙的结构》）第352页。

[9] I.Newton, *Philosophiae Naturalis Principia Mathematica* (1687)①。出于明显的原因，所有人引用它时都简称为《原理》。你知道如果你遇到一位数理逻辑学家，如果你提到"原理"，他或者她会认为你指的是数理逻辑中贝特朗·罗素和阿尔伯特·怀特海（Albert N. Whitehead）的经典著作② ——最有名的事实是这本书耗费了八百多页的篇幅证实了1+1=2。

[10] 参见http://en.wikipedia.org/wiki/Kaluza。这基本上是卡鲁扎的辉煌时刻。和康托尔一样，他在获得德国大学系统的教职问题上也碰到了很大的困难 —— 即使有爱因斯坦的支持。

---

① 此书的其中两个中译本分别是：《自然哲学的数学原理》，赵振江译，商务印书馆，2006；《自然哲学之数学原理》，王克迪译，北京大学出版社，2006。

② 这里指的是怀特海和罗素所著的3卷本巨著《数学原理》（*Principia Mathematica*）。

第三部分

信息：金发姑娘的两难困境

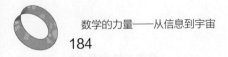
9

墨菲定律

没有人知道墨菲是谁，但每个人都知道墨菲定律，它将生活中受到的挫折总结为十三个字：凡是可能出错的事必定会出错[①]。

我们已经见过了墨菲定律对实在（reality）的犀利作用的部分原因。在早先对修理厂的访问中，我们发现看上去能够提高现有状况的逻辑方式往往让事情变得更糟；后来当我们关注混沌理论对此问题的影响时，计划中最微小、几乎毫无察觉的偏差都会导致严重错误的发生 —— 正所谓拣了芝麻丢了西瓜。

简单的事情很难出错。如果你的日程表上唯一的事情是去超市买些日常用品，那几乎不可能搞砸。是的，超市有可能缺货（但那不是你的错），或者你会忘记购买购物单上的某件东西（是你的错，但其原因不在于你的任务太复杂，而是你的思想走神了），但这些糟糕情况并非来自于问题本身的困难。利用数学我们已经发现有些问题其内在是如此困难以至于不可能做好这些事情，至少在合理时间之内不能。

对修理厂的再次探访

偶尔，我们会面对一张超长的、让人不快的待办事项清单。早年时候，我采用的策略是先将最繁重的家务活干完。这样做的原因有不少，第一个原因是我在开始的时候更有精力，而讨厌做的工作总是需要更多的精力，不管是身体上还是精神上；第二个原因是一旦把繁重的家务做完，我似乎就能看见终点线，而这又能够助我恢复精力完成

① 此处的原文是：if anything can go wrong，it will。

剩下的任务。

我曾经见过一种规划任务的策略，叫做"时间递减处理"（decreasing-times processing）。如果我们仔细观察一下前面对修理厂的探访中所展现的异常，就会发现某些问题产生的原因是一些耗时的任务被安排得太靠后。时间递减处理算法的发明就是为了避免这一点，它要求按照任务所需时间的递减顺序（如果时间相同，那么编号较小的任务排在前面。因此如果 T 3 和 T 5 需要相同的时间，那么 T 3 排在前面）制定优先表。

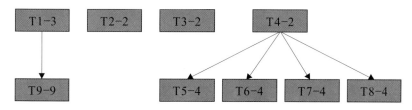

优先表的顺序是 T 9，T 5，T 6，T 7，T 8，T 1，T 2，T 3，T 4。如果我们有四位修理工，那么进度表就像这样。

修理工	任务开始时间（小时）					
	0	2	3	6	10	12
Al	T1		T9			完成
Bob	T2	T5		T8	空闲	完成
Chuck	T3	T6		空闲		完成
Don	T4	T7		空闲		完成

这里有许多空闲时间，但这也是我们所希望的。关键点在于所有的任务都在 12 个小时后完成了，因此这是最优的结果。

如果我们有三位修理工，并且每个任务时间都减少一小时，让我

们看看会发生什么。

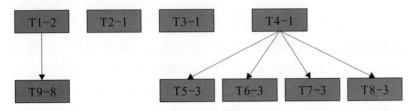

这时优先表和上面一样：T9，T5，T6，T7，T8，T1，T2，T3，T4。这就产生了下面这个进度表。

修理工	任务开始时间（小时）					
	0	1	2	5	8	10
Al	T1		T9			完成
Bob	T2	T4	T5	T7	空闲	完成
Chuck	T3	空闲	T6	T8	空闲	完成

这一次，我们又得到了最好的结果。那这就是能够斩断时序安排问题这个戈耳狄俄斯之结①的利剑吗？可惜它也不是。也许你已经能够从这个问题上面依然悬挂着的100万美元猜到，优先列表算法和时间递减处理算法都不能对所有情况给出最优的进度表。然而，时间递减处理在下面这个方面优于列表处理：时间递减处理算法所面对的最坏情形本质上要优于列表处理算法所面对的最坏情形。假设 T 表示最优日程的长度，修理工的人数为 m，那么列表处理算法所能发生的最坏情况是长度为（$2-1/m$）T 的日程，但如果使用时间递减处理算法，那么最坏情况则是长度为（$4T-m$）/3 的日程。[1]

有一种算法总是可以找到最优日程：构造所有可能的日程。因此

---

① Gordian knot，希腊神话中弗里吉亚的国王戈尔狄俄斯所制，按神谕只有统治亚细亚的人才能解开，后被亚历山大大帝用利剑斩开。

无论条件是什么，都可以从中选出最优的日程安排。但这个算法有个大问题：存在着非常多的可能日程，特别是任务很多的时候。

多难才是难？

很显然，做某件事的难度依赖于究竟有多少件事需要完成。找出完成四件任务的最优日程就跟灌篮一样简单，但是找出完成一百件任务的最优日程就是一项艰巨的任务。处理含有一百个过程的任务显然比四个过程的任务要消耗更多的时间。让我们来看看三种不同类型的任务。

第一个任务是我们都会做的一件事：用邮件付账单。一般说来，你必须打开账单，签一张支票，并放入信封。简单来说，付电子账单和付信用卡账单需要花费的时间差不多，因此付四份账单就得花去四倍的时间。付账单这件事与账单个数是线性关系。

第二个任务是某件会发生在我们所有人身上的事：你将索引卡片按某种顺序排好，或者放在卡箱或者放在名片盒中，但是你将它掉在了地上。因此你必须将这些卡按顺序再次排好。结果证明这个过程比付账单要花更多的时间，其原因是显然的：当你整理卡片时，卡片越多，找到正确的位置就需要更多时间。

第三个就是时序安排问题。它比整理卡片还要残酷的原因是：所有的部分都必须正确地组合在一起，而它们是否正确地组合在一起，这一点只有当你完成之后才能知道。当你整理卡片时，你能从手中握着的最后一张卡知道，只要你将这张牌放在正确的位置，任务就能完成。但你无法对时序安排问题下同样的断言。正如尤吉·贝拉说过的著名言论 —— 没到结束时不算结束。

掉落的名片盒

假设我们刚刚把名片盒掉落在地上。现在我们有一堆写有名字、地址和电话号码的名片，并希望把这些名片按字母顺序排好。有一种非常简单的方法能完成这个任务，拾起这堆名片逐一进行下面的步骤：从杂乱的一堆中取出一张名片，通过比较这张名片与新的名片堆中每一张名片，将它按照字母顺序放到新的名片堆中；一张张地移动，直到找到它们的正确位置。比如说杂乱的名片堆的最上面四张的顺序分别是Betty — Al — Don — Carla。我们观察一下旧的名片堆、新的名片堆和每一步操作所需要比较的次数。

步 骤	旧的名片堆	新的名片堆	这一步所需要比较的次数
1	Al—Don—Carla	Betty	0
2	Don—Carla	Al—Betty	1
3	Carla	Al—Betty—Don	2
4		Al—Betty—Carla—Don	3

如果在新的名片堆中有 N 张名片，那么需要比较的最大次数就是 N。比如说，在上面的第3步中，需要比较的名片是Carla，新的名片堆中是Al — Betty — Don，因此Carla在Al之后（第一次比较），在Betty之后（第二次比较），在Don之前（第三次比较）。

现在我们可以看看比较次数的最坏情形。我们已经知道需要比较的最大次数是新的名片堆中的名片数，而新的名片堆每次会多一张名片，因此如果有 N 张卡片，那么所需要比较的次数总数为 $1+2+3+\cdots+(N-1)=N(N-1)/2$，这个数比 $1/2N^2$ 稍小一些。因此整理 N 张卡片，即使使用最没有效率的算法（存在着比我们上面使用的每次比较一张的办法更好的算法）也不需要 N^2 次比较次数，我们称这样的任务能在多项式时间（如果需要少于 N^4 或 N^{12} 比较，我们也这么说）内完成。能够在多项式时间内解决的问题被称为易处理问题（tractable problem），而那些不能在多项式时间内解决的问题被称为不易处理问题（intractable problem）。

旅行推销员问题

这可能是标志着任务复杂性这个研究对象出现的问题。假设有一个推销员需要去许多不同的城市，但他的出发点和终点都在自家所在的城市。有一张表格给出了每两个城市之间的距离（在今天这样忙碌的世界里，给出的是旅行时间或可能的花费），其目标是规划一条从起点到终点的线路，它路经每个城市一次，并且使得总的旅行距离（或旅行时间，或花费）最小。

让我们从研究不同的可能走过路线的条数开始。假设有三个要去的城市，我们把它们记为 A，B 和 C，那么存在着六条可能的线路。

$$家 \to A \to B \to C \to 家$$

$$家 \to A \to C \to B \to 家$$

$$家 \to B \to A \to C \to 家$$

$$家 \to B \to C \to A \to 家$$

$$家 \to C \to A \to B \to 家$$

$$家 \to C \to B \to A \to 家$$

幸运的是，这里有一个相对容易的办法根据城市的数目看出有多少条不同的路线。正如上面列出的，三个城市时有六种不同路线，这让我们想到 $6=3\times2\times1$。如果需要安排四个城市的路线，我们可以先取定四个城市中的任意一个，然后安排剩下的三个城市共有 $3\times2\times1$ 种方式，这样就能给出一共有 $4\times3\times2\times1$ 条路线，数学家用阶乘的记号 $4!$ 来代表 $4\times3\times2\times1$。因此安排 N 个城市的可能路线总数为 $N!$ 条，其证明正是我们用来证明四个城市可以安排 $4!$ 条不同路线的方法。因此如果旅行推销员必须访问 N 个城市的话，那么他能够选择的不同路线共有 $N!$ 条。

随着N的增大，$N!$最终会使得N的任意次整数幂（像N^4或N^{10}）相形见绌。作为例子，让我们比较一些$N!$的值以及N^4的值。

N	N^4	$N!$
3	81	6
10	10000	3628800
20	160000	2.43×10^{18}

无论我们选择N的多少次幂来与$N!$相比，$N!$总是能够超过它。尽管当我们将$N!$与像N^{10}这样的高次幂进行比较时，在阶乘现象出现之前，N^{10}会比较领先。

贪婪并没有好结果

没有比一个问题的最简单解答就是最佳解答更能让我们高兴的事了，但不幸的是，这个世界并非这样构建的，因此这种情况极少发生。对于旅行推销员问题，有一种"最简单的"构造可行算法的方法，这个算法被称为最近邻算法（nearest neighbor algorithm）。无论推销员在哪个城市，只需要简单地走向最近的未访问的城市（在多个候选城市的情况下，按照字母顺序进行选择）。如果有N个城市（除了自家所在的城市），很容易看出我们必须从N个数中找出最小的那个来确定最近的相邻城市，然后从$N-1$个数中找出最小的那个来确定与第一个城市最近的未访问的相邻城市，然后从$N-2$个数中找出最小的那个来确定与第二个城市最近的未访问的相邻城市，依此类推。因此所能发生的最坏情形是我们必须检查$N+(N-1)+(N-2)+\cdots+1=N(N+1)/2$个数。这个算法和当我们掉落名片盒所进行的一张一张比对名片的算法一样，所需要的时间与N^2同阶，此处N是城市的个数。

最近邻算法是所谓的"贪婪"算法（greedy algorithm）的一个例

子。"贪婪算法"有着专业的定义，[2]但这里已经很清楚地解释了它是如何运作的：它总是在做着某些事情的同时试图建立一条做最少工作的路径（简单地抓住第一个数将会做最少可能的工作）。贪婪算法有时会给出合理的解答，但并不总能"贪婪"，就像犯罪一样没有好结果。

在第一次对修理厂的访问中，我们发现了一种情况：即升级所有的设备反而会导致更长的完成时间。利用最近邻算法解决旅行推销员问题，也会发生类似的情形：有可能缩短了城市之间的路程之后，反而会导致总路程的增加。

让我们看一张包含三个城市（除了家所在的城市）的距离表

	家	A	B	C
家	0	100	105	200
A	100	0	120	300
B	105	120	0	150
C	200	300	150	0

这是一张类似于你能在加油站看到的标示着里程的表格。离家最近的城市是A，离A最近的未访问城市是B，然后推销员必须去城市C最后回家。因此所需的总路程为 $100 + 120 + 150 + 200 = 570$。假设我们有一张不太一样的里程表，其中两个城市的距离都缩短了一些。

	家	A	B	C
家	0	95	90	180
A	95	0	115	275
B	90	115	0	140
C	180	275	140	0

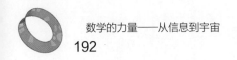
现在离家最近的城市是 B，离 B 最近的未访问的城市是 A，然后推销员去城市 C 最后回家。这时总路程为 $90+115+275+180=660$。当然，构造这个例子就是为了说明贪婪如何造成失败，城市 B 离家更近这一点诱使我们选择了一条比最佳路线更长的路线。如果我们先去城市 A，然后 B，然后 C，最后回家，那么这条路线的长度将会是 $95+115+140+180=530$，相当显著的改进。这也显示了最近邻算法并不总是能够提供总体上最短的路线。

旅行推销员问题比时序安排问题要简单得多，因为它所需要的仅仅就是城市之间的距离 —— 这与有向图以及任务是否完成这些东西都没有关系。利用一种叫做"前瞻"的技巧可以对最近邻算法进行相当明显的改进。抛开贪婪地抓住每一步的最短距离，我们可以利用一点点远见来挑选一条到达未来两个城市总距离最短的一条线路，而不是仅仅考虑下一个城市。

对于这样的改进，我们必须付出一些代价。如果有 N 个城市，我们有 $N\times(N-1)$ 种方法访问前两个城市，后两个城市则有 $(N-2)\times(N-3)$ 种方法，再后两个城市则有 $(N-4)\times(N-5)$ 种方法，依此类推。这样我们必须检查距离的路线总数为 $N\times(N-1)+(N-2)\times(N-3)+(N-4)\times(N-5)+\cdots$，这个表达式中的每个乘积项都包含单项式 N^2，并且有 $N/2$ 个这样的项，因此路线总数的阶是 $N^3/2$。类似地可以证明，如果我们要用考虑 k 个城市的"前瞻法"来计算最短路径，那么总体上计算量的阶数将是 N^{k+1}。

如果解决了一个，那就解决了全部

数学的吸引力在于，一个问题的解答往往也是其他问题的答案。微积分中就充满了这样的例子 —— 其中的一个例子是，找出了曲线切线的斜率，就解决了已知位置关于时间的函数，确定移动物体瞬时速度的问题。

在这一章中，我们近距离地研究了三个问题：时序安排问题、旅行推销员问题和名片整理问题。我们也证明了三者中的最后一个是易处理的问题，但我们还没有确定另外两个问题的类型 —— 正如汉·索洛在垃圾处理器的大门即将关上时所说的，我们感觉它们将会非常糟糕[1]。它们看上去是不可处理的，而这将会是一个坏消息，因为这意味着我们将面临一些有着巨大应用价值的问题，但它们却无法在合理的时间内被求解。

时序安排问题和旅行推销员问题只是数千个目前无法确定是否不可处理问题中的两个。然而，作为斯蒂芬·库克[2]工作的结果，有一个统一的主题将这些问题联系起来。如果你能解决其中一个，也就是说能够找到一个多项式时间的算法，你就解决了全部。

在20世纪60年代的加州大学，伯克利分校是一个令人兴奋的地方：马里奥·萨维奥[3]在史布罗厅（Sproul Hall）的前面领导了自由演说运动（Free Speech Movement）；我在自己的论文上写下最后一笔（尽管我必须承认，这个时代的历史学家通常不会提到这个事件）；以及数学和计算机科学专业的两位助理教授声名大振，他们是西奥多·卡钦斯基[4]（后来成为了"大学炸弹客"）和斯蒂芬·库克。

斯蒂芬·库克所做的工作就是利用一种变换技巧联系起了各种各样的问题（其中包括了时序安排问题和旅行推销员问题）。他发现了

---

[1] 出自电影《星球大战第四部：新希望》中汉·索洛对天行者卢克的一句话"I got a bad feeling about this"，汉·索洛（Han Solo）和天行者卢克（Luke Skywalker）均为星球大战的主角。

[2] Stephen Cook，出生于1939年12月14日，计算机科学家，计算复杂性理论的重要研究者，现为多伦多大学的计算机科学和数学系教授。1982年，库克因为对NP问题的研究获得图灵奖。

[3] Mario Savio，1942年12月8日—1996年11月6日，美国政治活动家，伯克利"自由演讲运动"的领导人。

[4] Theodore Kaczynski，出生于1942年5月22日，外号"大学炸弹客"（Unabomber），从1978年至1995年之前，不断邮寄炸弹给大学教授及大型企业主管，造成3人死亡和20多人受伤。1996年4月3日被逮捕，最后被法院判处无期徒刑。

一个算法，把这个算法应用到某个问题上时，它能够在多项式时间里将这个问题转化为另一个。因此，如果你能够在多项式时间中解决旅行推销员问题，你就可以在多项式时间里将时序安排问题转化为旅行推销员问题，而这已经能够在多项式时间内解决。[3] 两个连续的多项式时间算法（一个用于将第一个问题转化为第二个，另一个用于解决第二个问题）组成了一个多项式时间算法：比如说，如果有一个多项式 $p(x) = 2x^2 + 3x - 5$，我们用另一个多项式 $x^3 - 3$ 代替表达式中的 x，则结果 —— $2(x^3 - 3)^2 + (x^3 - 3) - 5$ —— 依然是多项式，尽管它的次数比较高。

这极大地增加了确定时序安排问题是否存在多项式时间算法的赌注。如果你能发现这样一个算法，利用库克的变换方法，你将会拥有一千多个实用问题的多项式算法。你不仅能拥有不朽的声名，还能通过解决这些问题挣上一大笔 —— 此外你也将获得克莱数学研究所为这样一个算法提供的 100 万美元的千禧年大奖。如果你能证明这样的算法不存在，你仍然可以获得 100 万美元。所以令人奇怪的是，许多人明知不可能，但却还在试图解决三等分角问题，而不去试着去寻找旅行推销员问题的多项式时间算法来获得财富和名声。

库克的硬骨头

库克在 20 世纪 70 年代初获得这样的想法，到了 70 年代末，人们发现有超过 1000 个问题和时序安排问题或旅行推销员问题一样难以解决。当然我们也得承认，有些问题只是另外一些问题的变体。但有些问题依然值得一看，从而让我们知道这些真正困难的问题的普遍性。

可满足性问题（satisfiability）。这是库克最先研究的问题。我们知道命题逻辑处理像"（P 与 Q）蕴含 [（非 Q）或 R]"这样的复合命题。在这个命题中，有三个独立变量 P，Q 和 R。可满足性问题就是，确定是否存在对于变量 P，Q 和 R 的真假赋值，使得上述复合命题的值为真。不难计算你所要做的就是令 P 为假，于是"P 与 Q"就为假，而任意蕴含命题只要假设的值为假，其值就为真。问题在于更长的复合命题无法用肉眼直接观察出结果。

背包问题（the knapsack problem）。假设我们有一堆不同重量的盒子，每个盒子中装有一件确定数值的东西。如果背包能承受的最大重量为 W，那么能装入背包的盒子其内部物体数值之和的最大值是多少？这里可以用两种贪婪算法。第一种是先按照盒中物体数值的降序将盒子整理好，然后逐一地放入背包，先放数值最大的，直到你无法再塞进任何盒子。第二种是先按照盒子重量的升序将盒子整理好，然后逐一放入背包，先放最轻的，直到放不进去为止。

还记得魔球策略吗？其思想是通过最大化某个数值来组织一个球队，比如说上个赛季薪酬的每一美元所产生的跑回本垒的次数。这里同样也有一个可以应用于背包问题的版本，你可以按照每磅重量的数值的降序来整理盒子。这个策略也许可以被描述为"罕见邮票优先"方法，因为我相信罕见的邮票一定是这个星球上每磅重量最值钱的东西。

图着色问题（graph coloring）。修理厂任务问题中所用的示意图被称为有向图。有向图由一系列顶点（我们的任务方框）和连接部分顶点的箭头（表示哪个任务必须在别的任务之前完成）所构成。如果不是用表示方向的箭头，而是仅仅用线段连接某些顶点。这非常像城市之间的公路图，顶点处的空心圆点代表了城市，连接城市的直线（被称为边）代表了主要的高速公路（或者是普通公路）。一系列顶点和边就构成了图（graph），两个顶点之间可以有边相连，也可以没有，但是两个城市之间不允许多于一条边。

假设我们决定给每个空心圆点涂上一种颜色，但要遵循以下原则：如果两个顶点（空心圆点）之间有边相连，它们必须涂上不同的颜色。显然，做这件事的最简单方法就是给每个城市涂上不同的颜色。图着色问题是指如果有边相连的两个顶点必须颜色不同，那么最少需要多少种颜色才能将图着色。

数学家总愿意指出看上去极度抽象的问题如何会产生不可思议的实际应用。图着色问题有许多应用，其中一个相当令人惊讶的应用是给用户分配电磁频谱的频率，比如说移动无线电台或手机。两个很接近的用户不能共享同一个频率，但距离较远的用户则可以，这里频率就对应着颜色。

大问题

　　当代的一个大问题、克莱数学研究所的百万美元问题就是这一部分中所讨论的那些难题是否能够在多项式时间内解决。这个问题的肯定回答意味着时序安排或旅行推销员的路线规划存在着更快的方法（至少是理论上的，我们还得找到它们），有趣的是，否定的回答同样也有好处！有一个非常重要的问题，它的否定回答会让人非常满意：因数分解问题（the factorization problem）。

　　和时序安排问题或图着色问题一样，一个整数是否可以分解这个问题也是库克所面对的硬骨头。如果不存在多项式时间的算法来做这件事，那么拥有银行账户的人就能够放心，正如引言中所述，分解两个素数乘积所构成的整数所面对的困难正是许多密码保护系统安全性的关键所在。

专家的辩论

　　2002年，威廉·加萨奇[1]组织了一场由该领域一百位专家参与的投票，投票的主题是能在多项式时间中解决的问题的全体类P是否等于"库克的硬骨头"所构成的类NP。其结果为[4]

　　　　61人认为P≠NP（对任何硬骨头问题不存在多项式时间算法）；

---

① William Gasarch，马里兰大学计算机科学系教授。

9人认为P=NP；

4人认为这个命题在ZFC系统中是不可判定的；

3人认为极有可能是给出其中一个难题的特别的多项式时间算法，而不是证明存在着这样的算法；

1人认为这依赖于所选择的模型。

22人没有给出答案。

加萨奇也请参与调查的专家估计一下这个问题何时能被解决。所有估计的中值是2050年，差不多是调查之后的48年。

这里有两份分别来自于对立阵营的观点。

贝拉·博洛巴什[1]：2020年，P=NP。"我认为在这方面我处于数学界的疯狂边缘。我认为（并不强烈）P=NP并且会在二十年之内得到证明。数年前，查尔斯·里德（Charles Read）和我在这上面研究过一段时间，我们甚至在一家不错的餐馆吃过一顿庆祝晚餐，结果后来发现一个致命的错误。我相信使用非常巧妙的几何和组合技巧就能够给出结果，并不需要发现革命性的新工具。"

理查德·卡普[2]：P ≠ NP。"我的直觉信念是P与NP不相等，但是我能提供的唯一证据就是，试图通过找到多项式时间算法将特定的NP完全问题置于P中的努力都失败了。我相信传统的证明技巧不足以解决这个问题，我们需要全新的东西。我的预感是这个问题将会被一位没有受到太多关于如何解决这个问题的传统思想所影响的年轻研究者解决。"

---

[1] Bela Bollobas，生于1943年，匈牙利裔英国数学家，皇家学会会员。他在多个数学领域做出了贡献，包括泛函分析、组合和图论。现任职于剑桥大学和孟菲斯大学。

[2] Richard Karp，生于1935年，美国计算机科学和计算理论学家，加州大学伯克利分校教授。他曾因在算法理论方面的工作获得1985年的图灵奖以及2008年的京都奖。

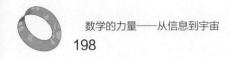

在这里有一个人认为标准的方法已经足够得到结果，但其他人都认为这需要某位能够跳出固有思维模式的人，我同意后者的意见。就我对难题历史的印象来说，许多这样的难题都是被新方法所征服，而不是将我们现有的想法和技巧推向极致。

DNA计算机和量子计算机

计算机科学家的投票说明大多数人相信不会发现多项式时间的算法 —— 但在历史上已发生很多次大部分专家出错的情形。即使他们是正确的，也依然存在着一些可供探索的可行路径。

我们在这一部分所探索的所有算法都是顺序实现的 —— 比如说，在旅行推销员问题中搜索所有可能路线时，我们可以预想一台能够同时检查$N!$条路线的计算机。另一种处理问题的方法就是将这个问题分解成一些小问题、一些更容易处理的块，然后用不同的计算机处理不同的块，这被称为并行计算，它拥有极大地加速计算的可能性。在标准计算机的领域之外也存在着几种方式。

第一种是DNA计算，它由南加州大学的莱昂纳德·阿德曼[1]在1994年首次提出（南加州并不仅仅拥有橄榄球），其思想是利用DNA链从许多可能的链中选出一条与其互补的链。因为一夸脱的液体大约含有10^{24}个分子，因此存在着极大的加速计算的可能性 —— 尽管它对于非常大的问题并不是可行的办法。

第二种潜在的、更强大的技术是量子计算，它利用了独特的量子叠加现象来进行大规模的并行操作。在一台使用1和0的经典计算机中，一个3位的寄存器总是记录一个3位（bit）的二进制整数，比如说

---

[1] Leonard Adleman，出生于1945年，美国理论计算机科学家。他是RSA（Rivest–Shamir–Adleman）密码系统的发明人之一，同时也是DNA计算的提出者。他在2002年因为RSA密码系统与另外两位发明者获得了图灵奖。

110（在十进制中等于 $4+2=6$）。然而，一个 3 量子位（qubit）的寄存器会处在一种包含了所有 3 位二进制整数，从 000（十进制中的 0）到 111（十进制中的 7）的叠加态。因此，一个 N 量子位的寄存器就会处在一个含有 2^N 种可能性的叠加态中，在正确的情况下，波坍塌会实现这 2^N 种可能性中的任意一种。因为量子位实际上可以很小（可能是亚原子级别），一个 100 量子位的寄存器能够完成 2^{100} 种不同的状态（大概是 10^{30}），而 100 个亚原子粒子根本不占什么空间。

尽管量子计算机的可能性让我们极度兴奋，但仍有一些关键问题需要克服。其中的一个就是退相干问题（decoherence problem）——外界容易与量子计算机发生反应并促发波的坍塌。我们希望波的坍塌能够提供答案，并不希望波由于随机环境的反应而产生坍塌，因此计算机必须与外界保持相当长时间的隔离状态，而这是目前无法做到的。

足够好就够了

DNA 计算和量子计算出现在物理世界中都是为了解决数学问题。这是事物前进方式中的反作用——通常，数学是用来解决物理世界中出现的问题。除了克莱千禧年大奖这个晴天霹雳之外，最有用的方法都是用来发展近似解——正如我们所见到的，这是应用数学的一个重要领域。比如说，存在着寻找旅行推销员问题的一个算法，它能找到与最佳答案仅偏差 2% 的解，并且在合理的时间中完成。然而，一个问题的近似解并不能转化为另一个问题的近似解——比如说，时序安排问题的时间递减处理算法一般只能得到与最佳结果偏差 30% 的解。库克证明的所谓等价命题居然需要不同的近似解的事实正是数学研究的魅力——也是挫折——的部分所在。也许下一个该领域的伟大结果就是一个能将库克的某个硬骨头难题的近似解转换为另一个难题的近似解的算法，并且变换后的近似解也落在与原先近似解同样的偏差范围之内。

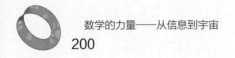
注释:

[1] 参见COMAP, *For All Practical Purposes*（New York: W. H. Freeman & Co., 1988）。正如我已经说明的，我认为这是一本好书。它是喜欢数学的人的理想书籍，对于那些无法忍受但却必须学习数学课程的人同样有用。近似估计是数学中非常重要的部分。这里有着许多最坏情况的估计，最坏情况的估计是有价值的，因为它能准确地指出哪种情况是最差的，这能够让我们获得更好的算法。

[2] 参见http://mathworld.wolfram.com/search/?query=greedy+algorithm&x=0&y=0。

[3] 参见A. K. Dewdney, *Beyond Reason*（Hoboken, N.J.: John Wiley & Sons, 2004）。杜德利通过将逻辑表达式转化为图的方法说明了如何将可满足性问题转化为顶点覆盖问题（vertex cover problem，图论中的一个问题）。我不认为这是变换技巧的一个通用模板。在我的印象中有一系列的中心问题，它们在数学的这个领域的作用就如同枢纽机场在空中航线中的作用一样，为了证明问题A可以转化为问题B，你可以先将问题A转化为某个中心问题，然后将这个中心问题转化为问题B。

[4] 参见http://www.math.osu.edu/~friedman.8/pdf/P=NP10290512pt.pdf。

10

杂乱无章的宇宙

不可预知之事的价值

必须承认真正的不可预知性绝对是知识的障碍。就独立事件而言，当随机和近随机的不可预测性成为不确定性的来源，对大量随机事件的分析就是概率和统计学的领域范围。这是两个高度实用性的数学分支。我们只能获得下一次扔硬币的长期平均的信息，然而这种类型的信息足以提供我们文明的一块主要基石。

尽管没太放在心上，但每一天我们都有可能在汽车里遭受或产生伤害。尽管我们将冒着如果这两种事件发生而我们又无力偿付所带来的金融灾难的风险，但没有买保险并不能阻止我们继续驾驶。保险能够让我们避免这些灾难，因为我们能付出一小笔合理的保险金来保护自己免除那些支出。对于一位在过去5年内发生过1次事故，并想为自己2005年的本田思域汽车购买保险的中年男性驾驶员，保险公司编制了详细的记录来决定他的费用。我有时会咬着嘴唇对着自己汽车的保险账单苦思冥想，特别是考虑到家中有一位十来岁的驾驶员时。平衡这些账单的过程让我思索，如果在17世纪商人们没有聚集在咖啡馆商议如何共同承担探索和商业航行的费用，那我的生活（如果我有幸能出生的话）将会是什么样的。在某种意义上说，如果没有概率论和统计学的发展所带来的对风险估计不断增长的精确性，我们今天依然会重复上面的场景。

随机的随机

数学能够成功的原因之一是数学家能够明白其他数学家所说的东

西，这一点可不是在任意领域都能做到的。如果你让数学家定义"群"的概念，你会从所有数学家那里得到本质上一致的定义；但如果你让心理学家定义"爱"，你可能会得到好多种定义，它们取决于回答者所属的心理学思想学派。

数学家所共享的数学词汇表并非什么不传之秘。许多人都可以在某些想法上做得和数学家一样好。如果你问一位普通人"随机"的定义，他可能会说某些"不可预测的"东西。有点奇怪的是，随机变量（random variable）的数学定义并非落在数学的范畴中，而是真实世界。一个"随机变量"是一个为随机试验的结果赋值的数学函数，而随机试验是某个无法预先决定其结果的过程（像掷骰子或扔硬币）。数学家使用非确定性（nondeterministic）这个听上去比"不可预测"更书面的术语——但两个词汇都表示相同的东西。确定性意味着未来的事件以某种可预测的方式依赖于现在和过去的事件，非确定性事件就是那些无法预测的。

在绝对不可预测的意义下，掷骰子或扔硬币真的是随机的吗？如果某人掷一个骰子，知道作用在骰子上的初始力量，骰子运动的表面形状也知道，那么物理定律是其中唯一起作用的因素。那还有没有可能从理论上预测其结果？显然，这是一个极其复杂的问题，但全世界赌场中赌徒能获得的潜在利益使得它成为了一个亟待解决的问题。在20世纪中期，一个赌徒花了多年时间研究出一种掷骰子的方法，能够让骰子飞快旋转但不抖动，这个方法为他赚了很多钱，以至于赌场不得不将他拒之门外。现在的掷骰子游戏中规定两个骰子都必须撞到边墙，这样产生的撞击被认为能够将掷骰子的结果随机化。

真的是这样吗？如果我们掷一颗公平的骰子，数字1（以及所有其他数字）真的是6次出现1次吗？毕竟，看上去一旦骰子被扔出，根据物理定律和问题的初始条件（赌徒如何握这颗骰子，他的手是湿的还是干的，等等）只有一种可能的结果。因此，如果宇宙知道将会发生什么，为什么我们不能？

让我们暂时承认如果给予足够的信息和足够的计算能力，我们能够决定掷骰子的结果。那么在宇宙中或在数学中是否存在某些东西具有完美的随机性？

我们所能找到的一个可能是出现在量子力学中的随机性，可是量子力学中的随机性尽管已经在相当多的小数位上得到了证实，但离真正的随机性还差无穷多的小数位。也许数学能够提供某些终极的、完美的随机，某些我们在任何情况下都不能预测的随机。

对理想随机硬币的搜寻

让我们来试着构造一个扔硬币结果的序列，以符合我们对于随机硬币行为的直觉观点。我们当然可以预见一个理想随机硬币应该偶尔会出现三个连续的正面 —— 也会偶尔（但极其难得）出现三百万个连续的正面。这就让我们意识到为了确定这个硬币是否是真的随机，必须要有一个扔硬币结果的无穷序列。尽管这里处理无穷集合时还存在着一些技术上的麻烦，比如说"一半"意味着什么（这有点类似概率，可以把它想象为具有0.5的概率），我们仍然试着去构造这个序列。如果我们用H代表正面，T代表反面，那么序列H，T，H，T，H，T，H，T … 显然满足一半是正面一半是反面的限制。同样明显的是，这不是一个随机序列，因为我们知道如果继续扔下去，迟早会出现连续两个正面或两个反面，而那种情况无法在这个序列中体现。不仅如此，这个序列还是完全可预测的，这是我们所能得到的离完全随机最遥远的序列。

好，让我们来修改这个序列，以便出现所有可能的连续两次结果（正—正，正—反，反—正，反—反）以四分之一的情形出现。这就是下面这个序列。

H，H，H，T，T，H，T，T，H，H，H，T，T，H，T，T，H，H，H，T，T，H，T，T，…

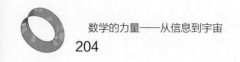
如果你不太清楚，我们只是将序列H，H，H，T，T，H，T，T（正一正，正一反，反一正，反一反）进行了无穷次的重复。这样就满足了两个条件：正面和反面各有一半概率出现，任意一个两次连续扔出的结果都有四分之一的概率出现。这里我们仍然没有得到一个随机序列，许多容易想到的模式都没有包括进来。比如说，这个序列显然是给出了无穷多次扔硬币的结果，但却永远不会出现三次连续反面的结果，而这个结果几乎肯定可以出现，即使需要扔100次。

这里蕴含着一个相当深刻的问题：根据概率论的定律，你能够构造一个完美的扔硬币的序列吗？所谓完美，指的是任意指定的连续 N 次扔硬币的结果都在这个序列中以 $1/2^N$ 的机会出现。

数系：数的字典

我们小学所学的十进制数系有点类似于字典。字典中的字母表被十进制数系中的符号0，1，2，3，4，5，6，7，8，9代替。用这10个符号，组成了我们用来描述数量的所有单词。这是一个多么美妙又简单的字典，比如说，384.07的实际定义是 $3 \times 10^2 + 8 \times 10^1 + 4 \times 10^0 + 0 \times 10^{-1} + 7 \times 10^{-2}$，此处 $10^{-2} = 1/10^2$。单词384.07的数值可以从所使用的符号以及它们在单词中的位置推算出来。我告诉未来的小学教师这是一本比韦氏词典简单得多的词典，因为你可以从组成它的符号来推断每个单词的意义，而无需在看到"duck"这个词时要思考一会来判断它究竟是"嘎嘎叫的水禽"还是"面对前方来的物体低头躲避"。

定义实数的一种方法就是上面这种形式的所有十进制数的全体，此处我们只允许小数点的左边有有限多个数，但右边可以有无限多个数。使用这个记号，$384.07 = 384.0700000 \cdots$。有理数就是那些在小数点右侧最终会体现某种模式的数，像 $25.512121212 \cdots$。计算器将会告诉你（或者你可以手算）$0.5121212 \cdots = 507/990$。

除了在十进制系统中所使用的"10"，我们也可以使用任意大于

1的整数。若用"2"代替"10"，所得到的结果就是二进制数系。二进制数系的字母表只包含数字0和1，因此二进制数 1011.01 就表示数 $1×2^3+0×2^2+1×2^1+1×2^0+0×2^{-1}+1×2^{-2}$。将这个数写成熟悉的十进制就是 $8+0+2+1+0+1/4=11.25$。二进制数系是计算机中用来储存信息的自然数系。最初的时候，信息使用灯光序列的方式展现：灯亮的地方对应的数字就是1，灯灭的地方就是0。因此如果一排四盏灯的状态是"开—关—关—开"，那么其对应的二进制数就是 $1001=1×2^3+0×2^2+0×2^1+1×2^0$，十进制数为 $8+0+0+1=9$。现在的计算机利用磁性存储数据：如果某个点被磁化，对应的数字就是1；如果没有磁化，对应的数字就是0。

在扔硬币的无穷序列与介于0和1的数的二进制表示之间存在着一个简单的联系。给定一个扔硬币结果的序列，简单地将H替换为0，T替换为1，移去逗号，并在第一个数字的左侧补上小数点即可。交替出现正面和反面的扔硬币无穷序列（H，T，H，T，H，T…）就变成了 0.01010…。你还可以将这个过程反过来执行，将一个介于0与1之间的二进制数变成一个扔硬币的无穷序列。因此对理想随机硬币的搜寻就转化为寻找一个二进制数。对于"任意指定的连续 N 次扔硬币的结果以 $1/2^N$ 的机会出现"这个要求，也就转变为"任意指定的 N 位二进制序列（0和1构成）以 $1/2^N$ 的机会出现在这个数中"。具有这个性质的数被称为在基数2下是正规的（normal）。我们很快就会仔细看看这样的数。

π 中的信息

数 π 在卡尔·萨根（Carl Sagan）描写人类与先进文明初次接触的畅销小说《接触》[1]中起着重要的作用。标题为"π 中的信息"的一章描述了外星人将传送给人类的一条信息深深地藏在 π 的巨量展开式中的一种想法，也许 π 是超越数的这个事实促使萨根想象出了隐藏在 π 中的信息。而 π 中神秘性所带来的诱惑随着最近电影《π》的上映变得更强，并且毫无疑问地出现在其他我所不知道的地方。

一种外星文明对宇宙的几何结构如此熟悉，以至于他们能发现圆的周长和直径之比中蕴含着信息，看上去这并不太可能。实际上，平面几何中的事实、常数不可能与研究者所处的位置无关。不仅如此，如何解释 π 中的信息也会产生问题。用来表示 π 的数字是所采用的基数的函数，必须得有对应的字典才能将数字块翻译成表示这些信息的语言符号。比如说，ASCII 码是将计算机中存储的八位二进制数转换为可打印字符的编码，数 01000001（它所对应的十进制数为 65）对应着字符 A。然而在某种意义上，萨根是对的：数学家相信 π 不仅能够包含外星人所隐藏的任何信息，而且可以让任意信息进行无穷次的重复！

基数为 10 的正规数（normal number）是指在平均意义上每个十进制字符，比如说 4，均以 1/10 的机会出现；每两个连续的十进制字符对，比如说 47，均以 1/100 的机会出现（因为有 100 对这样的字符对，从 00 到 99）；每三个连续的十进制字符，比如说 471，均以 1/1000 的机会出现，依此类推。理想随机硬币只有两个面，其结果将会产生基数为 2 的正规数，但如果我们想象一个具有从 0 到 9 这 10 个数字的完美轮盘[①]，那么这就是我们所搜寻的"理想随机硬币"的数学等价物。对于任意基数，我们也可以给出正规性的等价定义。比如说，基数为 4 的一个数是正规数，如果 4^N 个长度为 N 的四进制数串中的每一个都以 $1/4^N$ 的机会出现在这个数中。

我们是否已经找到了某个基数下的某个正规数？显然，我们不能够无限地扔硬币（无论它是否完美），但我们还是找到了几个正规数。阿兰·图灵（第七章中证明了停机问题不可解性的人）的同学戴维·钱珀瑙恩[②] 在 1933 年构造出了一个这样的数。这个基数为 10 的数被称为钱珀瑙恩常数，它的表达式为 0.12345678910111213 1415…，

---

① 赌场中的一种赌具。

② David Champernowne，1912 年 7 月 9 日 — 2000 年 8 月 19 日，英国经济学家、数学家。他先后担任牛津大学和剑桥大学的统计和经济学教授。

就是简单地将所有的十进制数按照升序排列好。当我看到这个结果时，我立即就得出钱珀瑙恩常数[2]在其他基数下也是正规的这个结论——与其说它是一个构造出来的数，不如说它是一个理想中的数，因此我天真地认为用来证明它在基数10下是正规数的方法一定对其他基数也适用。如果有一本《吉尼斯"最轻易得到的错误结论"记录大全》，恐怕我也会榜上有名。如果你观察一下基数10的钱珀瑙恩常数，它位于0.1和0.2之间——但是在二进制中，这是一个不同的数。用二进制的记号，$1=1$，$2=10$，$3=11$，$4=100$，$5=101$，$6=110$，$7=111$，因此二进制的钱珀瑙恩常数的开头几位是$0.11011100101110111\cdots$。若基数为2的任意数以$0.11\cdots$开头，那么它一定大于$3/4$（就像十进制中$0.12\cdots$大于$1/10+2/10^2$，二进制中$0.11\cdots$一定大于$1/2+1/2^2$）。

然而在2001年，钱珀瑙恩常数的二进制表示被证明在基数2下也是正规的。因此，若将出现的0改写为H，1改写为T，就可以给出一个来自完美随机硬币的结果序列。

对于在每个基数下都正规的数，我们只有极少的例子，并且所有已知的结果都是高度人工的。[3]我用"高度人工"这个词意味着你不会在真实世界的某个地方碰到这些数。显然我们会遇到像3.089（当前加利福尼亚州一加仑汽油的价格）以及2的平方根（单位正方形对角线的长度），但是像钱珀瑙恩常数这样的数在我们进行测量时就不会出现。在每个基数下都正规的数不会在真实世界出现，但是实数轴上却塞满了这样的数。博雷尔正规数定理（Borel's normal number theorem）[4]告诉我们如果你随机地（又出现了这个词）选择一个实数，那么你极有可能（这一点可以在数学上明确地描述）就选到了一个在所有基数下都正规的数。在平时生活中，如果让某人选择一个数，他或她通常会选择一个可以测量某个事物的数，比如说5；而数学家所谓的随机选择一个实数，他或她设想的是某个类似于彩票开奖的过程，在其中所有的实数被放入一个帽子，充分地摇动之后，某位带着眼罩的人从中取出一个数。如果某人真的这样做了，所取出的数"极有可

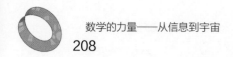

能"在所有的基数下都是正规的。此处"极有可能"也有一个非常专业的定义,但是你可以从下面的描述体会这个词的含义:如果以上面的方式随机选择一个实数,那它"极有可能"不是一个整数。整数组成了一个所谓勒贝格测度为零的集合,博雷尔正规数定理的专业叙述是除了一个勒贝格测度为零的集合之外,所有的实数都在所有基数下正规。

看起来像 π 这样的超越数是在所有基数下都正规的数的主要候选者。如果 π 被证明是这样一个数,那么萨根就是正确的:外星人的信息可以编码进 π 的数字中,因为编码后的信息就是数字序列。然而每条信息都是一串数字,因此如果你在 π 中搜寻的足够深,你将可以发现终极美味芝士蛋糕的配方,以及你一生的故事(甚至那些还未发生的事情),并且重复无穷多次。

萨根曾告诉我们恒星的尘埃如何产生了人类,超新星的爆炸制造了重元素,而它们构成了我们的身体。毫无疑问他一定会对我们与实数轴之间存在的复杂联系方式感兴趣。如果随机选择一个实数,极有可能在这个数的数字中就隐藏了每个人的完整故事:谁已经在这个世界上生活过,谁将要在这个世界上生活,并且每个故事都会被重复无穷多次。

扔出理想随机硬币的结果可以看作是一个在所有基数下都正规的数的二进制形式。但理想随机硬币不仅仅能够决定超级碗[①]中谁该发球或者谁能得冠军,它更是超越神谕地位的预言。它能回答所有能被回答的问题,只要我们知道如何去读出其中的信息。当然,我们永远不能。

---

① Super Bowl,是美国国家美式足球联盟(也称为国家橄榄球联盟,NFL)的年度冠军赛,胜者被称为"世界冠军"。超级碗一般在每年1月最后一个或2月第一个星期天举行,那一天称为超级碗星期天(Super Bowl Sunday)。

掷骰子：为什么我们无法知道宇宙所知道的事情

在这一章的前面，我们曾问过掷骰子是否是不可预测的，毕竟如果宇宙知道将会发生什么，为什么我们不能？在20世纪后期，出现了一个新的数学分支。这个被称为混沌理论的分支的出现是因为人们发现不可预测现象包括两种：本质上不可预测的现象，以及因为我们无法获得足够信息而无法预测的现象。本质上不可预测的现象只存在于理想的状态中——扔理想随机硬币的结果对应于一个在所有基数下都正规的数的二进制表示，但这样的一个数不对应着任何我们能够真正测量的量。

混沌现象同时出现在数学和物理中，它是一种特别类型的确定性行为。与随机现象的完全不可预测性不同，混沌现象在理论上是可预测的。这种现象背后的数学法则是确定性的，其对应的方程有解，过去和现在能够完全决定未来。问题不在于规则自身导致了不可预测现象，而在于我们缺乏足够的信息才导致无法预测这个现象。在量子力学中，我们无法知道某些参数的值是因为这些值不存在。与之不同的是，在混沌理论中我们（现在仍然）不知道某些参数的值是因为，对我们而言搜集所需的信息是不可能的。

烘烤混沌

词典中将混沌（chaos）定义为"极度混乱和无序的状态"。最近越来越多的基于餐厅的真人秀和电影中描绘了这样一种状态的厨房——忙碌的大厨对着服务员和从餐前小菜到餐后甜点的配料大叫。因此感谢一下流行文化，让我们求助一下混乱的厨房，看一看某些你能够用擀面杖所做出的复杂的混沌数学。

假设有一个圆柱形的面团，我们将它压成原来的两倍长，从中间切断，将右边的那段放到左边那段的上面。我们重复这个压制和切断过程，这被称为面包师变换（baker's transformation）。试着将这块

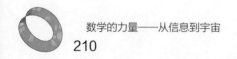

馅饼面团想象成实数轴上在整数0（面团最左端的位置）和整数1（面团最右端的位置）之间的线段，那么面包师变换就是一个函数$B(x)$，它能告诉我们最初位于x的一个点在经过了压制、切断以及移动之后的位置。$B(x)$定义为

$$B(x)=2x \qquad 0 \leqslant x \leqslant 1/2$$

$$B(x)=2x-1 \qquad 1/2 \leqslant x \leqslant 1$$

简单地说就是，经过面包师变换之后，面团左半部分的点移动到距最左端2倍远的地方；而面团右半部分的点首先移动到距最左端2倍远的地方，然后经过切断、移动又向左端点平移一个单位。

这看上去并不复杂，但却会发生令人惊讶的事情。两个最初距离非常接近的点可以很快地变成相距很远的点。为了纪念我的妻子在1971年9月1日出生，我选择了两个相当接近的初始点，第一个点来自她的生日0.090171，第二个点为0.090172，它们之间只相差$1/1000000$。

经过一次迭代后，两个点之间相隔0.000002，甚至在12次迭代之后，它们也只相差0.004。但是在16次迭代后，一个点位于面团的左半部分，而另一个点位于面团的右半部分。下一次迭代将它们分得更开——第一个点离最右端不远，而第二个点离最左端很近。

初始点	迭代点						
	1	12	13	14	15	16	17
0.090171	0.180342	0.340416	0.0680832	0.361664	0.723328	0.446656	0.893312
0.090172	0.180344	0.344512	0.689024	0.378048	0.756096	0.512192	0.024384

这个例子说明了两个起初非常靠近的点，在经过有限次数的迭代之后，会彼此相隔很远的距离。这个现象对于利用数学预测某个系统

的行为有着重要的影响。

如果我们将上表中的所有数字都乘以100，那么我们可以将它们看作温度，这张表就可以这样解释：存在这样一个过程，如果我们从9.0171度开始，经过17次迭代之后温度变为89.3312度；而如果我们从9.0172度开始，经过17次迭代之后温度就会变为2.4384度。除非我们在实验室中对某个实验实施了精确控制，否则我们无法以0.001的精确度来测量温度。因此我们在测量超高精度方面所体现的无能力造成了不可能给出准确的预测。初始状态的细小差异可以导致巨大的结果差异。这种现象是混沌科学的核心部分之一，被称为"初始条件的极度敏感性"。但是口语中的"蝴蝶效应"能够更加形象地描述它：巴西的一只蝴蝶是否扇动它的翅膀，决定了两周后得克萨斯州是否有一场龙卷风。

对面包师变换的仔细研究能够发现正是切断的过程引入了困难。如果两个点都在面团的左侧，面包师变换只是简单地将它们之间的距离变为两倍——对于面团右侧的点也是如此。然而如果两个点很靠近，但却一个在面团左半边，另一个在右半边；那么经过变换后，在左半边的那个点变得很靠近新面团的右端，而右半边的那个点变得很靠近新面团的左端。面包师变换是所谓不连续函数的例子——在这样的函数中变量的微小差异会导致对应函数值的很大不同。尽管在现实世界中存在着不连续函数——当你开灯时，灯从零亮度突然变成了最大亮度——但有人可能会说，自然的物理过程更多是渐进的。当温度下降时，它不会像灯泡一样，从70度瞬间变为50度——它从70度变成69.9999度，然后是69.9998度……然后是50.0001度，然后是50度。[5]这是一个连续过程，随着时间的细微增加，温度发生细微的改变。这里没有任何混沌现象，是吗？

实验室中的混沌

蝴蝶效应实际上伴随着连续过程被发现。晶体管的发展使得价格合理的计算机出现在20世纪50年代末和60年代初。最初，计算机是昂贵的、耗能极多的真空电子管阵列，但到了20世纪60年代初，所有的大学和许多企业都购买了计算机。当然，企业利用计算机来加速计算过程和存储商业所需的数据，但是大学用计算机来探索需要极大计算量的问题，这在以前是无法做到的。

麻省理工学院教授爱德华·洛伦茨（Edward Lorenz）博士最初是一名数学家，后来将注意力转向了描述和预报天气的问题。其中所涉及的变量由微分方程和微分方程系统决定，[6]这些微分方程描述了某个变量的变化率与它们的值之间的关系。这些方程虽然相当复杂，但却都与连续过程相关。

求解微分方程是科学和工程学一个重要组成部分，因为这是反映物理过程行为的方程。然而，我们很难获得微分方程的精确解，因此工业标准方法是利用数值方法来得到近似解，利用计算机的数值方法是目前最有效的方法。

1961年的一天，洛伦茨将一个微分方程系统编成程序，当时的计算机大约是现在你的桌面上计算机速度的千分之一。因此到了午餐的时候，洛伦茨记下了输出值，关掉计算机，随便吃了点东西。当他回来之后，他决定将程序回溯几步，因此没有使用最后记下来的数值，而是用了前几次迭代产生的结果。他本希望第二轮计算的结果会重复第一轮计算的结果（毕竟做的是同样的迭代），但却惊讶地看到经过一段时间后，两组输出值之间有着巨大的不同。

由于怀疑可能是程序出了错（这经常发生），或者哪个硬件没有正常工作（这种情况在1961年出现的比现在频繁得多），洛伦茨仔细地检查了两种可能性——但却发现都不是。于是他意识到在进行第二轮计算的时候，自己将计算机的输出结果近似到了小数点后一位，也就是如果计算机输出的温度是62.3217度，他就近似地用62.3度替代。在当时，人们不得不手工输入所有的数据，进行这样的近似可以省去不少输入时间。洛伦茨当然知道这样的近似会对计算产生一定的影响 —— 但正如我们在第210页所看到的，即使一个在小数点后第六位的微小差异也会在数次迭代后导致结果的巨大变化，至少在面包师变换中是这样。洛伦茨是第一位记录并且描述了某个连续（而不是离散）变化参数系统中的蝴蝶效应的人，同时蝴蝶效应这个词也与他有关。在1972年美国科学促进会的会议上，他提交了一篇名为《可预测性：巴西一只蝴蝶翅膀的扇动能否引发得州的一场龙卷风？》（*Predictability: Does the Flap of a Butterfly's Wings in Brazil Set Off a Tornado in Texas?*）的论文。后来的研究显示混沌行为经常从非线性现象中产生，而非线性是许多重要系统的共同特征。线性现象指的是输入值的倍数会导致输出值对应的倍数。（胡克定律就是线性现象的例子，施加2磅（1磅 = 0.454千克）的力在弹簧上，它将会收缩1英寸（1英寸 = 2.54厘米）；而施加8磅的力则会导致它收缩4英寸。）

此后，对初始条件的极端敏感性被证实比最初的猜测还要普遍。一旦我们能够描述混沌行为，像天气这样的复杂系统中出现蝴蝶效应就毫不奇怪了。在20世纪80年代中期，人们发现现已被降级的冥王星①的轨道也是混沌的。[7] 在牛顿所认为的精确宇宙中，天体围绕着太阳在壮丽且可预测的轨道上平静地运行，如今却要让位于一幅杂乱的场景。冥王星的奇怪类似于海森伯不确定性原理中的电子，我们知道它现在在哪里，但却不知道它要往哪里去。哦，这并不正确：我们不知道冥王星要往哪里去是因为我们不能够准确地知道它的位置以及太阳系其他天体的位置（以及它们运行的速度和方向）。

奇怪的发展

许多系统的展现形式是稳定的周期加上周期间的过渡阶段。黄石公园的间歇喷泉就是很好的例子，像老忠实泉（Old Faithful）一样的

————————————————

① 冥王星本为太阳系的九大行星之一，但在2006年8月24日，国际天文联合会将冥王星归为矮行星。

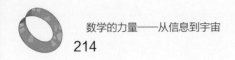
喷泉有着非常规则的喷发周期 [①]，但还有些就很奇特。数学生态学中一个被透彻研究的例子是捕食者和猎物（比如说狐狸和兔子）的相对数量之间的互动问题。狐狸和兔子的数量如何变化的动力学有着相当直接的定性表述。在有充分食物供给的情况下，兔子的数量将会增加，从而提供给狐狸更多的食物，因此狐狸的数量也会增加。当狐狸吃掉兔子后，兔子的数量减少，从而降低了狐狸的生存率，反之又会促使兔子数量的增加 —— 以此循环往复。

逻辑斯谛方程（logistic equation）模拟了捕食者和猎物的相对数量，它的形式是 $f(x)=ax(1-x)$，此处 a 是一个位于 0 和 4 之间的常数，x 是一个 0 和 1 之间的数，它表示在给定时间的总数量的兔子分数（兔子的数量除以兔子和狐狸的总数），常数 a 的数值反映了捕食者的凶猛程度。假设我们对比两种不同的捕食者：蟒蛇和狐狸。蟒蛇的新陈代谢较慢，每年吃上几餐就能令它们满足；而狐狸是哺乳动物，为了生存需要频繁地进食。

假设 x 是给定时间的总数量的兔子分数，那么 $f(x)$ 就表示了一代之后的兔子分数。这个 $f(x)$ 的新值被用作计算下一代的兔子分数。比如说 $f(x)=3x(1-x)$，在某一时刻 $x=0.8$（总数量的 80% 是兔子，20% 是狐狸），可以算出 $f(0.8)=3×0.8×0.2=0.48$，因此一代之后，兔子占总数量的 48%。然后我们可以计算 $f(0.48)=3×0.48×0.52=0.7488$，因此两代以后，兔子占总数量的 74.88%。

如果兔子分数或者一直是 x 或者周期地回到 x，则称这样的 x 是平衡点。不难看出常数 a 的变化会改变平衡点。如果附近的捕食者只有蟒蛇，毫无疑问兔子分数的值将会比捕食者为狐狸的值高出许多。回到 80 年代，当时的计算机只有黯淡的屏幕和闪烁的白色长方形光标，曾经有过一个模拟逻辑斯谛方程的软件叫做 FOXRAB。[8] 当其他人

---

① 它大约每过 1 小时向空中喷射一次热水和蒸汽，高度可达 46 米左右。

在计算机上玩着乓游戏 [1] 时，我常常花时间观察 FOXRAB，它只是简单地输出代表着兔子分数的数值。

你也许会希望这个系统随着常数 a 从 0 到 4 的逐渐增加而光滑地变化，即微小的增加导致平衡点的微小变化，但这个系统的平衡点的数目表现得不同寻常。如果 a 小于 3，那么系统只有一个平衡点，表示随着时间的增加，最终种群的相对数量也会变得相同。比如说，如果 $a=2$，那么平衡点是 $x=0.5$；如果种群的数量曾包含过 50% 的兔子，那么 $f(0.5)=2\times0.5\times0.5=0.5$，再经过下一代（以及此后的每一代），兔子总是占 50% 的数量。其他的值会导致在 0.5 附近波动，比如说 $x=0.8$，那么 $f(0.8)=2\times0.8\times0.2=0.32$，$f(0.32)=2\times0.32\times0.68=0.4352$，$f(0.4352)=0.49160192$，经过三代之后，原本占有 80% 的兔子数量已经变为差不多是 50% 的数值。

在 $a=3$ 时，存在着两个平衡点。这种状态一直会持续到 $a=3.5$，而那时会有 4 个平衡点。但当 a 增加到 3.56 时，平衡点的数目增加到 8，然后是 16，然后是 32，……当 $a=3.569946$ 时，难以置信的事情发生了：现在不存在任何的平衡点！当 a 从 3.6 增加到 4 的时候，我们能够看到混沌的形成：平衡点数目的变化是不可预测的，在某些区间中，平衡点完全不出现；而在随后的区间中，a 的数值的微小变化也会造成平衡点数目的极大差异。这是一个完全确定的系统，但它也是一个完全无法预测平衡点数目的系统。像这样的混沌系统中，平衡点被称为奇怪吸引子（strange attractor）。

下面这个表格给出了平衡点数目是如何随着 a 的增加而变化的情况。第一行的数代表了迭代次数，表中的数值表示了兔子在动物总数中的兔子分数。在每种情况下，第一代都是从兔子占有一半数量开始，

---

[1] Pong，是 Atari 公司在 1972 年推出的一款投币式街机游戏，这是一款乒乓球游戏，其英文名称 Pong 来自球被击打后所发出的声音，它在很多时候也被认为是电子游戏历史上第一个街机电子游戏。

表中的其余数字表示了在迭代次数为126~134时兔子分数的值。当 $a=2.8$ 时,兔子数量稳定在总数的64.3%;当 $a=3.1$ 时,兔子数量在76.5%和55.8%这两个数字上来回振动;当 $a=3.5$ 时,存在着4个平衡点;当 $a=3.55$ 时,存在着8个平衡点(第135代重复了第127代的值,第136代将会重复第128代的值,依此类推)。

迭代次数	1	126	127	128	129	130	131	132	133	134
$a=2.8$	0.5	0.643	0.643	0.643	0.643	0.643	0.643	0.643	0.643	0.643
$a=3.1$	0.5	0.765	0.558	0.765	0.558	0.765	0.558	0.765	0.558	0.765
$a=3.5$	0.5	0.383	0.827	0.501	0.875	0.383	0.827	0.501	0.875	0.383
$a=3.55$	0.5	0.355	0.813	0.54	0.882	0.37	0.828	0.506	0.887	0.355

混沌的流行

我们可以在众多现象中发现混沌行为:捕食者与猎物的相对数量,流行性疾病的传播模式,心律失常的发作,能源市场的价格,以及冰河期与间冰期之间的气候变化。气候突变是许多科学家在意温室效应的原因之一,历史记录显示气候曾经发生过相对突然的转换,现在还不清楚是什么导致了气候从一个温度到另外一个温度来回变化。那些认为人类应该采取措施防止全球变暖的人指出,我们不可能知道大气中二氧化碳的相对比例是否是混沌现象的触发器,但在我们掌握更多的知识之前,还是应该谨慎地防止犯错。在论战的另外一边,似乎早在人类开始使用化石能源作为能量来源之前数百万年,气候就已拥有自己的奇怪吸引子,因此我们只不过是这个气候循环中的新来者,而这个循环已经在没有我们的情况下持续了数百万年。

如果我们能够为混沌系统建立模型,那么将能够收获良多。想象一下,如果能够在发作之前预测心律失常,那将会多么有价值。我们认识到心律失常是一种混沌现象而不是随机现象,这已经迈出了重要的一步。如果它是随机的，那么对于每个案例我们几乎不能做什么事情，所能知道的最好结果只是判断表现出某些症状的人有多大可能患上心脏病。如果是混沌行为，那么我们就有可能为某些案例做点事情。这也许发生在不远的未来，因为混沌学还是一门非常年轻的学科。[9]但至少它不是一门以极端混乱和无序为特征的学科。

注释：

［1］参见C. Sagan, *Contact*（New York: Simon & Schuster, 1985）。

［2］参见http://mathworld.wolfram.com/NormalNumbers.html。和许多Mathworld中的参考资料一样，你必须懂得一些专业知识才能完全地利用这些资料，但是基本的东西还是相当容易理解的。

［3］参见http://mathworld.wolfram.com/AbsolutelyNormal.html。

［4］博雷尔正规数定理说的是，那些不是在所有基数下都正规的数的集合是一个勒贝格测度为零的集合。你需要在大学高年级的课程中才能碰到勒贝格测度，它推广了长度这个思想，为每个集合赋予一个数值。单位区间，也就是0和1之间的所有实数的勒贝格测度为1，这与你期望的一致；然而，这个区间中所有有理数构成的集合的勒贝格测度为0。博雷尔正规数定理的证明使用了选择公理。实数集合的概率与勒贝格测度有着紧密的联系，因此当我们说一个随机选择的数极有可能是正规数时，这实际上使用更加直观的概率语言重述了博雷尔正规数定理，而不是用不太直观的勒贝格测度语言。

［5］技术上说，温度从70度下降为69.9999度是不连续的，除非它经过了70和69.9999之间的每个实数，这是连续函数介值定理的一个推论。这个例子的目的是为了以不太专业的方式给读者描述非跳跃变化的思想。

［6］其中一个方程是纳维−斯托克斯方程（Navier-Stokes equation），这个偏微分方程的解是克莱数学研究所千禧年大奖之一。

［7］参见G. J. Sussman and J. Wisdom, "Numerical Evidence That

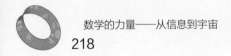
the Motion of Pluto Is Chaotic," *Science* 241: pp. 433-437。

[8] 参见http://www.jaworski.co.uk/m10/10_reviews.html。我不敢相信这个程序依然还在!

[9] 对于那些有兴趣阅读更多混沌的历史和早期发展的读者,我推荐这本书:James Gleick, *Chaos: Making a New Science*(New York: Viking, 1987)①。詹姆斯·格雷克是一位很棒的科普作家,是保罗·德·克鲁伊夫(Paul de Kruif)、艾萨克·阿西莫夫(Isaac Asimov)和卡尔·萨根真正的继承者。这本书的出版也促进了混沌学的发展。

---

① 中译本为:《混沌:开创新科学》,詹姆斯·格雷克著,张淑誉译,高等教育出版社,2004。

11

原材料

认真的重要性

在1996年初,《社会文本》(*Social Text*) 杂志刊登了纽约大学阿兰·索卡尔(Alan Sokal) 教授的一篇论文,名为"超越界限:量子引力的转换诠释学"(*Transgressing the Boundaries: Towards a Transformative Hermeneutics of Quantum Gravity*),[1](啊?)这篇文章提出的观点是"物理'实在'……本质上是一种社会和语言构建"。(说的什么?)这篇文章实际上是一个巨大的智力骗局,很快就引起了轰动。索卡尔之所以提交这篇论文,是因为他担心目前世界的主流观点 —— 我们如何感知它而不是它为何会这样 —— 正在扭曲科学的基本目标之一:对真理的探寻。这篇论文被杂志接受也带来了许多副作用。它帮助增加了涉及技术性话题的论文的审查力度,并揭示了如何利用编委会的哲学或政治立场来影响出版的可能性,至少在人文学科方面是那样的。[2]

然而更重要的是,它帮助揭示了一个令人不安的趋势:人们认为对实在的感知是最重要的,而不是实在本身。索卡尔发现这样的观点是可恶的 —— 与许多以探索实在为工作的科学家的观点一致。正如他所说,"我是一个守旧的科学家,我天真地相信存在着一个客观世界,存在着有关世界的客观真理,而我的工作就是发现其中的一部分。"[3]

对于客观世界的实在的忽视已经造成了许多悲剧,从伊卡洛斯 ①

---

① Icarus,希腊神话人物。工匠代达罗斯(Daedalus)的儿子,与代达罗斯使用蜡造的翼逃离克里特岛时,因飞得太高,双翼遭太阳熔化而跌落水中丧生。

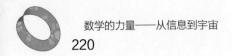

到挑战者号。挑战者号航天飞机在不安全的条件下发射并造成了灾难，理查德·费曼在随后的调查中评论说，"对于一项成功的技术，客观实在必须优先于公共关系，因为大自然是不可能被愚弄的。"[4]

我们所知的关于客观世界的伟大客观事实之一就是并非所有的事情都可能发生。一加一永远等于二，无论我们是付出110％的努力还是寄希望于对着星星许愿[5]——因为算术本质上并不是社会或语言上的构造。如果我们将账本上的数字正确地加起来，其余额为843.76美元，那这就是我们所拥有的。不幸的是，如果我们试图不采用5年分期付款的方式购买一辆雷克萨斯轿车，这点钱永远不够；但如果我们想去吃一顿晚餐并看一场电影，则不用担心会因为付不起账陷入欠债的境遇，这点钱绰绰有余。大自然为我们提供了构造宇宙的原材料，某些原材料是物质性的，宇宙中的每件事物都由此产生；某些原材料则没有实体，比如说能量。宇宙的原材料之间和之中存在着许多联系，它们描述了什么是可能的，什么是不可能的。法国化学家安托万·拉瓦锡第一次发现了这一点，他发现在化学反应中，化学反应后所得到物质的总质量等于参与反应的物质的总质量。这个定律被称为质量守恒定律，它标志着理论化学的开端。而19世纪科学界的三剑客大大扩展了这个结果，将拉瓦锡的质量推广为能量。

温度上升

在1847年的夏天，年轻的英国人威廉·汤姆孙①在阿尔卑斯山度假。有一天在从霞慕尼②到勃朗峰的路程中，他碰到了一对古怪的英国夫妇——男人拿着巨大的温度计，陪伴他的是一位坐在四轮马车

---

① William Thomson，1824年6月26日—1907年12月17日，英国数学物理学家、工程师。他的主要工作有电学的数学分析、将热力学第一和第二定律公式化，他首次认识到温度的下限——即绝对零度。他因为在横跨大西洋的电报工程中所作出的贡献而得到了维多利亚女王授予的爵位，也被称为开尔文勋爵。他被称为热力学之父，热力学温标的单位为开尔文。

② Chamonix，是法国东南部接近瑞士与意大利国界的一个山中小镇，位于勃朗峰山脚下。

中的女人。汤姆孙与这对夫妇展开了交谈。这个男人是詹姆斯·普雷斯科特·焦耳[①]，女人是他的妻子，他们正在阿尔卑斯山度蜜月。焦耳花费多年时间建立了一个理论，当水每下落778英尺（1英尺＝0.3048米，后同），它的温度就会上升1华氏度。总所周知，英国几乎没有什么瀑布，既然现在焦耳在阿尔卑斯山，他肯定不会让像蜜月这样的小事挡在自己和科学真理之间。

在19世纪早期的物理学界，一种新的观点正在出现：所有形式的能量都能够互相转化。机械能、化学能和热能本质上并无不同，只是能量现象的不同表现形式而已。出生于酿酒师家庭的詹姆斯·焦耳决定投身于建立机械功和热能之间的等价关系。这些实验涉及非常小的温度差，不会太引人注目，因此焦耳的结果最初被多种杂志和皇家学会同时拒绝。最终他想办法在一份曼彻斯特的报纸上（他的哥哥为该份报纸的音乐评论员）发表了这些结果。焦耳的结果导致了热力学第一定律的出现，该定律是说能量不能被创造也不能被消灭，只能从一种形式转变为另一种形式。

在焦耳之前二十年，一位法国军事工程师尼古拉斯·卡诺（Nicolas Carnot）曾对提高蒸汽引擎的效率感兴趣。尽管詹姆斯·瓦特发明的蒸汽引擎很实用，但是当蒸汽引擎运行时，它仍然浪费了大约95%的热能用于维持自身的运转。卡诺研究了这个现象并发现了一个意想不到的结果：不可能发明一种完美效率的引擎，最大效率可以表示为维持该引擎的温度的简单数学表达式。这是卡诺发表的唯一一篇论文，它一直默默无闻。直到四分之一世纪后，在瑞士阿尔卑斯山遇见焦耳前一年，威廉·汤姆孙（开尔文勋爵）才将其发现。

[①] James Prescott Joule，1818年12月24日—1889年10月11日，英国物理学家。焦耳在研究热的本质时，发现了热和功之间的转换关系，并由此得到了能量守恒定律，最终发展出热力学第一定律。国际单位制导出单位中，能量的单位——焦耳，就是以他的名字命名。他和开尔文合作发展了温度的绝对尺度。他还观测过磁致伸缩效应，发现了导体电阻、通过导体电流及其产生热能之间的关系，也就是常称的焦耳定律。

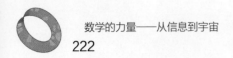

卡诺的工作是热力学第二定律的基础。这个定律有数种不同的形式，其中一种就是卡诺关于引擎最大理论效率的表述。第二定律的另外一种表述归功于鲁道夫·克劳修斯[1]，可以利用熵这个概念来理解。熵这个热力学概念描述了热力学过程的自然方向：一个放在一杯热水中的冰块会逐渐融化并降低这杯水的温度，但是一杯温水永远也不会同时变成热水和冰。

奥地利物理学家路德维希·玻尔兹曼[2]发现了一个完全不同的利用概率语言的热力学第二定律的表述方式：系统更有可能从有序状态变为无序状态，只因为存在着比有序状态多得多的无序状态。热力学第二定律解释了为什么无人打理的干净房屋会变脏，但无人打理的脏屋子却不会变干净，因为让一个屋子变脏的方式比让一个屋子变干净的方法要多得多。热力学第一和第二定律出现在如此多不同的环境中，以至于它们已经变成了我们对生活的总体理解的一部分：第一定律说你不可能赢，第二定律说不可能收支平衡。

卡诺、焦耳和玻尔兹曼从三个不同的方向建立了热力学：实际（卡诺）、实验（焦耳）和理论（玻尔兹曼）。他们之间的联系不仅在于对热力学有着同样的兴趣，而且都有着近乎悲剧的痛苦经历。卡诺因霍乱去世时年仅36岁。焦耳终身遭受着健康不佳和幼年时脊柱受伤所带来的痛苦，尽管他是一位富有的酿酒师的儿子，但仍在晚年变得穷困。玻尔兹曼是一名抑郁狂躁症患者，他因为担心自己的理论永远不会被接受而自杀身亡，讽刺的是，他的工作在他去世之后不久就得到了承认和赞扬。

---

① Rudolf Clausius，1822年1月2日—1888年8月24日，德国物理学家和数学家，热力学的主要奠基人之一。他在1850年发表的论文中首次明确指出热力学第二定律的基本概念，他还于1855年引进了熵的概念。

② Ludwig Boltzmann，1844年2月20日—1906年9月5日，奥地利物理学家，热力学和统计力学的奠基人之一，他的贡献主要在热力学和统计物理方面。

终极资源

能量和金钱有着惊人的相似之处，它们都是各自领域的终极资源。我们用金钱衡量和支付商品与服务，我们用能量来度量生产这些商品和提供这些服务所必须的努力。与不同的货币可以互相兑换一样，不同形式的能量也可以互相转化。

正如前面提到的，热力学第一定律说宇宙中没有免费的午餐 —— 能量不能从虚无中创造，同时也不能够被消灭（这一点常被忽略），但它可以变换形式。论述能量演变的第二定律同样也有货币的类比：在日常生活中，金钱从未以完美的效率被使用。中间人总是会安排从中抽取部分金钱，大自然也在能量被使用时做着同样的事。能量永远也不能以完美的效率使用，这也是无法造出永动机的原因。

但是最近的发展表明热力学定律中也许存在着漏洞。其中一个是我们在前面章节中讨论过的话题的推论：（四种基本力中）只有引力能够施加一个额外维度的影响。我们不能够直接观察第四个空间维度，因为观察第四个空间维度的过程涉及电磁波谱的使用，目前的理论不允许电磁力探测第四个维度。然而，引力可以渗透到其他维度 —— 正如我们提到的，这也许是我们能够辨别其他空间维度存在的一种方法。[6]如果这被证实是真的，那么热力学第一定律将不再正确，但这将会提供另一种极有吸引力的可能性。如果我们三维世界的引力能量能够渗透到其他地方，为什么不可能有其他维度的引力能量渗透到我们这个三维世界呢？这将能够使我们获得其他维度提供的免费午餐，同时必然促成一个新的热力学第一定律：在作为一个整体的宇宙中，能量不能被创造或消灭。能量守恒定律中的某些东西也需要调整，爱因斯坦的经典方程 $E=mc^2$ 给出了物质和能量之间的"汇率"，1个单位的物质可以转化为 c^2 个单位的能量。这就促使能量守恒定律的一个修正：物质和能量的总体按照爱因斯坦方程守恒。这很像现金总量保持不变，只不过一部分是美元，一部分是欧元。鉴于能量守恒定律的这种历史，如果在将来还存在着某种改变，那也应该不太令人惊讶。

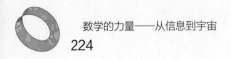

为什么熵会增加

为了了解熵为什么会增加，我们必须知道如何去计算熵。经常出现在数学中的符号 Δx 表示量 x 的变化 —— 如果 x 代表每个月末我银行账户的结余，那么 Δx 就表示加州政府雇用我而直接存到我账户的那笔资金。在热力学中，S 表示系统中的熵，那么系统中的熵的变化 ΔS，表示的是系统中所有量 $\Delta Q/T$ 之和，此处 T 是系统中某个部分所处的温度，ΔQ 是这个部分在温度 T 时热量的变化。对于那些熟悉微积分的人，这个值通常定义为 $\mathrm{d}Q/T$ 的积分 —— 对于那些不懂微积分的人，积分表示的就是许多非常小的东西之和。

这里我要借用布莱恩·格林的《宇宙的结构》[7] 书中的例子，假设我们有一杯水，其中有一些冰块。热的流动是从热至冷，因为热是度量分子运动快慢的量。当运动得快的分子与运动得慢的分子相撞时，快的分子减速（失去热量）而慢的分子加速（得到热量）。让我们假设有 1 单位的热从一小部分温度为 T_1 的水传递给了温度为 T_2 的一个冰块。由于水比冰热，所以 $T_2 < T_1$。

热量的计算类似于账本的计算，获得的热量看作正的（我们在账本上加上收入），失去的热量看作负的（我们在账本上加上支出，减去一个正数相当于加上一个负数）。因此这一小部分水中每失去单位热量就会为熵的变化贡献 $-1/T_1$，而冰块每获得单位热量就会为熵的变化贡献 $+1/T_2$。因此这个热传递过程中熵的总体变化为 $-1/T_1 + 1/T_2$，这是一个正值，因为 $T_2 < T_1$。当水变凉，冰块融化时，每次这样的热交易都会为熵的变化加上一个正值，因此整个系统的熵是增加的。

一旦系统达到平衡态，即所有的冰块融化，整个系统温度一致，不再发生任何热交换，那这杯水的熵就达到了最大值。这杯水就是宇宙中所发生的事情的微缩版本。在大多数情况下，热的物体会冷却而冷的物体会变热，此时熵都在增加，我们正走向一个模糊而遥远的未来，那时所有的物体都有相同的温度，再也没有热交换发生，世界变得非常非常沉闷，因为什么都不发生。这就是所谓宇宙的热寂（heat death）。

但是至少熵不会在每时每刻每个地方都是增加的，第二定律只要求熵在可逆过程中增加，许多真正有趣的过程有幸逃脱了这个范畴。冰块的形成、孩子的出生都需要局部地区熵的减少 —— 但这总是以整个宇宙的熵增加作为代价，因为宇宙必须提供热量保证冰箱的运行才能得到冰块，为了生出孩子需要许多物质和能量形式的熵。

局部地区发生熵减少的原因很多，并不仅仅因为你需要使用电力启动冰箱运行以制造冰块。潜藏在宇宙许多地方的引力所促成的熵的局部减少为我们的存在提供了帮助。用严格的热力学性质观点来看，一个由氢气构成的星气团是一个高熵系统。热力学观点没有能考虑到的是，引力所起的作用造成了局部地区熵的减少。如果这个星气团足够大，它就能在自身引力作用下坍缩，直到密度稠密到足够激发热核反应，从而一颗恒星诞生了。如果这个恒星足够大，那么在未来将发生一个更加戏剧性的熵减少过程。当恒星最终以超新星的形式爆发时，这个过程将会制造许多重元素，而行星和生物的最终形成就依赖这些重元素。

另一种角度看熵

统计力学提供了熵的另外一种定义。统计力学产生于这样一个问题，即发现和利用任意分子组合中所蕴含的大量信息。任意规模的分子组合 —— 比如说一杯水 —— 都至少包含10^{24}个分子，每个分子都占据着一个特定的位置（需要三个坐标来决定）并以三个不同的方向（同样需要三个坐标来确定南北方向的速度，东西方向的速度和上下方向的速度）决定自己的移动。即使我们能够获得一杯水中每个分子的所有这些信息（实际上我们不能！），那我们能够做什么？只能讨论信息过载！如果每台计算机有1 PB的存储容量（一千万亿字节，如果这很快出现在市场，我一点也不会感到奇怪）并且每个坐标使用一

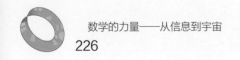

个字节，那么需要地球上的每个男人、女人和儿童都拥有一台计算机，才能储存一杯水中所蕴含的信息。

我们分析其他物体的巨量组合时也碰到同样的问题，比如说美国人口的收入分布。美国国税局无疑会拥有合理数量的准确数据，比如说一亿人，但是如果将这所有一亿人的信息编成一本书，当我们检查其中数据时一定会目瞪口呆。如果将它浓缩为一张表格，包括年收入少于25000美元的人口百分比、年收入介于25000至50000美元之间的人口百分比、年收入介于50000至75000美元之间的人口百分比、年收入介于75000至100000美元之间的人口百分比，以及年收入多于100000美元的人口百分比，我们一定会更喜欢，并利用它来做出决定。当认识到同样的原理可以应用于巨量分子组合的位置和运动时，统计力学就诞生了。

一个系统的任何宏观态，比如说装有冰块的一杯水，都是许多微观态——每个单独分子的温度、速度和位置的组合。统计力学所提供的熵的定义对应于每个宏观态的微观态数量的度量。装有冰块的一杯水的微观态比一杯具有一致温度的水要少，因为我们牢固地限制住了冰块中的分子。它们的位置和速度受到了严格的限制，而单独的水分子可以自由地去任何地方。在这个观点下，热力学第二定律就是一个关于概率的论断：如果一个系统从某个状态变为另外一个状态，那么它更有可能变为有更大概率的那个状态。当我们扔出一个骰子，它更有可能出现大于3的结果，而不是小于3的结果，因为小于3的状态只有两种（1和2），而大于3的状态有三种（4，5和6）。

这就给出了为什么冰会融化的一个概率论解释：冰块和热水的混合状态比一致温度的温水存在着更少的微观态。这同时也指出了为什么系统总趋向于平衡态：这是具有最大概率的状态，任何从那一点偏离的状态都会自然地转变回更高概率的状态。

然而，第二定律的统计学观点打开了经典表述中的一扇门。一个系统并不是被迫地变成最大概率的状态，只是比起其他状态，它更有可能变为这个状态。尽管这不太可能，一杯温度一致的水也许能够经历一系列不太可能的变换，得到一杯浮着冰块的热水 —— 或者更加不可能的是，冰块的形状像帕台农神庙的微缩复制品。当我年轻时，我读了物理学家乔治·伽莫夫所写的精彩著作《从一到无穷大》（ *One, Two, Three...Infinity* ）。[8] 在这本书中，他描述了一个类似的情形，一间屋子中的所有空气分子都聚集到了上方，从而屋内的生物无法呼吸。然后他进行了计算，并证明了我们不得不等待近乎永远的时间才能看到这一切的发生。我必须承认，当我知道这是某种我几乎无需担心的事情之后，我松了一口气 —— 但如果我没有读过这本书，也许我永远也不需要担心这件事。

有序和无序

每天的生活都给我们提供了一种观察给定宏观态中微观态数目的方法。我的妻子琳达和我对于我的衣柜有着完全不同的看法。琳达认为衣柜中的衣服就应该挂在正确的位置。对于我留给她的衣柜，她将衣架从左至右整理好，衬衫挂在左边，裤子挂在右边。衬衫和裤子又被进一步地分成是工作服（根据衣服上部是否有彩色污点来判断我是否在讲课时穿）还是正装（那些几乎全新的，所有衬衫和裤子最初买来的目的都是正装，但是琳达知道它们都不会维持原来的目的）。她采用的最后的顺序是将它们按颜色排好，我一直都没能明白她按照色彩排序的策略。如果某人强迫我做这件事，我也许会按照ROY G BIV的口诀（一种古老的缩略语，按照出现在彩虹中的顺序来记忆色谱，分别代表红色R，橙色O，黄色Y，绿色G，蓝色B，靛蓝色I，紫色V ① ）进行。 然而，我有一个朋友他按照颜色的首字母顺序将书籍进行排序，他会将上面的颜色排成蓝色B，绿色G，靛蓝色I，橙色O，红色R，紫色V，黄色Y。

---

① 每个符号分别是七种颜色英文的首字母：Red，Orange，Yellow，Green，Blue，Indigo，Violet。

　　另一方面，我则全然漠视这些细节。只要衣服挂在衣架上，那就可以了。因此要找到正确的衬衫和裤子需要一点额外的时间。这可不行。琳达每隔几个月就会审查一下我的衣橱，她的反应都是同样的：我又将它弄乱了。对她而言，挂衣服只有一种正确的顺序，所有其他的顺序都会被贴上"弄乱"的标记。因此，对她而言只有两种宏观态：正确顺序（仅有一种宏观态对应着"正确顺序"宏观态）和弄乱（她相信我已经生成了所有对应于"弄乱"宏观态的可能微观态）。

　　大自然和我的衣柜在这一点是相同的：对应于无序宏观态的微观态的数量要比对应着有序宏观态的多得多。为了给出一个定量的描述，我们可以假设有两双鞋：运动鞋（我最常穿的鞋）和休闲鞋（我在正式场合穿的鞋），以及两个鞋盒。这两个鞋盒都大得可以放下全部四只鞋，但一个是运动鞋盒，一个是休闲鞋盒。下面的表格给出了所有不同的将四只鞋放入两个鞋盒的方法。对于这种情况有一个明显的确定有序的定量标准：正确地放在鞋盒中的鞋的对数。记号LB表示休闲鞋盒，SB表示运动鞋盒。

左休闲鞋	右休闲鞋	左运动鞋	右运动鞋	正确对数
LB	LB	LB	LB	1
LB	LB	LB	SB	1
LB	LB	SB	LB	1
LB	LB	SB	SB	2
LB	SB	LB	LB	0
LB	SB	LB	SB	0
LB	SB	SB	LB	0
LB	SB	SB	SB	1
SB	LB	LB	LB	0
SB	LB	LB	SB	0

续表

左休闲鞋	右休闲鞋	左运动鞋	右运动鞋	正确对数
SB	LB	SB	LB	0
SB	LB	SB	SB	1
SB	SB	LB	LB	0
SB	SB	LB	SB	0
SB	SB	SB	LB	0
SB	SB	SB	SB	1

这里有三种宏观态：2双鞋放在正确的鞋盒中（最有序的宏观态），1双鞋放在正确的鞋盒中（次有序的宏观念），以及0双鞋放在正确的鞋盒中（最无序的宏观态）。这里有1种微观态对应着最有序的宏观态，6种微观态对应着次有序的宏观态，以及9种微观态对应着最无序的宏观态。事情并不总是像这样整齐，但是可能的微观态数目越多，就越有可能出现无序宏观态比有序宏观态更可能出现的情形。屋中空气分子全部聚集到上方三英尺范围内的情形不太可能出现的原因是，屋内空气分子个数的级别是10^{25}，所有分子都出现在上方三英尺范围内的微观态的数目与所有分子分散在屋内（这对于屋内生物而言是极大的解脱）的微观态的数目相比近乎无穷小。

熵和信息

我们生活在所谓的信息时代中。美国这个曾经依靠许多工业中心制造汽车和冰箱而积累大量财富的国家，几乎已经放弃了这些物质商品的生产，而将它们移到更有效率的地方（因为有着更加现代化的生产设备）或更加便宜的地区（因为有着充足的劳动力供应）。然而美国仍然保持了它在工业世界的领先地位，因为现在新财富来源既不是汽车也不是冰箱，而是信息。美国正位于制造和传播信息的最前沿。

但这和我们刚刚讨论的概念有何联系？正是统计力学的建造者玻尔兹曼认识到当我们讨论有序和无序，以及与给定宏观态有关的微观态数目时，我们讨论的概念实际上与这个系统的信息有关。让我们再看看上面有关运动鞋和休闲鞋的例子，最有序的宏观态是每双鞋都在正确的鞋盒中，最无序的宏观态是没有鞋在正确的鞋盒中。如果我们仅仅知道宏观态，要准确地定位每双鞋的位置，鉴于这两类所对应的微观态数目，其精确度将会相差巨大。

与给定宏观态相关的微观态越多，我们对于系统单个部分的断言的精确度就越低。当我们知道两双鞋都在正确鞋盒中时，我们就肯定地知道左休闲鞋在哪里。通过检查第228页的表格，如果我们知道只有一双鞋放在正确的鞋盒中，那么在6种微观态中有4种是左休闲鞋在休闲鞋盒中 ——2/3的概率。然而如果我们知道两双鞋都不在正确的鞋盒中，那么在9种微观态中只有3种是左休闲鞋在休闲鞋盒中 ——1/3的概率。这是典型的分析。当熵增加时，我们关于系统的信息就会减少。因为热力学第二定律告诉我们宇宙作为一个整体，其中的熵总是增加的，所以不可逆转的时间进程增加了我们的无知。宇宙的热寂同时也是信息的消亡，宇宙正趋向一种没有什么事情要做、只有极少的物理本质需要了解的状态。

这与我们每天所体会的日常经验恰好相反。每天的科学界都会搜集越来越多的关于宇宙的信息，这只是因为熵可以在局部地区减少。我们仍有大量的信息需要搜集，并且会一直持续到遥远的未来。但是即使我们贪婪地吸收指数级增长的信息，在非常非常非常遥远的未来我们也将不可避免地面临这样一个宇宙，在其中我们几乎不能知道任何事情，因为那里几乎没有什么可以知道。

黑洞，熵和信息消亡

随着科学的进步，许多重要的思想都经过了一条同样的道路。第一阶段是假想构造（索卡尔的论文促使我使用这个名词）的形成，这是能够解释某种现象的对象。第二阶段是非直接证明，实验或者观测结果暗示了这种构造是真的存在。最后，我们中了大奖，获得了这个对象的直接观测。这条道路不仅仅出现在物理科学之中，它也出现在生命科学中，它在原子和基因发现过程中均发挥了重要作用。

这条道路上的成果还有黑洞，英国地理学家约翰·米歇尔（John Michelle）在两个世纪前最先猜测了黑洞的存在。在一篇由皇家学会出版的论文中，米歇尔说道，"如果一个与太阳具有相同密度的球体的半径与太阳半径之比为500：1的话，那么一个从无穷高度落向这个球体的物体将在到达其表面时获得比光还快的速度。因此如果光被与这个球体内部质量成比例的力所吸引，那么从它表面所发出的光都将因为其引力而返回该球体。"[9]黑洞的基本思想就蕴含在这个论断中：物体的引力强到没有光线能够逃脱。

随着爱因斯坦相对论的发展，对黑洞概念的兴趣被再度激发。在20世纪30年代，这项工作最初由天体物理学家苏布拉马尼扬·钱德拉塞卡①发起，罗伯特·奥本海默②和其他人随后也进行了研究，而奥本海默仅仅在几年之后就加入了曼哈顿计划，研制出了第一颗原子弹。他们得出的结论是只要一颗恒星的质量大于某个界限，那么它将不可避免地发生引力坍缩从而成为黑洞。这样黑洞就从假想构造变成也许可以直接或间接观测到的实体。现在，许多物理学家相信具有数百万倍太阳质量的超大质量黑洞潜藏在大型星系的核心之中，其中也包括了地球所在的银河系。2004年，天文学家宣布探测到一个围绕银河系核心超大质量黑洞运行的黑洞（幸运的是，地球坐落于离银河系中心相当安全的距离之外）。[10]虽然就像约翰·米歇尔所说，我们永远也看不见黑洞，但它们存在的证据已经具有很强的说服力。

---

① Subrahmanyan Chandrasekhar，1910年10月19日—1995年8月15日，印度裔美国物理学家和天体物理学家。钱德拉塞卡在1983年因在星体结构和进化的研究而与另一位美国天体物理学家威廉·福勒（William Fowler）共同获诺贝尔物理学奖。

② Robert Oppenheimer，1904年4月22日—1967年2月18日，美国物理学家，曼哈顿计划的主要领导者之一。

目前对黑洞的认识是它们完全由自身的质量、电荷和自旋决定。这是我们仅有的对黑洞的了解，因此当我们看见一个黑洞具有给定的质量、电荷和自旋（宏观态）时，在黑洞的内部存在与这个单独宏观态所对应的无数可能的微观态。因此黑洞是熵所能变化到最高的终极状态。熵越高，信息就越少，一个具有给定质量、电荷和自旋的黑洞传达了它所处位置的最少的可能信息。在黑洞的内部所发生的事情，似乎位于我们不可知事物榜单的前列。

在未来的数十年里，天体物理测量将会揭示宇宙的未来：它是注定要永远扩张还是最终重新坍缩为所谓的大挤压（big crunch），那时黑洞将和其他的黑洞融合在一起，直到只剩一个拥有整个宇宙质量的巨型黑洞，并且自身一直坍塌下去。

这是关于黑洞的传统观点，直到20世纪70年代史蒂芬·霍金（Stephen Hawking）证明黑洞并不像我们最初所认为的那么黑。量子力学过程允许物质从黑洞中以所谓的霍金辐射方式逃脱。[11]如同玻璃杯中的水会缓慢挥发，水中单独的分子能够获得足够的速度逃脱玻璃对它的束缚一样，黑洞中的物质也会随着时间推移而"挥发出来"。然而奇怪的是，物质流失的速度强烈地依赖于黑洞的大小。一个和太阳差不多大的黑洞需要 10^{67} 年才能蒸发完，考虑到宇宙的年龄大约是 10^{14} 年，太阳质量的黑洞将会一直存在，直到非常非常非常遥远的未来。如果宇宙通过大挤压塌缩成一个黑洞，那么它也许需要接近于永远的时间来蒸发，但最终还是会蒸发掉。

宇宙和莱阿公主

霍金的工作也导致了一个惊人的结果，黑洞的熵与其表面积而不是体积成正比。这个结论的奇怪之处在于，我们已经知道熵是对无序的测量，比起其表面所能包含的无序状态，我们当然期望体积能够容纳更多的无序状态。

因此，一些物理学家开始猜测我们在这个宇宙所看到的所有有序和无序，只不过是某个多维边界中的有序和无序的投影。这个多维边界以某种方式包含了我们的宇宙，就像篮球的表面包含着其内部一样。这也有点类似于全息成像的原理，全息成像仪器能够利用二维物体中所描述的信息投射出三维物体的幻象。

早在《星球大战》第四集中（这是20世纪70年代中期所拍的第一部星战电影）就出现过这样的场景，天行者卢克和他的机器人发现一台全息成像投影设备，他们启动这个设备就出现了莉亚公主①的全息影像。影像有一点模糊，但毫无疑问是三维的，并且全息的莉亚公主在高声寻求帮助时绝对是激情四射。我们知道莉亚公主的全息影像仅仅是全息影像，但我们可以猜测如下情形：这样的影像是否可以通过某种方式获得意识，从而能够意识到自己只不过是一种全息投射。如果这就是我们宇宙的方式，我们只不过是某个东西的全息投射，那我们怎么能知道？

数学如何解释这一切

从数学的观点来看，将低维物体与高维物体进行一一对应很容易。我们可以看一个简单的例子，来说明如何将一条线段上的点与一个正方形中的点进行一一对应。取一个介于0和1之间的数，将它写成小数形式，然后仅仅使用其小数点右方奇数位的数字（十分之一位的，千分之一位的，十万分之一位的，等等）来定义 x 坐标，偶数位的数字（百分之一位的，万分之一位的，百万分之一位的，等等）来定义 y 坐标。因此数 0.123456789123456789123456789… 将对应着正方形中的点（0.13579246813579…，0.2468135792468…）。

为了将正方形中的点对应到线段上，只需要简单地将数字交叉排开

———————————

① Princess Leia，电影《星球大战》中的虚拟人物之一，反抗军的领导者。

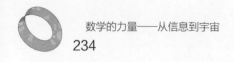

即可——正好和上述过程相反。点（0.111111…，0.222222…）将对应着线段上的点0.12121212…。这里的问题是这些变换都是不连续的，类似于我们在讨论混沌时见到的面包师变换，本来很靠近的点可能会变得相隔很远。实际上，拓扑学中已经证明每个将介于0和1之间的实数线段映成平面上单位正方形的一对一变换都是不连续的。[12]

如果我们是全息投射，那么这个结果将会对我们以及莉亚公主产生有趣的影响。你也许会认为生成全息莉亚公主的方法是连续的，那是因为生成莉亚公主的所有点都相互靠近（至少它们都在莉亚公主的体内），因而生成她的指令应该是一条接着一条。但是数学家证明了情况并非如此，生成莉亚公主（或者如果不是莉亚公主，而是某个其他的全息投射）的指令必然是广泛分散的。如果有一本记载着所有全息影像指令的书，那么生成莉亚公主的指令一定散落于整本书中，而不是作为这本书的一节出现。我们也许会期望这本书的第5～19页描述了生成莉亚公主的方法，但也许真正发生的是第5页中只有一行跟公主有关，而接下去的几行则出现在第8、417、363页。

盲眼全息摄影师

我对你一无所知，但这让我怀疑这种全息投射的解释。对于构成你的指令散布在各处的这种思想，我感到很不舒服。如果这些指令能像我一样聚集在一起，那我会轻松得多。然而在这个论述中存在着一个漏洞：拓扑学中的定理说不同维数的两个物体之间的变换一定是非连续的，这依赖于物体在更高的维数中连续（用实数来刻画）这个事实。宇宙是量子化的，其中的元素都是离散的，并且（我认为）这应该对宇宙的边界也成立。在这种情形下，我的反对可能不再有效，但我从未在拓扑学中见过表述这一点的定理。

至少对我而言，另一个让人产生疑惑的原因在于全息宇宙理论只是18世纪神学家威廉·佩利①所提出的钟表匠理论的升级版本。佩利认为，手表的复杂性导致它不可能自然地出现，因此手表的存在必然意味着钟表匠的存在；与之类似，生命的复杂性意味着创造者的存在性。在他1986年的书籍《盲眼钟表匠》(*The Blind Watchmaker*)②中[13]，理查德·道金斯认为自然选择扮演了盲眼钟表匠的角色，没有目的和预见性，但却主宰着生物的演化。

佩利论证的进化版本就是一个全息成像仪(宇宙)的存在意味着宇宙之外存在着一个全息摄影师。正如小说中的人物无法写一本自己为主角的小说，全息成像仪中的角色也不能创造这个全息成像仪。那么这个全息成像仪来自何处，支配着这个成像仪显示方式的规则又是来自何处？也许这就像计算机中的一个自解压文件。我必须承认我关于这个理论背后的物理学知识一无所知，但不管怎样全息宇宙理论似乎需要一个盲眼全息摄影师——一个类似于进化论中自然选择的概念，或者宇宙之外某个全息摄影师的存在性。可能未来将证明盲眼全息摄影师给物理学带来的影响堪比自然选择对于进化生物学的影响。

注释：

[1] 参见http://skepdic.com/sokal.html。这里有关于索卡尔骗局的精彩总结。"质疑者词典"(The Skeptic's Dictionary)网站中有许多好东西，尤其是对于我们中那些怀疑论者而言。它有关于不明飞行物(UFO)、超自然现象和垃圾科学(junk science)的章节，你从这个网站所能学习到的东西要比你在大学中任何一个目前流行的领域专业都要多。

---

① William Paley，1743年7月—1805年5月25日，英国基督教辩护士，哲学家。他在其著作《自然神学》(*Natural Theology*)中阐述了著名的上帝存在的设计论论点，其中利用了钟表匠类比。

② 中译本《盲眼钟表匠》，[英]理查德·道金斯著，王德伦译，重庆出版社，2005年。

[2]尽管很不情愿，但我必须承认困难的科学和数学对此并不免疫。每人都会碰到某种思想挑战自己所珍视信念的困难时刻。这也是为什么我是这样一个科学的崇拜者，因为它有一种机制（复现性）来克服这个问题。

这同样适用于某种事物挑战已有体系的情况。冷聚变听起来很棒，但若没有人能够重复关键的实验，它就会从视野中消失。

[3]参见http://skepdic.com/sokal.html。

[4]参见http://www.brainyquote.com/quotes/authors/r/richard_p_feynman.html。这个网站上的名言都值得花五分钟读一下。费曼在索卡尔骗局出现之前就已去世，但下面的这段话依然适用："大学校园中包含许多人文学科的所谓理论扩展已经因为某些研究这些东西的人而偏离原先的方向。"

[5]歌词"当你对着星星许愿／这并不能改变你是谁"说的就是这个意思，因为对于那些无论如何都不会发生的事情，什么都不会发生。当你花时间浏览"质疑者词典"网站的时候，常常可见到类似的评论。

[6]迄今为止，没有探测到任何渗漏。这并不意味着无法构建基于这种渗漏的合理理论，尽管它们很难验证。我们知道稳恒态理论需要空间的每立方米中每100亿年产生一个氢原子。稳恒态理论没有做出预测（或者说，它没有像大爆炸理论那样给出关键的预测），因此它有可能因为实验结果而被推翻。

[7]参见B. Greene, *The Fabric of the Cosmos*（New York: Vintage, 2004）第164—167页。我在前面说过，这是一本精彩的书籍。这不是一本简单的书籍（不要相信反面的鼓吹），但却是完全值得花精力的一本书。

[8]参见G. Gamow, One, *Two*, *Three* … *Infinity*（New York: Viking, 1947）。这是启蒙我数学和科学的一本书，如果你有聪明且好学的十二岁或以上的孩子，给他推荐这本书。书中会有许多他们无法理解的数学，但也有许多他们能够理解的，其中有些科学是过时的或错误的，但谁会在乎呢？那些可以被纠正，并且所有的数学都是正确的。

[9]参见http://www.manhattanrarebooks-science.com/black_hole.htm。我相信，这段引文能够在更多地方见到。

[10]参见http://www.mpe.mpg.de/ir/GC/。马克斯·普朗克研究所的网站有许多美丽的照片和图片。

［11］参见http://en.wikipedia.org/wiki/Hawking_Radiation。这个页面上有许多超出你想象的数学，但这却是一篇很好地说明其简单思想的文章。

［12］有许多方法来说明这个事实（实际上，我在一年级拓扑课程的考试中，要求学生至少用两种方法证明这一点）。证明单位区间无法被连续地映到边长为1的正方形的一种方法是，从这两个对象中心分别去掉一个点。这样做会使得单位区间变成两段区间，用拓扑学的语言就是不连续；然而，从单位正方形的中心去掉一个点后所得到的对象依然是连续的，你可以从这个挖去一点的正方形中的任意一点走到另外一点，就像你在自己后院中绕过一个鼠洞一样。

［13］参见R. Dawkins, *The Blind Watchmaker*（New York: W. W. Norton, 1986）。这是一本名著，但其中所涉及的思想可能会让某些人不安。道金斯一直就是无神论的著名代言人之一，当然他的观点是——演化可以不通过创造者的指导而发生。我认为每个人都应该读一下这本书，无论你的观点是什么，它都能促发你的思考。

第四部分

难以企及的乌托邦

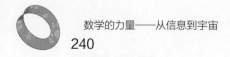
12

根基处的瑕疵

民主的基础

选举是民主的基础。无论是重要如下一任总统，还是平凡如下一届美国偶像，我们都需要选举。

当某位候选人获得了选票的半数以上，那么决定选举的胜者将毫无困难 —— 但是如果没有一位候选人获得半数以上的选票，就会产生问题。尽管选举的胜者有时并不清楚（比如2000年的总统大选），但选举却是由决定选举的那些规则所决定的。美国在很长的选举历史中暴露了目前所使用的选举规则中的弱点。

总统选举目前采用了选举团制度，而不是普选来决定胜者，但是这个制度在1800年时第一次碰到了麻烦。当时托马斯·杰斐逊[①]和阿龙·伯尔[②]两位领先者获得了相同的选举票数，为了解决这个选举中的问题产生了第十二修正案，在没有候选人获得优势的情况下选举将被移交给众议院来解决。但是1824年的大选却表明这个问题并没有被解决，领先的候选人是美国前总统的儿子，但他却没能赢得普选。最终并不是选民而是由少数高层政府官员决定了选举结果。听起来这好像是在描述2000年的总统大选，但历史总是在重复自身。

[①] Thomas Jefferson，1743年4月13日—1826年7月4日，美国第三任总统（任期1801—1809），同时也是《美国独立宣言》主要起草人，及美国开国元勋中最具影响力者之一。

[②] Aaron Burr，1756年2月6日—1836年9月14日，美国政治家，美国独立战争英雄，美国民主共和党成员，美国副总统（任期1801—1805），在1800年总统选举中，他与托马斯·杰斐逊获得同样的选举人票。美国众议院在进行30多轮投票后才最终将杰斐逊选为总统，伯尔担任副总统。

　　1824年的总统选举有四位主要的候选人：魅力十足的安德鲁·杰克逊[1]将军，他在1812年的战争中击败了英国；约翰·昆西·亚当斯[2]，他是前总统（选举期间任国务卿）的儿子；财政部部长威廉·克劳福德[3]以及众议院院长亨利·克莱[4]。选举开始之后，杰克逊获得了普选和选举团的多数票，但却没有获得所需的选举团半数以上票数。根据第十二修正案，选举移师到众议院（同样的怪异场景在2000年的选举中再次出现）；但是第十二修正案规定只有获得选票最多的前三位可以参与再次选举，这样克莱就被淘汰。克莱劝说自己的投票者转投亚当斯，尽管他个人不喜欢亚当斯，但他们俩在某些重要的政治观点上一致。因此亚当斯赢得了大选，虽然杰克逊不仅获得了最多的普选票，同时也获得了最多的选举团票。当亚当斯后来任命克莱为国务卿时，许多人都认为这是对克莱贡献选票的回报。

　　直到今天，这个系统仍然没有被修正。选举团制度为不同州的普选者赋予了不同的权重，试图评估这些选票的权重并不是一件容易的事。如果我们定义每张单独选票的值为它所代表的选举团票的分数，那么在由于人口少而只有三张选举团票的州中，单独选票的价值常常被认为比那些人口众多的州（如加利福尼亚州或纽约州）中单独选票的价值要高。利用这种估计方法，一位怀俄明州的选举者在选举团中

---

① Andrew Jackson，1767年3月15日—1845年6月8日，第七任美国总统（任期1829—1837）、首任佛罗里达州州长、纽奥良之役战争英雄、民主党创建者之一，杰克逊式民主因他而得名。

② John Quincy Adams，1767年7月11日—1848年2月23日，美国第六任总统（任期1825—1829），他是第二任总统约翰·亚当斯及第一夫人爱比盖尔·亚当斯的长子，他是美国历史上第一位继其父亲之后成为总统的总统。

③ William Crawford，1772年2月24日—1834年9月15日，美国政治家，曾任美国参议员、战争部长和财政部长。

④ Henry Clay，1777年4月12日—1852年6月29日，美国参众两院历史上最重要的政治家与演说家之一。辉格党的创立者和领导人。美国经济现代化的倡导者。他曾经任美国国务卿，并五次参加美国总统竞选。尽管均告失败，但他仍然因善于调解冲突的两方，并数次解决南北方关于奴隶制的矛盾，维护了联邦的稳定而被称为"伟大的调解者"，并在1957被评选为美国历史上最伟大的五位参议员之一。

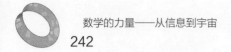
的影响力几乎是加利福尼亚州选举者的四倍。[1]

我们有另外一种估计每张选票重要程度 —— 数学上也更有趣 —— 的方法。班扎夫权力指标（Banzhaf Power Index，BPI）计算了某个投票实体能够通过自身的加入而促使其他联盟从落后转变为领先的能力。

尽管我们可以对单独投票人或投票人团体计算BPI指标，但我们用选举团的例子来进行计算则更加容易理解。为了表明如何计算BPI，先假设一个由三个州共100票构成的选举团，三个州分别拥有49、48和3票的选举权。为了计算拥有3张选票的州的BPI值，我们只需计算有多少个落后团体（拥有不超过半数选票的团体）会在这个拥有3张选票的州加入后变成领先者即可。对于拥有49票的州而言，它本身是落后团体，但如果拥有3张选票的州加入，那么总计52张选票就能保证胜利。同样，拥有48张选票的州本身也是落后团体，但如果拥有3张选票的州加入，这就变成胜利的团体。这就说明了与其他两个州的BPI值一样，拥有3张选票的州的BPI值为2。因此，较小的州在这场选举中有着强大的影响力，远远超过它本身所拥有的选举票数在总票数中的比例，候选人必须和在较大的州一样努力争取这个州的选票。

与这种情况相反的一面是，看起来拥有较多选举票数的州可能在决定选举结果方面起不到什么作用。如果有三个州，每个州拥有26张选票，第四个州拥有22张选票（同样，总的票数为100）。那么候选人只要赢得两个较大的州的选票就能在选举中获胜，第四个州无论怎么投票，对结果都毫无影响。不存在这样的落后的州的组合，使得这个较小的州加入之后能变成领先，因此这个较小的州的BPI值为0。每个较大的州的BPI值为4，因为它们可以加入任何一个较大的州，或者加入一个较大的州和较小的州的同盟，从而将落后的组合转变为胜者。较小的州的选民实际上丧失了自己的权利。

我们所做的权力指标分析表明加利福尼亚州的选民左右总统大选

的能力是哥伦比亚特区的选民的三倍。[2]因此每个人都知道选举团制度并非决定总统选举的真正民主的方式 —— 但如何衡量这一点依赖于我们所选取的用于分析这种情况的数学。

在理想的民主中，每个投票人都应该有相同的权重，因此我们也许会决定给每位投票者100点，并要求他将这些点贡献给不同的候选人。这种方法被称为"偏好强度方法"（preference intensity method），它的一个变体已经被用于决定伊利诺伊州众议院成员超过一个世纪[3]。一个简单的例子说明这种方法也有潜在的问题。考虑一场有两位候选者A和B，以及三位投票者（更大群体的讨论和这里的讨论差不多）的选举。第一位投票者将自己的100点全部给了A，没有给B，而其他两位投票者将70点给B，30点给A。这样，多数人偏好B而不是A，但却是第一位偏好A的投票者获胜，因为A获得了160点，而B获得了140点。我们能对这样一个少数比多数占优的选举过程感到满意吗？

有关决定民主政治中使用哪种投票方式的探寻可以追溯到两个多世纪前。或许第一位注意到在确定多数人喜好过程中也会产生问题的人是法国的一位数学家政客，他也是法国大革命中的主要角色。

选举悖论①

孔多塞侯爵（Marie-Jean-Antoine-Nicolas de Caritat，Marquis of Condorcet）出生于1743年。在当时身为侯爵是一件美好的事情，贵族身份所能获得的众多好处之一就是能够接受高等教育。在大学期间，孔多塞专心于数学和科学，在毕业时他已经走在一条成为18世纪著名数学家的道路之上。著名数学家和物理学家，在概率论、微分方程和轨道力学（拉格朗日点是小天体围绕两个较大天体运行、但却使得小天体的

———————

① 也译为"投票悖论"。

相对位置不变的特殊点）方面做出了奠基性工作的约瑟夫·路易斯·拉格朗日，描述孔多塞的论文："充满精彩且卓有成效的思想，可以为好几部著作提供材料。"[4]拉格朗日的赞扬才是真正的赞扬。

然而在自己的论文出版后不久，孔多塞碰到了安·罗伯特·雅克·杜尔哥①，一位后来成为路易十六财政总管的经济学家。他们之间的友谊迅速发展，杜尔哥设法让孔多塞被任命为造币厂的总管，一个类似于英国政府曾经授予艾萨克·牛顿的职位。

法国大革命开始后，身为贵族的成员是一件相当不利的事情，但是孔多塞积极欢迎新共和国的形成。他成了立法议会中的巴黎代表，后来成了议会的秘书长，帮助起草了国家教育系统建设计划。不幸的是，当法国大革命发生突变时，孔多塞犯了两个严重错误。他的第一个错误是加入了温和的吉伦特派并要求赦免国王的性命，他本有可能从第一个错误中幸免，但他所犯的第二个错误却是致命的：孔多塞没有意识到大革命的主动权将被激进的雅各宾派所掌握。他极力主张自己所参与编写的更温和的宪法，但很快就发现自己也位列法国大革命敌对分子名单中。在自己的逮捕令被签发后，孔多塞躲藏起来，并试图逃离法国，但最终被抓获并送进监狱。1794年，在入狱两天后，他被发现死于自己的牢房。他的死究竟是自然死亡还是他杀，直到现在仍不清楚。

现在孔多塞的名声既非来自他数学上的发现，也非他在法国大革命中的角色，而在更大程度上依赖于所谓的孔多塞悖论（Condorcet paradox）。这或许多少有点用词不当，因为它更像一个让人眼前一亮的东西，而不是一个真正的悖论。孔多塞悖论是寻找理想投票系统征程中发现的第一个难点所在。它发生在包含三位或更多候选人的选

---

① Anne Robert Jacques Turgot，劳内男爵（Baron de Laune），1727年5月10日—1781年3月18日。他是法国在18世纪中后期古典经济学家，也是经济学上重农学派的重要的代表人物之一。在今天他被视作经济自由主义的早期倡导者之一。

举中，且投票者被要求对候选人按照偏好从高到低进行排序。排序投票制被一些国家（澳大利亚是典型代表）采用进行全国大选，尽管美国的全国大选不采用排序投票制，它仍被用于一些地方的选举并取得效果。采取排序投票制至少有两个好处：它能帮助我们优先自己的选择；比起简单的选举一位候选人，它能做好淘汰选举制（这既耗时又昂贵）中所需要的淘汰工作。

社会的一个主要问题就是我们如何分配资源。目前我们关心且必须分配资源的三件事情分别是恐怖主义、卫生保健和教育。为了描述孔多塞悖论，假设我们让三位不同个体对这三件事按照重要性进行投票，下面是我们获得的选票。

	第一选择	第二选择	第三选择
选票1	恐怖主义	卫生保健	教育
选票2	卫生保健	教育	恐怖主义
选票3	教育	恐怖主义	卫生保健

三位投票者中的两位都认为恐怖主义比卫生保健更重要；三位投票者中的两位都认为卫生保健比教育更重要。如果一位投票者觉得恐怖主义比卫生保健更重要，而卫生保健比教育更重要，那么逻辑上这位投票者就应该觉得恐怖主义比教育更重要。但是大多数人并没有表现得如此具有逻辑性，三位投票者中的两位都认为教育比恐怖主义更重要！如果我们使用大多数人的决定来确定如何分配资金，我们就陷入了一个不可逾越的问题：我们不可能在恐怖主义上花费比卫生保健更多的资金；也不能在卫生保健上花费比教育更多的资金 —— 同时也不能在教育上花费比恐怖主义更多的资金。

这个简单的例子表明一个困扰社会科学家一个多世纪的问题：如何才能将包含着偏好排序的个体选票结果，转换为整个群体的偏好排序？孔多塞悖论指出如果我们只是简单地观察候选者的组合并决定谁

是大多数人的偏好，那么我们会陷入一个困境，在其中将无法保证数学家所谓的传递性。传递性是关系的性质之一：如果A优先于B以及B优先于C，那么A优先于C。个体偏好是满足传递性的，因此无论我们采用什么方法来决定群体偏好，那么要求这个结果满足传递性也应该是合理的想法。孔多塞悖论强调了我们在从个体排序的基础上得到社会排序时所需要决定的那个属性。

谁是真正的赢家？

当西方文明开始逐步朝着民主前进时，出现了许多不同的将个体排序转换为社会排序的方法。很快，我们就清楚地知道选举的结果依赖于所采用的投票方法。

在采用排序投票制的选举中可以使用许多种方法来决定胜者。经常被采用的一些决定胜者的方法如下。

（1）最多第一顺位法。能够获得最多第一顺位选票的候选人获胜。这种方法也被描述为胜者通吃，它被用于英国议会成员的选举，以及美国各种阶层的选举。

（2）第一顺位选票排名前两名决选法。获得第一顺位选票最多以及次多的两位候选人将直接竞争，获得多数票数的那位为胜者。如果投票者在选票上标注了偏好顺序，那么这种方法不需要第二次选举（这在现实世界中经常发生，并且会导致候选人和政府的额外货币成本），因为很容易就能计算出两位候选人中哪位更受投票者欢迎。但不管怎样，许多大城市的市长选举中采用了前两名决选法，其中包括纽约、芝加哥和费城等城市。

（3）幸存者法（以流行的电视真人秀命名）。获得第一顺位选票最少的候选人将会出局，这位候选人将不再存在，并从现有的选票中划去，然后重新检查选票。整个过程不断重复，直到剩下两位候选人。

这两位候选人中获得多数选票的那位将成为胜者。因为这种方法有可能避免决选这一事实，从而使得它获得了排序复选制（instant runoff voting，IRV）的名称。这一方法被澳大利亚的全国大选所采用，同时也在2006年加利福尼亚州的奥克兰市选举中被采用。

（4）数值汇总法。每位投票者在选票上为候选人排序，每个顺序被赋予一个分数：比如说，第一顺位选票可以给予候选人5分，第二顺位选票给予4分，依此类推。获得最多分数的候选人就是胜者。这个方法由15世纪数学家尼古拉斯[1]为了选出神圣罗马帝国的皇帝而提出，[5]但是现在只在一些小国家的主要选举中使用。然而它被广泛使用于非政治选举中，美国联盟和国家联盟[2]的最有价值球员就是用这种方法选出的。

（5）直接匹配法。每位候选人都直接与另一位候选人配对进行对决。获得最多场次对决胜利的候选人就是胜者。正如我们后面将看到的，这种方法的一个主要优势是它能避免孔多塞悖论。然而这种方法常常无法给出明确的胜者，利用这种方法，如果两位候选人在第一轮打成平手，那么胜者将从这两位候选人之间的匹配对决产生。这种方法广泛应用于某些循环赛制的比赛中，通常是体育界或者象棋比赛。

这里的每种方法都有其拥护者，并且都用于许多选举中。但是下面这张表中所描述的一个假想中的选举却告诉我们，要想找到某种从个体偏好排序中选出胜者的好方法是多么困难。五位候选者A，B，C，D和E一起竞争某个职位，一共发出了55张选票，但却只出现了6种不同的偏好排序。如下所示[6]：

---

① Nicholas of Cusa，1401—1464，文艺复兴时期欧洲德意志神学家。他最著名的论著是《论有学识的无知》（拉丁语：De docta ignorantia）（1440年）。该书论述了人类对上帝的理解。

② 美国职棒大联盟（Major League Baseball，MLB）是美国最著名的职业棒球联赛。1903年由国家联盟（National League）和美国联盟（American League）共同成立。

选票张数	第一选择	第二选择	第三选择	第四选择	第五选择
18	A	D	E	C	B
12	B	E	D	C	A
10	C	B	E	D	A
9	D	C	E	B	A
4	E	B	D	C	A
2	E	C	D	B	A

是的，上面这个表格看上去有点类似你在眼镜店验光时所见到的视力表，但是让我们对比一下使用每种方法所得到的结果。

（1）*最多第一顺位法*。显然，A是胜利者。

（2）*第一顺位选票排名前两名决选法*。此时A与B将是参加决选的两位候选人，因为他们分别获得18张和12张第一顺位的选票。但是只有18位投票者将A排在B之前，却有另外37位投票者将B排在A之前，因此B是胜者。

（3）*幸存者法*。这需要花点时间来确定胜者。在第一轮中E获得了最少的第一顺位的选票，因此被淘汰。现在表格变成下面这样。

选票张数	第一选择	第二选择	第三选择	第四选择
18	A	D	C	B
12	B	D	C	A
10	C	B	D	A
9	D	C	B	A
4	B	D	C	A
2	C	D	B	A

此时是D走到了终点，因为他只获得了9张第一顺位的选票。从而表格进一步变为下面这样。

选票张数	第一选择	第二选择	第三选择
18	A	C	B
12	B	C	A
10	C	B	A
9	C	B	A
4	B	C	A
2	C	B	A

至少现在的表格更容易读懂。由于B只获得了16张第一顺位的选票，因此最终的两人决战将在A和C之间进行。从表格中删去B则得到下表。

选票张数	第一选择	第二选择
18	A	C
12	C	A
10	C	A
9	C	A
4	C	A
2	C	A

这样C就以37票对18票战胜A而得以幸存。

（4）数值汇总法。我们假设第一顺位的候选人可以得到5分，第二

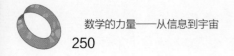
顺位可以得到4分，依此类推。你无须花时间用计算器进行计算，我可以告诉你结果是D成了赢家，他的分数是$191 = 5 \times 9 + 4 \times 18 + 3 \times (12 + 4 + 2) + 2 \times 10$。

（5）*直接匹配法*。此时你也许能够猜到这个结果，E将会赢得所有的直接匹配对决。他以37票对18票赢了A，33票对22票赢了B，36票对19票赢了C，28票对27票赢了E。

前面所列的每种方法都有其缺点，上面这个例子可以帮助我们了解这些缺点是什么。如果我们采用最多第一顺位法来决定胜者，我们也许会得到一位被少数人喜欢但却被大多数人厌恶的候选人。如果我们采用*决选法*，那么某位明显得到多数第一顺位选票的候选人就有可能输给另一位没那么多第一顺位选票的候选人。*幸存者法*也许会导致产生这样的胜者：他只需要明显优于一位候选人，而这位候选人恰好成为最后两人决选中的另一位。取决于不同的赋值，*数值汇总法*有可能会得到不同的结果：第一顺位选票在7—5—3—2—1的赋值下将会比5—4—3—2—1的赋值获得更重要的地位。最后，*直接匹配法*可能会导致这样的一位胜者：最少的投票人认为他适合领导者的职务。

这个例子明显是被仔细设计过的：D以极小的优势获得了数值汇总法，而E在直接匹配法中也恰好险胜D。但不管如何，在一场激烈的选举之中，结果不仅仅依赖于发放出去的选票，同样也依赖于决定胜者的方法。这样我们就回到了这一章开头所提出的问题：是否存在着决定某次选举的最好的投票方法？

想象有一位选举顾问来宣布这次假想中的选举的结果，并被询问是否能够想出更好的方法。在研究了这个例子之后，他也许会发现此中的困难在于A是导致选民两极分化的候选人：18张选票将A排在了所有人之前，但剩下的37张选票却将A排在了最末位。那么很明显要做的事情就是设计一种算法，它能够削弱这种两极化候选人所带来的问题。这当然可以做到，但同时我们的顾问也无疑会注意到无论自己设计什么算法，总有其他一些意料之外的情形会产生。实际上，这正是肯尼斯·阿罗（Kenneth Arrow）进行探索时所发生的事情。

不可能性定理

肯尼斯·阿罗于1921年出生于纽约。他的生涯与孔多塞的有着惊人的相似：和孔多塞一样，阿罗最初也是一名数学家，随后转行为经济学家；和孔多塞一样，这给他带来了名声和财富；和孔多塞一样，阿罗的工作激发了对他最先注意到的问题的深入研究。一个重要的不同点是，在写这本书的现在，阿罗依然在世并快乐地生活在帕洛阿尔托①，没有因为得罪雅各宾派或某些政治集团而被迫逃命。阿罗就读于纽约城市学院的数学专业，随后在哥伦比亚大学继续学习数学并获得硕士学位。但是他的兴趣在碰到了哈罗德·霍特林[7]②这位著名经济学家和统计学家之后转向了经济学，他决定取得经济学的博士学位。由于第二次世界大战的爆发，阿罗作为气象员在陆军航空部队服役。他利用自己的服役期进行研究，最终发表了一篇关于飞行计划中风的最优利用方面的文章。

战后，阿罗继续自己的研究生学习，但同时也为位于加州圣塔莫尼卡的兰德公司③（最早的智库之一）工作。他的兴趣开始转移到设计将个体偏好排序转换为社会偏好排序问题的方法。阿罗决定只关注那些满足传递性的社会排序方法，因为数学能够很容易地表示传递性这一属性，而这将使逻辑演绎变得可行。

阿罗用他最著名的结果表述了自己的进展，这一结果再现了我们

---

① Palo Alto，美国旧金山附近的一个城市。

② Harold Hotelling，1895年9月29日—1973年12月26日，美国数理统计学家、经济理论学家。他的著名成就包括霍特林定律和霍特林规则，参见本章尾注。

③ RAND Corporation，美国一家非盈利性全球政策智库，为美国军方提供调研和情报分析服务，其前身为美国空军的兰德计划。

假想中的选举顾问所进行的努力。最初阿罗试图发明一种算法，它能够消除当时已知方法中所碰到的难点，但每一次新提出的算法在消除已知问题的同时都带来了新的问题，他开始考虑要达到期望中的结果是否真的可能。

我从某些例子出发，但总是发现这样做会产生新的问题。那么接下来合理的事情就是写下一个我能够排除在外的条件。然后我构造了另一个例子和另一种看上去适合这个问题的方法，以及某些看上去并不太合适的东西。我发现要满足所有我所期望的这些属性很困难，于是突然想到它们可能无法被满足。

在处理了三个或四个这样的条件之后，我继续我的试验。没有想到的是，无论我怎么做，都没有东西能够满足这些公理。于是在几天之后，我开始思考这里也许存在着另外一种定理，即不存在任何投票方法能够满足我所认为的那些合情合理的条件。正是在这一刻我开始证明它，实际上，它只需要几天的工作而已。[8]

那么阿罗所证明的不能被任何投票方法同时满足的条件究竟是什么？阿罗最初的表示稍显专业，[9]这里的版本比阿罗的条件稍弱，但却比他论文中的描述要自然。

（1）任何投票者都没有独裁能力。第一个条件是我们所期望的民主应当具有的东西。换句话说，当任意个体投票时，剩下的投票者总存在着一种投票方式，使得结果能够推翻这个个体的偏好。

（2）如果每个投票者都认为A优先于B，那么投票方法所得的结果必须是A优先于B。第二个条件表明了全体一致性。这看起来也是一种合理的投票方法所满足的明显且自然的条件：如果每个人都喜欢它，那么社会也将喜欢他。

（3）失败者的死亡将不会改变选举的结果。初看上去，这个条件几乎是不需要的。我们都承认胜者的死亡必然会改变选举的结果，但是失败者的死亡如何改变选举结果？为了表明它是如何发生的，让我们假设失败者的死亡只会导致他或者他被从选票中删去。假设我们的选举获得了如下的选票：

选票张数	第一选择	第二选择	第三选择
40	A	C	B
35	C	B	A
25	B	A	C

这是一个非常有趣的例子，因为我们将会看到，无论谁获胜，只要"错误的"失败者死亡，那么都会改变选举结果。

首先假设我们采用的选举方法决定A赢得了选举。如果现在C死亡，一旦他的名字（或代号）从选票中删去，我们就能看出有$35+25=60$位投票者认为B优先于A，因此B将获胜。

其次假设我们采用的选举方法决定B赢得了选举，并且A死亡。在这种情况下，有$40+35=75$位投票者认为C优先于B，因此C将获胜。

最后，假设C获胜，B死亡。在这种情况下，有$40+25=65$位投票者认为A优先于C，因此再一次改变了选举的结果。

无论采用何种投票方法来决定胜者，错误的失败者的死亡都会改变选举的结果。这显然是我们不希望见到的。

这个条件同时还突出了选举进程的另一方面。有一句著名的政坛格言是说，自身没有任何机会的第三位候选人的出现有可能会给选举结果带来明显影响，正如拉尔夫·纳达尔[①]在2000年大选中的出现一样。简单地说，这只是上面"死亡失败者"条件的否命题，用无法取胜的候选人（他注定成为失败者）取代失败候选人的死亡，他的加入将会改变选举的结果。显然，如果纳达尔没有成为2000年大选的候选人，我们并不能确定会发生什么，但是通常认为构成他大部分选票来源的自由派将会投票给阿尔·戈尔[②]，而不是乔治·布什[③]。纳达尔在佛罗里达这个选举的关键州获得了97000张选票。布什最终仅以1000票的微弱优势在该州获胜，因此纳达尔的出现可能真的改变了大选的结果[④]。

前面的例子说明在三位候选人和100位投票者的情况下，没有投票方法能够避免失败者死亡会改变选举结果这一事实。但是如果有更多的候选人，或者不同数目的投票者时会发生什么样的事情呢？阿罗在自己著名的不可能性定理中表明，只要至少存在两位投票者以及至少三个不同的选项，那么就不存在满足传递性的投票方法能够同时满足上面所述的三个条件。阿罗因此获得了1972年的诺贝尔经济学奖。

---

① Ralph Nader，出生于1934年2月27日，美国检察长，作家，演说家，政治活动家，曾以独立参选人身份参选2004年美国大选和2008年美国大选，并以绿党参选人身份参加1996年美国大选和2000年美国大选。他在2000年美国大选中的角色备受争议。

② Al Gore，出生于1948年3月31日，美国政治家、环境学家、著名环保主义者。他曾于1993年至2001年间在比尔·克林顿执政时期担任美国副总统。2000年美国总统大选后成为一名国际上著名的环境学家，由于在环球气候变化与环境问题上的贡献受到国际的肯定，因而与政府间气候变化专门委员会（IPCC）共同获得2007年度诺贝尔和平奖。

③ George Bush，出生于1946年7月6日，美国第43任总统，任期自2001年至2009年。小布什是自本杰明·哈里森在1888年的选举以来第一个输掉普选，但却赢得选举人票而胜出的总统。他的父亲是之前曾担任第41任总统的乔治·赫伯特·沃克·布什。

④ 2000年美国总统选举是美国历史上选举结果最接近的几次之一，两位主要的参选人是共和党候选人乔治·W.布什，以及民主党候选人阿尔·戈尔。最终的选举结果经过一个月的争议后才最终定案，最主要的争执焦点是佛罗里达州的选举结果，双方在这个州的得票数异常接近。佛罗里达州的25张选举人票最终可以决定选举的胜负。因此尽管戈尔获得了50999897张普选票，布什获得了50456002张普选票。但是戈尔只获得了266张选举人票，布什获得了271张选举人票。美国总统选举由选举人票决定当选人，因此戈尔虽然赢得较多普选选票，但仍由获得较多选举人票的布什当选总统。

阿罗定理的现状

著名的演化生物学家斯蒂芬·杰伊·古尔德[①] 曾经提出过一个所谓的间断平衡（punctuated equilibrium）理论，[10] 在其中生物的演化可能会在较短的时间内经历奇妙的变化，然后稳定地进入一个相当长的休眠期。尽管这个理论现在还无法让演化生物学家们百分之百满意，但它有助于为科学和数学的进程提供精确的描述。这恰好表明发生了什么，阿罗定理是不可否认的重大进步，在它之后很长一段时间里，其结论依然不断获得相对较小的推广。我们将在下一章中讨论许多相关问题中的重要进展，但是阿罗定理依然是目前最重要的结果。

因为阿罗定理是一个数学结论，因此来看看数学家在这方面的工作应该是一件很有趣的事。最明显的出发点应该是我们对阿罗定理的描述中的五个假设，它们是：个体与群体的排序，群体选择算法中的传递性，独裁者的缺失，全体一致性，以及失败者的死亡不应该改变选举的结果。

阿罗定理中最有趣的一点在于这五个假设本身是相互独立的，但放在一起却不相容。数学家在见到一个有趣的定理时总是会提出这样一个问题，所有这些假设是否足够证明所需的结论？现已证明，如果去掉阿罗定理中的任何一个假设，那么剩下的四个将是相容的，也就是可以设计出一种投票方法，使得它同时满足这四个剩下的条件。[11] 比如说，如果我们允许社会有一个独裁者（存在一个选举者，他的选票被普遍接受），那么剩下的四个条件自然就能被满足。

因为任何个体的选择都是传递的，那么群体选择过程只需要简单地采取这位独裁者的选票，那么群体选择就会是传递的。全体一致

---

① Stephen Jay Gould，1941 年 9 月—2002 年 5 月，美国古生物学家、演化生物学家与科学史学家，同时也是一位著名科普作家。他曾任职于哈佛大学和纽约的美国自然史博物馆。他的主要科普作品有《自达尔文以来》《熊猫的拇指》《生命的壮阔》等。

性的要求同样能被满足，如果每个人都同意候选人 A 优先于候选人 B，那么独裁者也会这么认为，又因为独裁者的选票被采用，因此群体选择过程就会使得 A 优先于 B。实际上，近乎全体一致性的现象在独裁社会中的出现并不罕见。在战前的伊拉克，萨达姆·侯赛因[①]被报道拥有 99.96% 的赞成票，最近巴沙尔·阿萨德[②]以 97.62% 的赞成票连任叙利亚的总统。最后，失败者的死亡不会影响选举结果，因为从选票中删去失败者不会影响独裁者对于剩余选举人的排序的影响，从而社会对于剩余候选人的排序也不会改变。因此独裁社会就是这样一个"投票方法"的例子，它满足我们所考虑的四个条件。

全体一致性的需求来自于对现实世界某些先例的数学审查。正如前面所提到的，在一个具有多重选择的选举中，常常会有某些选民根本不关心的选项。偏好强度方法作为排序投票制的一个变体已经在前面讨论过。在这本书的写作期间[③]，有十位共和党人宣布参于竞选总统，其中参议员约翰·麦凯恩（John McCain）、前州长米特·罗姆尼（Mitt Romney）、前市长鲁迪·朱利亚尼（Rudy Giuliani）吸引了大部分的关注。某位投票者可能只需要决定如何对这三位候选人进行排序，而无须考虑剩下的那些候选人即可。阿罗定理的某些变体将条件"如果所有投票者认为 A 优先于 B，那么投票方法所得的结果必须是 A 优先于 B"替换为某些类似于"如果没有投票者认为 B 优先于 A，那么那么投票方法就不应该得到 B 优先于 A"。这显然是全体一致性的某

---

① Saddam Hussein，1937 年 4 月 28 日 — 2006 年 12 月 30 日，1979 年至 2003 年任伊拉克总统、伊拉克总理、伊拉克最高军事将领、伊拉克革命指挥委员会主席与伊拉克复兴党总书记等职。2003 年伊拉克战争中，其政权被美国推翻，萨达姆逃亡半年后亦被美军掳获。经伊拉克法庭审判，于 2006 年 11 月 5 日被判绞刑（尽管他愿被判处枪决），并于 12 月 30 日当地时间清晨 6 时 5 分执行，终年 69 岁。

② Bashar al-Assad，出生于 1965 年 9 月 11 日，是叙利亚已故总统哈菲兹·阿萨德的次子。2000 年 6 月哈菲兹·阿萨德逝世后，巴沙尔当选叙利亚复兴党总书记，并晋升为大将兼叙武装部队总司令。同年 7 月在总统选举中以绝对多数票当选叙利亚总统。2005 年 6 月再次当选阿拉伯复兴社会党总书记。2007 年 5 月，叙利亚全民公决确认巴沙尔获得第二个总统任期，同年 7 月宣誓就职。

③ 本书写于 2007 年至 2008 年间。

种修改，从而允许出现某位投票者看不到任何A优先于B的原因这种可能性，反之亦然。但是并非所有人都认为这种修改是重大改进。

一种能够避开传递性所带来的困境的方法是简单地要求投票方法只能对两者之一进行选择，从而无须担心这种方法是否传递。让我们再次考虑一下在孔多塞悖论中所遇到的情形：大多数人认为A优先于B，并且B优先于C，但是C却优先于A。如果投票者对于A和B的竞争结果以及B和C的竞争结果毫无所知，那么他们就不会受困于多数人认为C优先于A这个结论。在这种情况下无知就是福，因为孔多塞悖论永远不会出现。孔多塞悖论更多地是困扰着社会科学家而非真实的投票者，只需简单地要求投票方法必须从二中选一，那么传递性问题就能被消除。因此直接匹配法肯定能完成这个任务。

偏好排序和死亡失败者条件是阿罗定理中的两个最常被引用为五个条件不相容性的来源的部分。正如我们所注意到的，美国许多重要的选举都只是简单地要求投票者进行单独的选择，因此不会产生阿罗定理的复杂性（虽然在下一章中我们将会看到，这会产生其他的复杂性）。然而，偏好排序被引用的优点（优先表示以及避免对决）足以劝说社会科学家（比纯粹数学家要更加实际的一个群体）继续研究采用偏好排序的投票方法。

死亡失败者条件可能是最常出现在阿罗定理的不同版本中的条件——虽然阿罗本人认为死亡失败者条件是五个条件中最可有可无的条件。这就产生一个问题，我们如何从数学上断定某种投票方法的价值——这也正是目前正被研究的一个课题。正如热力学第一定律迫使我们放弃寻找宇宙中的免费能量，从而转向对效率最大化的研究一样，既然不存在完美的投票系统，阿罗定理就迫使我们寻找某种能够对投票系统进行评估的判定条件。

阿罗定理的未来

尼尔斯·玻尔经常被引用的名言"预言是困难的 —— 特别是关于未来的预言"[12]对于大多数科学事业中的发展都适用。尽管不可能预言将会发生什么，但未来仍有三个可能的方向能引人侧目 —— 如果结果足够惊人，或许能够获得诺贝尔奖。

正如我们已经看到的，大部分与阿罗定理有关的结果都涉及一些条件，它们与阿罗原先所给出的条件类似。如果能够找到一个具有完全不同条件的不可能性定理，那将会非常有趣，这也是那些希望能够名垂青史的社会科学家目前可以从事的一个方向。然而正如阿罗所发现的，没有任何社会偏好排序方法能够满足所有的五个条件，未来的数学家可能会发现这些条件，或者它们的某些变体会归结为唯一一个导致不可能性定理的条件。而如果不可能找到一个完全不同的不可能性定理，这样的结果将会比阿罗最初的结论更让人惊讶。

最后，数学总是能够让人感到惊奇的方面在于其结果可应用范围的广泛性。正如爱因斯坦的相对论被证明是微分几何不可思议同时也是绝妙的应用之一，阿罗定理（它的核心其实是纯数学领域的结论）也许在与它最初来源的社会偏好大相径庭的领域有着类似的绝妙应用。

在这里我忍不住要谈一下我的（其他人也许有过的）某个想法。相对论的一个结论是不存在"绝对时间"：一位观察者看见事件A发生在事件B之前，但另一位观察者也许看见事件B发生在事件A之前。对每位观察者而言，事件的时间顺序也是一种排序，但是相对论表明不可能采用某种明确的事件排序方式，使得所有观测者的结果一致。这听起来熟悉吗？对我而言，这和阿罗定理看上去很相似。

这让我想起自己曾研究过的一个问题

当一个新的结果出现在数学中时，特别是像阿罗定理这样的突破性进展，数学家都会从中寻求是否存在着自己可以利用的部分。这个定理的结论可能会为某个证明提供关键性的一步，也可能其中的证明技巧能被用于他们特别的需要。第三种可能性并不十分直接：这个定理的某一部分看上去特别眼熟。它并非是难住数学家的那道问题，但它却又足够类似，这就会让数学家们想到，也许只需要一点点的调整，他们就能以某种方式将这个定理用于自己的研究中。而正是对阿罗定理的微调导致研究者们直接进入了充满着政治烟雾的密室中。

注释：

[1]参见http://www.hoover.org/multimedia/uk/2933921.html。

[2]参见http://www.cs.unc.edu/~livingst/Banzhaf。

[3]参见http://lorrie.cranor.org/pubs/diss/node4.html。

[4]参见http://www.cooperativeindividualism.org/condorcetbio.html。（已失效——译者注）

[5]参见http://en.wikipedia.org/wiki/Nicholas_of_Cusa。

[6]参见COMAP, *For All Practical Purposes*（New York: COMAP, 1988）。这一章所采用的例子都是基于这本精彩的教材。如果你打算买一本书，能够继续研究本书中的话题，或者找到其他有趣的东西，那么我将会推荐这一本。这本书源自于一个教师团体的想法，他们打算写一本书，能够让具有最少数学背景的学生学到某些与现实世界相关的数学，最终他们取得了令人敬佩的成功。这本书的早期版本可以在eBay上以不到10美元买到。

[7]霍特林是经济学中霍特林规则（Hotelling's rule）的作者。霍特林规则是说，在一个竞争的市场中，某个资产的价值会以近似于利率的速度增长。这听上去很不错，我的银行提供4%的年利率，但是加油站的价格却以更快的速度增加。关于这一点你可以在网站http://www.env.econ-net/2005/07/oil_prices_hote.html上找到相关的论述。

[8]参见COMAP, *For All Practical Purposes*（New York: COMAP,

1988），作者和出版者是相同的。这是在注释6中提到的那本书，这本书有不少版本，而这是最初的那一版。

[9] 参见 K. J. Arrow, "A Difficulty in the Concept of Social Welfare," *Journal of Political Economy* 58（4）（August 1950）: pp. 328-346。

[10] 参见 http://en.wikipedia.org/wiki/Punctuated_equilibrium。

[11] 参见 http://www.csus.edu/indiv/p/pynetf/Arrow_and_Democratic_Practice.pdf。

[12] 参见 http://en.wikipedia.org/wiki/Niels_Bohr。

13

烟雾缭绕的房间

可能性的艺术

　　德国首相奥托·冯·俾斯麦①最著名的成就是使用武力手段统一了德国，但无论从哪方面来看他都是一个精明的政客。"法律就像香肠：最好别看到它的制作过程，"俾斯麦曾这样建议。因而毫不奇怪，他认为政治就是"可能性的艺术"。[1]在其一生中，他取得了军事和政治上的胜利（俾斯麦是德国统一的主要推动者），无疑也见证和参与了许多密室中的谈判过程。如下的场景对于俾斯麦而言一定十分熟悉。

　　包括你在内的一个委员会需要选举一位主席，你和你的同事们决定使用排序复选制来决定人选。这一职位的竞争者包括四位候选人。如果任何候选人获得了超半数的第一顺位选票，那么他就当选；否则获得最多第一顺位选票的前两位将进行决选。你是一个四人派别的领导者，另外还有两个派别分别是5人和2人。在四位竞选主席的候选人中，你的派别全力支持候选人A，对候选人B只是满意，而厌恶和憎恨候选人D。

　　你的派别中每人都会投出相同的选票：第一选择是A，然后是B、C，最后是讨厌的D。其他两个派别也已投出了如下的选票：

---

① Otto von Bismarck，1815年4月1日—1898年7月30日，普鲁士王国首相（任期1862—1890），德意志帝国首任宰相。俾斯麦是19世纪德国最卓越的政治家，担任普鲁士首相期间通过一系列铁血战争统一德意志，并成为德意志帝国第一任宰相（又译"帝国总理"）。

选票张数	第一选择	第二选择	第三选择	第四选择
5	D	C	B	A
2	B	D	A	C

令人郁闷的是，你发现如果你投出了自己派别的四张选票，最终结果将如下表所示：

选票张数	第一选择	第二选择	第三选择	第四选择
5	D	C	B	A
2	B	D	A	C
4	A	B	C	D

这样将会在候选人A和D之间进行决选，结果D以7比4获胜。这将令人无法忍受！突然你想到了一个聪明的主意，于是你找到一间充满了烟雾的小屋①召开秘密会议。你向派别中的其他成员指出，如果他们都愿意将选票中候选人A和B的位置互换，那么B将获得6张第一顺位的选票（超过半数）从而赢得选举。他们无法投出确保A能获胜的选票，但是通过互换A和B的位置却能保证获得可接受的结果，并且确保D无法获胜。

这个技巧还可以用在更微妙的情形下。现在假设其他的7张选票结果如下表所示：

选票张数	第一选择	第二选择	第三选择	第四选择
5	D	C	B	A
2	C	B	D	A

---

① 在英语中，a smoke-filled room常用来指代（政治领域）私下进行的秘密商谈或交易所在地。

如果你的派别投出的选票和原先一样，那么表格会变为：

选票张数	第一选择	第二选择	第三选择	第四选择
5	D	C	B	A
2	C	B	D	A
4	A	B	C	D

在这种情况下，没有候选人获得半数以上票，因此进入和前面类似的在候选人A与D之间的决选，最终D将获胜。然而，如果你的派别将选票中候选人A和B的位置互换，那么表格会变为：

选票张数	第一选择	第二选择	第三选择	第四选择
5	D	C	B	A
2	C	B	D	A
4	B	A	C	D

这就说明候选人B和D将进行决选，最终（幸运的是）B以6比5获胜。

这就是为你所特制的香肠。这个在选举的历史中出现过无数次的策略被称为虚假投票（insincere voting）。尽管你的派别更喜欢候选人A，但却退而求其次选择了B。因为候选人D获胜的可能性足以令你的团体害怕出现这个结果，从而没有按照自己的真实喜好投票。

这个例子同样表明了虚假投票能够成功的两个必要条件：必须事先知道选举的决定方式（在这个例子中是排序复选制），为了准确地制定策略必须知道其他人的投票结果。在我们研究的这个例子中，如果不知道其他两个派别的投票结果，那么将选票中的第一顺位由A改为B，将会在无意中削弱自己真实的期望。改变自己选票中偏好的唯一原因就是你知道这么做能够获得更多。

回想起肯尼斯·阿罗初次开始自己的研究时，他是在寻找一种将个体偏好转变为社会整体偏好的系统，他试图找到的系统必须同时满足几个明显可取的属性。尽管俾斯麦也许会对前面例子中所引入的可能性点头赞许，但很明显我们所取得的结果是基于已经投出的选票。直观上很明显，那些已经投出的选票的信息会让那些后投票者处于一个比先投票者更加有利的地位。这显然给选举增加了投机取巧的成分，也违背了民主选举中"一人一票"的中心思想：后投票者的选票比先投票者的选票更有价值。因此问题就出现了：是否存在着一种能够消除虚假投票可能性的投票方式？

吉伯德-萨特思韦特定理

如同寻找能够将个体偏好转换为社会偏好的完美系统的征程一样，寻找一种能够消除虚假投票可能性的投票方式的努力也以失败告终（现在，你对这个结果应该不会觉得特别惊讶）。吉伯德-萨特思韦特定理（Gibbard-Satterthwaite theorem）[2]表明，任何投票方式至少需要满足三个条件之一。在阿罗定理的表述中以"没有投票方式能够满足……"开始，但是下面的表述有少许的不同，如果我们将表述改为"每个投票方式都必须满足如下条件之一"，那么就能容易地给出吉伯德-萨特思韦特定理的最后一个条件。因此这里的某些条件看上去像是阿罗定理中类似条件的否定形式。

（1）某位投票者拥有独裁能力。这是阿罗定理中第一个条件的否定。

（2）某位候选人不可能当选。吉伯德-萨特思韦特定理并没有明确指出为什么这位候选人不可能当选，这也许是因为他极度不受欢迎，或者是他在竞选一个他无法胜任的职位，亦或是像美国政治历史上曾发生过的，他去世了。

（3）某位能够获得其他人是如何投票的全部信息的投票者能够改变选举结果，他可以通过更改自己手中的选票以确保另一位不同的候选人获胜。

当然，最后一个条件是最关键的，它也是虚假投票的本质所在。

这里需要指出吉伯德-萨特思韦特定理中的两个关键点。第一，如果选票总数相对较少，那么虚假投票更可能影响投票结果，很明显加利福尼亚州（甚至是怀俄明州）参议院中的一位投票者几乎不可能通过改变自己的选票来影响整个选举的结果。然而在许多选举中只需要相对较少的选票——某个委员会选举主席和（某个党派的）候选人提名大会就是这样的两个例子——但如果考虑到个体投票者能结成派别这样的可能性，那么定理的适用范围就相当宽泛了。

此外，任何加利福尼亚州的投票者都几乎不可能知道其他投票者所投的结果。但是和上面一样，在选举委员会主席或候选人提名大会中某些投票者能够获得这样的信息并非毫不可能。美国参议院的选举看上去同样会受到虚假投票的影响，许多投票者都有一个时间范围，并且有一个公开展示选举实时结果的表格。因此，尽管吉伯德-萨特思韦特定理相比阿罗的著名结果更不为大众所知，但它不仅是社会科学中重要的贡献，同时也为真实世界带来了可观的影响。

公平代表

在理想的民主中，每一位愿意参与到决策过程的个体都应该能通过投票实现这一过程。然而，开国元勋们知道绝大部分人民忙于自己的生计——诸如耕作、看管店铺或者生产制造此类——而不能成为固定的参与者，因此选择了共和制而不是民主制。在共和制度中，选民们选出他们的代表，由这些代表来做出决定。

不幸的是，在共和制度之下，不可能所有的派别都能被公平地代表。举一个简单的例子，某个政体有五个不同的子团体，但是只有三位领导人职务。因此至少有两个子团体必然被排除在领导阶层之外。

美国的共和制也存在着类似的问题。参众两院的选举都是建立在

以州为单位的基础上。每个州在参议院中都拥有两个席位，因此在参议院中每个州都有相同的领导位置。众议院的成员分配就有点棘手，众议院的代表席位是固定的（435人），每个州所分得的代表名额取决于每十年进行一次的人口普查的基础。看上去决定每个州应该获得几个代表名额并不是特别困难的事：如果一个州拥有全国百分之八的人口，那么它就应该获得百分之八的代表席位。稍加计算就知道435的百分之八是34.8，因此问题就是0.8个代表席位究竟应该是近似为34还是35。

绝大多数小学生都学过这样的近似算法：将某个数近似为最接近的整数，除非它正好处于两个整数的中间（如11.5），这样就将它近似为最接近的偶数。利用这个算法，34.8就近似为35，而34.5将会近似为34。这对于计算而言是非常合理的近似算法，但它却在众议院代表人数的近似问题上碰到了麻烦。

假设美国依然由最初的13个殖民地组成。其中的12个分别占有百分之八的人口，剩下的1个占有百分之四的人口。根据上面的计算，比较大的12个州均会获得34.8个代表席位，利用小学算法可知这将近似为35名代表。较小的那个州将仅仅拥有17.4个代表席位，这将近似为17名代表。这个过程将一共选出12×35+17=437名代表，但是众议院只有435个席位。

这看上去只是数字游戏中的小问题，但是1876年的总统选举中该方法却玩了一次数字游戏。[3] 在那一年，拉瑟福德·B.海斯[①] 以185张选举人票对184张选举人票战胜了对手塞缪尔·蒂尔登[②]（蒂尔登以

① Rutherford B. Hayes，1822年10月4日—1893年1月17日，第19任美国总统（任期1877—1881），美国共和党籍。他是美国历史上第一位未能赢得普选，但却赢得选举人票而当选的美国总统。[另外两位为第23任美国总统本杰明·哈里森（1888年）和第43任美国总统乔治·沃克·布什（2000年），两者同属共和党]

② Samuel Tilden，1814年2月9日—1886年8月4日，纽约州第25任州长，19世纪最具争议的1876年总统大选候选人之一。

较大优势赢得了普选）。如果使用不同的近似算法，那么支持海斯的一个州将会少获得一张选举人票，而支持蒂尔登的一个州将多获得一张选举人票。这个差别将会改变这次选举。

亚拉巴马州悖论[4]

开国元勋们知道决定每个州应该获得的选举权票数的重要性。事实上，乔治·华盛顿否决了亚历山大·汉密尔顿所提出的国会议员代表名额的分配方式就是有记载的第一次总统否决权的使用（国会回应的方式则是通过了由托马斯·杰斐逊所提出的采用近似方法的提案）。但不管怎样，在1876年发生了一次有争议的选举，这次选举采用的方法正是从1852年开始采用的汉密尔顿方法，也被称为最大分数法。

为了说明汉密尔顿的方法，让我们先假设我们打算为一个拥有四个州的国家分配代表名额，代表名额总数为37人。下面的表格给出了每个州居住人口所占的百分比，这也正是这个州应该按比例享有的代表数的准确数值。

州	人口比例	配额（37×人口比例）
A	0.14	5.18
B	0.23	8.51
C	0.45	16.65
D	0.18	6.66

每个配额都是一个整数加一个分数部分，分数部分以小数形式表示。每个州先分配它们配额的整数部分，如下表所示。

州	配额	最初分配额	剩余分数
A	5.18	5	0.18
B	8.51	8	0.51
C	16.65	16	0.65
D	6.66	6	0.66

最初分配的代表名额总计为 5+8+16+6=35，这样距离期望的总数 37 还缺 2 名代表。这两名代表将被分配给以剩余份额递减顺序排列的州。D 拥有最大的剩余分数（0.66），因此得到了剩余两名代表名额中的第一个。C 是剩余分数第二大的州，因此获得了剩下的代表名额。在这个过程中 A 和 B 被剥夺了部分权利。最终的结果如下表所示。

州	人口比例	代表人数
A	0.14	5
B	0.23	8
C	0.45	17
D	0.18	7

在 1880 年，美国人口普查办公室的首席官长 C.W. 西顿发现了汉密尔顿方法中的一个反常现象。他决定计算一下如果众议院从 275 个席位依次增加到 350 个席位时，每个州应该获得的代表名额。在做这件事时，他发现如果众议院代表名额设为 299 人，那么亚拉巴马州将获得 8 个名额；但是如果将众议院代表名额设为 300 人，那么亚拉巴马州将只能获得 7 个名额！这就是亚拉巴马州悖论。

299位代表名额

州	1880年人口	人口比例	标准配额	近似配额	最终配额	排名
肯塔基	1648690	3.34	9.99	9	10	0.99
印第安纳	1978301	4.01	11.98	11	12	0.98
威斯康星	1315497	2.66	7.97	7	8	0.97
宾夕法尼亚	4282891	8.67	25.94	25	26	0.94
缅因	648936	1.31	3.93	3	4	0.93
密歇根	1636937	3.32	9.91	9	10	0.91
特拉华	146608	0.30	0.89	0	1	0.89
阿肯色	802525	1.63	4.86	4	5	0.86
密西西比	1131597	2.29	6.85	6	7	0.85
新泽西	1131116	2.29	6.85	6	7	0.85
艾奥瓦	1624615	3.29	9.84	9	10	0.84
马萨诸塞	1783085	3.61	10.80	10	11	0.80
纽约	5082871	10.30	30.78	30	31	0.78
康涅狄格	622700	1.26	3.77	3	4	0.77
西弗吉尼亚	618457	1.25	3.75	3	4	0.75
内布拉斯加	452402	0.92	2.74	2	3	0.74
明尼苏达	780773	1.58	4.73	4	5	0.73
路易斯安那	939946	1.90	5.69	5	6	0.69
罗得岛	276531	0.56	1.68	1	2	0.68
马里兰	934943	1.89	5.66	5	6	0.66
亚拉巴马	1262505	2.56	7.65	7	8	0.65

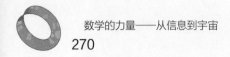
300位代表名额

州	1880年人口	人口比例	标准配额	近似配额	最终配额	排名
威斯康星	1315497	2.66	7399	7	8	0.99
密歇根	1636937	3.32	9.95	9	10	0.95
缅因	648936	1.31	3.94	3	4	0.94
特拉华	146608	0.30	0.89	0	1	0.89
纽约	5082871	10.30	30.89	30	31	0.89
密西西比	1131597	2.29	6.88	6	7	0.88
阿肯色	802525	1.63	4.88	4	5	0.88
新泽西	1131116	2.29	6.87	6	7	0.87
艾奥瓦	1624615	3.29	9.87	9	10	0.87
马萨诸塞	1783085	3.61	10.84	10	11	0.84
康涅狄格	622700	1.26	3.78	3	4	0.78
西弗吉尼亚	618457	1.25	3.76	3	4	0.76
内布拉斯加	452402	0.92	2.75	2	3	0.75
明尼苏达	780773	1.58	4.74	4	5	0.74
路易斯安那	939946	1.90	5.71	5	6	0.71
伊利诺伊	3077871	6.23	18.70	18	19	0.70
马里兰	934943	1.89	5.68	5	6	0.68
罗得岛	276531	0.56	1.68	1	2	0.68
得克萨斯	1591749	3.22	9.67	9	10	0.67
亚拉巴马	1262505	2.56	7.67	7	7	0.67

　　上面这些表格只是西顿所绘制的75张表格中的两张（每张只有一半）。我们不禁震惊于西顿对这件事情的坚持，在当时为了计算这些数字，你真的需要仔细地计算，因为没有任何科技设备的帮助，尽管西顿有可能获得了人口普查办公室的同事的帮助。不仅如此，我们也

为西顿感到惋惜，如果他是一位数学家或社会科学家，那么他一定能够做出更好的工作。像这样大的发现绝对值得命名为西顿悖论，但这并没有发生。至少西顿能够感受到做出这个发现时的激动。

这个悖论也能体现在下面这个例子中。

州	议会人数323人			议会人数324人	
	人口比例	配额	代表人数	配额	代表人数
A	56.7	183.14	183	183.71	184
B	38.5	124.36	124	124.74	125
C	4.2	13.57	14	13.61	13
D	0.6	1.93	2	1.94	2

人口悖论

汉密尔顿方法中还存在着其他一些问题。在1900年，弗吉尼亚州在众议院中丢失了一个席位，这个席位被缅因州获得，尽管弗吉尼亚州的人口增长快于缅因州。

这里有一个简单的例子。假设一个州拥有三个地区，州代表人数为25人，每个地区的代表人数使用汉密尔顿方法确定。

地区	人口（千人）	人口比例	配额	代表人数
A	42	10.219	2.55	3
B	81	19.708	4.93	5
C	288	70.073	17.52	17

在第二次人口普查的时候，A地区增加了1000人，C地区增加了

6000人，而B地区的人口数不变。那么表格就变成了：

地区	人口（千人）	人口比例	配额	代表人数
A	43	10.2871	2.57	2
B	81	19.3780	4.84	5
C	294	70.3349	17.60	18

A地区的人口增长了2.38%，而C地区的人口增长了2.08%。A地区的人口增长比C地区要更快，但却失去了一个代表名额。如果C地区多出的代表名额是从B地区获得，那看上去似乎更加公平，因为B地区根本没有人口增长。实际上，即使B地区的人口数减少，使用汉密尔顿方法，它也依然有可能获得相同的代表名额。

新州悖论

哈密尔顿方法的最后一次失败发生在1907年，那一年俄克拉荷马州（Oklahoma）加入了联邦。在俄克拉荷马州加入之前，众议院共有386个席位。根据某个比例基数，俄克拉荷马州被分配了5个众议院席位，因此众议院将扩大为386+5=391个代表席位。然而当重新计算席位时，却发现缅因州多获得了一个席位（从3变成4），而纽约州失去了一个席位（从38变为37）。[5]

在下面这个例子中，也会产生同样的问题，此时代表总数为29人。

地区	人口（千人）	配额	代表人数
A	61	3.60	3
B	70	4.13	4
C	265	15.65	16
D	95	5.61	6

现在假设一个拥有3.9万人口的新地区加入。在一个拥有29个席位的议会中，它的配额是2.3，因此分配给它2个席位，这样新的议会一共拥有31个席位。结果列在下面的表格中。

地区	人口（千人）	配额	代表人数
A	61	3.57	4
B	70	4.09	4
C	265	15.50	15
D	95	5.56	6
E	39	2.28	2

地区A多获得了一个席位，而地区C失去了一个席位。

如果只发生了这里讨论的三个悖论中的两个，哈密尔顿方法或许还能得以保留，但这三连击注定了它的死亡。目前所用的方法是1941年开始采用的亨廷顿-希尔方法（Huntington-Hill method），它是一种比哈密尔顿方法在算术上更加复杂的近似方法。然而正如我们会怀疑的那样，它也成为了悖论的牺牲品。后来，两位数理经济学家米歇尔·巴林斯基（Michel Balinski）和H.佩顿·杨（H. Peyton Young）证明了这一切都无法避免。

巴林斯基-杨定理

正如我们所看到的，代表人数是我们所选择的用于近似分数的方法的直接结果。配额方法（quota method）指的就是如何将配额近似为两个最接近的整数中的一个的方法。比如说配额是18.37，配额方法会将它近似为18或者19。巴林斯基-杨定理[6]表明不可能设计出一种配额方法，它能够同时解决亚拉巴马州悖论和人口悖论。

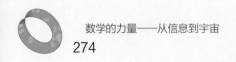
尽管我们使用了可以说是它最重要也是最富争议的背景——众议院和选举人团——来介绍这个问题，但我们所讨论的问题还有另外一个重要的应用。在许多情况下，我们需要将某些数量分割为离散的部分。比如说，一个城市的警察局得到了40辆新的警车，那么将如何分配给这个城市的十一个地区？一位慈善家在他的遗嘱中留下10万美元给母校，用于在文科、工程和商业学科设立20个5000美元的奖学金名额，那么该如何分配这20个名额？巴林斯基-杨定理告诉我们对于这些分配不存在公平的方式，如果我们将公平定义为该分配方式对亚拉巴马州悖论和人口悖论免疫。

也许我们应该说短期看来不存在完成这种事情的公平方式。这么说的意思是，我们没有办法保证存在这样一种将代表名额分配给各州的方式，使得在每一次人口普查时，每个州通过配额方法获得的代表名额都不会陷入亚拉巴马州悖论或人口悖论中。然而有一种方法可以在长久意义上保证每个州都能得到它所应得的份额。只需要简单地计算每个州的配额，然后利用一个随机近似过程来决定分配给这个州的代表名额究竟是两种可能性中大的那个还是小的那个。比如说，如果一个州的配额是14.37，那么将标号1至100的100个球放进罐中，蒙上州长的眼睛，让他或她从中取出一个球，如果取出的是1至37之中的球，那么这个州就获得14个代表名额，否则就可以获得15个代表名额。从长远意义看来，这样每个州都能够获得自己的代表配额。

随之而来的问题就是，这个过程所产生的众议院，其代表人数是不定的。美国有五十个州，如果每个州都获得的是两个可能整数中较小的那个，那么众议院将只有385名代表；类似地，众议院也可能多至485名代表。但在长远意义下，众议院平均拥有435名代表。

最新进展

目前的数学研究比我刚进入该领域的20世纪60年代要更有效。在那时，你所任教的单位每年会订阅一些期刊，绝大部分数学家都会单独订阅《美国数学会通告》(*Notices of the American Mathematical Society*)，上面刊登着已出版、即将出版或在会议上提交的论文的摘要。如果你看到一些感兴趣的东西，你可以向作者索要一份论文或预印本（论文尚未出版）；你读着这篇论文，然后查看参考文献并找到其他感兴趣的文章。如果能在图书馆找到这些文章，你就将它们复印，否则你仍需要写信给作者索要这些文章。合作依然是数学活动中很重要的一环，但合作伙伴却逐渐变成了你附近的同事或者是在会议上碰到的人。

因特网彻底地改变了做数学的方式。美国数学会运营一个叫做MathSciNet[7]的网站，这是一个可搜索的数据库，它包括了过去50年内发表的几乎每一篇论文。如果你对某个特别的定理感兴趣，比如说吉伯德–萨特思韦特定理，你只需要将它键入MathSciNet的搜索引擎中 —— 正如我所做的那样。返回的结果是一张包含61篇论文的列表，其中最早的一篇发表于1975年。如果这篇文章曾被《数学评论》(*Math Reviews*)做过梗概，那么几乎同时就能获得并阅读其梗概。

这一过程使得数学研究变得更有效率 —— 更加狂热，出版的论文数量以指数级上升。此外，因特网使得全世界所有地方那些也许无法见面的数学家能够相互交流。我最近合作的数学家来自德国、波兰和希腊，如果不是互联网，我也许永远也碰不到这些人（除非在某次会议上偶尔遇见）。

MathSciNet同样也能揭示有关吉伯德–萨特思韦特定理和巴林斯基–杨定理现状之间有趣的分歧。虚假投票与扑克游戏中的虚张声势有关联，而策略是博弈理论（ game theory ）中的一个关键方面，博弈理论是数理经济学的一个分支，它已经促成了不少诺贝尔奖。目前的研究热点所涉及的领域，在其中信息也许是公开的，也许是不公开的，像计算路由网络中的交易费用问题。在这样的网络中，要使用某个节点，你必须向节点的所有者付一定费用。某个网络的用户想获得一些信息，而信息必须以最少的花费通过一连串的节点传送过来 —— 一

个明显的策略就是询问每个节点的花费。然而节点的所有者也许会因为报高价而获得更多的利润，这就类似于虚假投票。这里所探讨的一个关键思想就是游戏能否防策略（strategy-proof），也就是说游戏中不存在着促使某个玩家对其他玩家说谎或隐藏信息的诱因。

另一方面，MathSciNet上仅列出了22篇有关巴林斯基-杨定理的文章，最近的一篇是1990年的。尽管这个领域中存在着一个明显的缺陷，但它显然处于休眠状态；我一直没能找到任何涉及新州悖论的类巴林斯基-杨定理的工作。但不管怎样，由于选举人团的重要性，目前使用的确定代表名额的（亨廷顿-希尔）方法正在被数学家和政治科学家所检验[8]，以确定是否存在着更好的方法。

正如多次发生的那样，当一个理想中的理论被证明是不可能的时候，重要的事情就是给出标准，来估计在不同情况下究竟能够达到什么样的程度。一个不可能的结果建立了预算限制，留给我们的则是在这样的预算下决定应该优化什么，如何完成这样的优化。

注释：

[1]参见http://www.brainyquote.com/quotes/authors/o/otto_von_bismarck.html。我是名人名言的爱好者，这个网站有许多精彩的名言。

[2]艾伦·吉伯德（Allan Gibbard）是密歇根大学的哲学教授，马克·萨特思韦特（Mark Satterthwaite）是西北大学策略管理和管理经济学教授。尽管两所大学都处于中西部，但吉伯德-萨特思韦特定理并非从两人在讨论虚假投票的晚餐中孵化出来。最初的结果归功于吉伯德，然后是萨特思韦特做出了改进。参见下面这两篇论文：Allan Gibbard, "Manipulation of Voting Schemes: A General Result," *Econometrica* 41（4）（1973）: pp. 587 – 601; Mark A. Satterthwaite, "Strategy-proofness and Arrow's Conditions: Existence and Correspondence Theorems for Voting

Procedures and Social Welfare Functions," *Journal of Economic Theory* 10（April 1975）: pp. 187–217.

［3］参见http://en.wikipedia.org/wiki/United_States_presidential_election,_1876。

［4］参见http://occawlonline.pearsoned.com/bookbind/pubbooks/pirnot_awl/chapter1/custom3/deluxe.content.html#excel。你可以下载亚拉巴马州悖论和亨廷顿–希尔分配方法的Excel表格。（已失效──译者注）

［5］参见http://cut.the.knot.org/ctk/Democracy.shtml。这个网站不仅解释了所有的悖论，并且还有精彩的Java小程序，能让你看到其中的过程。

［6］参见M. L. Balinski and H. P. Young, *Fair Representation*, 2nd ed.（Washington, D. C.: Brookings Institution, 2001）。和吉伯德–萨特思韦特定理的两位被时间和空间所分割的作者不同，在酝酿相关思想并证明巴林斯基–杨定理的大部分时间里，巴林斯基和杨都在纽约大学工作。

［7］MathSciNet是一个极佳的数据库，但你要么是某些已经订购该数据库的机构（许多学院和大学，一些研究型企业都是订购者）的成员，要么你就得从自己的腰包中掏出一点费用才能使用它。

［8］参见http://rangevoting.org/Apportion.html。

14

犹在镜中

半满的水杯

尽管数学和物理学已经告诉我们，总有一些事情我们无法知道，总有一些目标我们无法完成，但是乌托邦的难以企及并不表示地狱是不可避免的。我出生在一个刚刚进入电气时代的世界，在那时西方民主所推崇的价值观受到了前所未有的挑战，因此当我看到今天的世界所提供的东西以及它所带来的挑战，在我看来杯中的水远远超过一半。

科学以及它们共同的数学语言，将会继续探索我们所知的世界以及我们所假想出来的世界。随着未来新的发现，一定会出现新的僵局，它们同样能告诉我们关于宇宙的知识。我知道如果没有对于我们已经阅读过的关于知识局限性的某种总结，这本书一定不够完整；但我知道如果不能做出对该领域未来将会发生什么的预见，这本书同样不够完整。这样做的另外一个原因是我不太可能会因为在后半生做出什么特别的成就而被后人记住，但却有可能因为某些特别的失败而被后人记住，就像孔德和纽科姆那样。因为我们生活在一个美名和臭名常常被混淆的世界中。

此外，数学是这样的一个领域，在其中一个真正的好问题能够获得足够的公众关注，以至于它的解答以及解决它的人都能够成为这个问题本身的历史注脚。皮埃尔·德·费马、伯恩哈德·黎曼、亨利·庞加莱都是数学中的巨人——但可以肯定的是费马的费马大定理、黎曼的黎曼假设以及庞加莱的庞加莱猜想才是令人印象深刻的记忆。费马大定理在十多年前被安德鲁·怀尔斯攻克，但这个成就却没能让他获得菲尔兹奖，因为他太老了（菲尔兹奖只授予那些三十多岁和二十多岁的家伙，怀尔斯好像是大了一岁）。庞加莱猜想最近被解决，但数学界仍在争论除了俄罗斯数学家格里高利·佩雷尔曼（Grigori Pereleman）之外，谁该分得最大一块"蛋糕"。黎曼假设依然如故 —— 还是一个假设。另外，即使一个人本身不是伟大的数学家，但他仍可以凭借一个伟大的假设进入历史。绝大部分数学家可能都说不出来克里斯蒂安·哥德巴赫（Christian Goldbach）的数学成就[1]，但每个人都知道哥德巴赫猜想 —— 优雅且简单的"每个偶数都是两个素数的和" —— 一个小学生都能理解、但却超过四分之一个千年无法解决的问题。

年纪的影响

有一种观点认为数学家和物理学家在三十岁之前做出他们最好的工作。这并不完全正确，但不可否认的是年轻人在这些学科中确实做出了巨大贡献。这也许是因为年轻人更愿意挑战那些大众普遍接受的教条。毫无疑问，年龄既是优势又是劣势。

有时这些劣势迫使当事人进入其他领域。有一种说法似乎有点道理，物理学家年纪大了就变成了哲学家。他们将注意力更多地集中在沉思自然的本性，而不是去发现自然的现象。由于量子世界的本性尚未解决以及它的多重维数，毫无疑问这个世界有足够的空间供物理学家沉思。

当我年轻的时候，我和大部分同时代的男孩一样，非常喜欢体育和游戏 —— 它们之间的差别在于，在体育中你通过自己的努力挥洒汗水获得比分，而在游戏中基本上不需要计分（对不住，伍兹，高尔夫是一个游戏，而不是体育）。我的兴趣之一是象棋，我认真地研究了这个游戏并阅读了许多关于它的故事。我记得有一个故事是说，有一位化名的象棋大师坐火车旅行，在旅行途中的一场临时比赛中他碰到了一位年轻有前途的棋手。在某一阶段，象棋大师注意到随着年龄的增长，更多地是观察别人走棋，而不是自己亲自下棋。[2]

我认为这个观点有着无比深刻的正确性和通用性，和象棋大师一样，它也可用于描述数学家，并且我就是如此。我已经没有能力去构造大段复杂的证明过程，但是我却获得感知正确结论应该是什么样的"感觉"。数年之前，我有幸与阿莱科斯·阿瓦尼塔基斯（Alekos Arvanitakis）这位来自希腊的杰出年轻数学家共事。我从没有见过阿莱科斯，由于他做出的结论与我曾经发表的论文中的结论相关，所以他联系了我，随后我们通过电子邮件联系并开始了合作。在我本以为已经解决完了（即没有什么真正有意义的结论）的领域中，他带来了新的见解和巨大的才华。当我提出某个结论看上去应该是正确的，在一周之内阿莱科斯就能通过电子邮件发给我他的证明。对于两人在论文中共同署名我有某种罪恶感，因为阿莱科斯做了绝大多数的工作，但至少我拥有判断哪些结论需要证明的感觉。我现在已不像年轻时那样能够自己完成这样的工作，但是我却可以关注着其他人完成这些工作。

绝境的分类

回看前面的那些章节，我认为那些已经探讨过的问题和现象可以归到一些不同的类别中。

其中最古老的问题应该是那些在某一特定框架中无法解决的问题。这一类问题的典型代表就是倍立方问题和五次方程根的问题，就这两个问题而言，与其说数学家没有能力解决它们，不如说数学家利用已有的工具无法解决它们。解决这类问题的常用方法就是发明全新的工具。这也正是人们如何构造出2倍的立方体和找到五次方程的根的过程：使用了不同于经典欧氏几何的工具以及利用根式以外的方法来表示特定的数。

不可判定命题应该也属于这一类。回想一下，古德斯坦因定理在皮亚诺公理所构建的框架中是不可判定的，但是当策梅洛弗伦克尔的集合理论被采纳进这一体系之后，这个问题就是有解的。自然地这就产生了一个疑问：不可判定性的本质是否仅仅就是选择正确的公理，或者正确的工具？

或者，是否存在真正的不可判定命题，任何相容的公理系统都对它无能为力？

第二类无法解决的问题的存在，是因为我们没有能力获得解决这些问题的足够信息。无法获得这些信息的原因或者是因为这些信息不存在（许多量子力学现象可以归于此），或者是因为不可能获得足够准确的信息（它们用于描述随机和混沌现象），亦或是我们面对着超量的信息而无法有效地分析这些信息（这描述了不可解决的问题）。

下面是第三类我们无法解决的问题：我们希望得到更多答案的问题。迄今为止，这个领域内我们发现的最重要的问题正是那些来自于社会科学，涉及投票系统或者代表系统的问题。有无数的形式问题（formal problem）属于这个描述，比如说本书开头提到的那个如何用 1×2 的棋子覆盖去掉了对角两格的棋盘的问题，也许用于分析这些问题的技巧可应用到更加实际的问题中。

最后，有些问题的结果可能存在着多个正确答案。连续统假设的独立性以及平行线公设引起的困境的解决，都可归于这一类。看起来比较安全的方式，就是预言还有其他惊喜在等着我们。而那些答案出乎我们意料的问题还包含了如下可能性，即某些问题的答案取决于提问者的角度。比如说，相对论理论回答了是先有鸡还是先有蛋的疑惑，其答案取决于谁提出了这个问题 —— 以及它们运动速度的快慢和运动方向。

当我们陷入绝对的、完全的困境时，还有最后一招：试着去寻找一个近似的答案。毕竟我们需要的数值不需要太多的精确位数，对于大多数问题，四位精度就足够了。尽管某些五次多项式方程无法通过找到准确的根式解，但我们仍可以找到任意精度的有理解。能做到这一点是极其重要的，因为即使不存在多项式时间的解答，旅行推销员问题中的推销员仍然乐意继续自己的旅行；但如果我们能够找到一个与真实解之间的误差非常小的多项式时间算法，我们就能够大大地节省汽油和时间。有时候"足够好"反而比"好"更胜一筹。

我认为可能的两个预测

我们所探讨过的许多问题中涌现出的一个共同主题是，如果我们描述的系统足够复杂，那么其中就存在一些我们无法断言的事实。当然，这方面最重要的例子就是哥德尔关于不可判定命题的结论，我希望未来的数学家和逻辑学家能够做这两件事情之一：或者描述出是什么东西使得足够复杂的公理系统中产生不可判定命题；或者证明这样的描述是不可能的。在这一领域已经有了部分结果，但如果后一结论被证明，我认为这将是足够震惊整个数学界的重大结果。我想，希尔伯特对物理学公理化的追寻也应该有相同的结论：或者被证明不可能成功；或者即使成功，也会导致出现不可判定命题在物理学中的类似物。类似于不确定性原理的结论不光可能来自于量子假设（尽管这个假设明确导致了不确定性原理），而且可能来自于公理化本身。公理化本身能告诉我们一定存在着那些与不确定性原理类似的结论，但却不会告诉我们究竟是哪些结论。

我承认在上一段中所做出的预测有一点模糊，因此我将提出一个更加具体的预测。我们此前讨论过优先表时序安排是如何导致一种异常情况的出现，在其中尽管每个部分都变得更好，但整体而言却变得更差。对于每一个NP困难问题，我们将证明任何试图解决这些问题的多项式时间算法都有可能出现上面的异常情况。这一点也将会出现在当我们应用最近邻算法到旅行推销员问题的时候，很容易就能构造一个关于城镇和它们之间距离的矩阵表，如果我们将所有的城镇距离都变短一点，那么利用最近邻算法所得到的路径将会比对原构形得出的路径要长。

如果我是该领域一位年轻的具有终身教职的专家（强调具有终身教职的必要性是因为这个问题或许需要大量的时间，一般情况下你不会为了一个短期出不了结果的问题而拿自己的任期冒险），或者是一位寻求令人侧目结果的成熟专家，那这值得一试。毕竟，看起来不太可能通过修改库克用于证明NP困难问题等价性的技巧来证明：一个算法中的缺陷必然能导致其他算法中的缺陷。虽然我不能亲自解决这些问题，但我相信一定能够看见它们被解决。

掉下火车

当谈论某些最终被证明是错误的著名预言的时候，我们必然会提到二十年前所发生的这个典型事例。当时正值苏联解体，美国成为当时世界上唯一的超级大国，法兰西斯·福山①发表了一篇举世闻名的文章，题为"历史的终结？"下面这段文字就是引自这篇没什么预见性的文章："我们可能将看见的不仅是冷战的终结，或者是后冷战历史中某个特定时期的终结，而是所谓的历史的终结：也就是人类意识形态进化的终点以及西方自由民主作为人类政府最终形式的大统一。"[3]

卡尔·马克思作为经济理论家已经声誉扫地，但这一次他却抓住了要点。他认为当历史的火车转弯时，思想家都会掉出车外。[4]即使是保守派也愿意看到西方自由民主作为人类政府形式的统一，但是过去二十年中发生的事件表明福山的预言要彻底实现，新千年仍然不够。

回想起来，艾萨克·阿西莫夫对于历史的演变有着更加清晰的认识。阿西莫夫可能不是第一位伟大的科学传播者 [我心中的候选人是保罗·德克鲁伊夫（Paul de Kruif），《微生物猎手》的作者]，但他无疑是最高产的。除了哲学类别，你可以在杜威十进制分类法②的任何其他类别中找到他的作品，而这可能是因为他大学的专业背景是生物化学而非物理。相当奇怪的是他的科普作品居然是用很直白的语言写出的（"月亮的体积只有地球的四十九分之一，是离我们最近

---

① Francis Fukuyama，又名福山吉广，出生于1952年10月27日，美国作家及政治经济学者。他的主要著作包括《历史之终结与最后一人》和《强国论》。

② 杜威十进制图书分类法（Dewey Decimal Classification）是由美国图书馆专家麦尔威·杜威发明的，并被许多英语国家的大多数图书馆以及使用其他相应译文之国家的部分图书馆采用。在美国，几乎所有公共图书馆和学校图书馆都采用这种分类法。

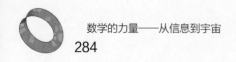

的天体"），因为他的声名最初是来自高度娱乐性的科幻小说界。他是三位伟大的早期科幻小说作者之一（另外两位是阿瑟·克拉克和罗伯特·海因莱因），他的想法常有令人难以置信的精妙之处。在他早年出版的小说《夜幕降临》（*Nightfall*）中，他描述了一位生活在具有六个太阳的行星系统中的居民在探索重力时所碰到的麻烦。我觉得他的另外一部小说特别有趣，在其中他描述了发现一种叫做Thiotimoline的物质后的逻辑后果，这种物质在放入水之前1.2秒就会溶解。

阿西莫夫最著名的科幻小说代表作当属《基地三部曲》（*The Foundation Trilogy*）[5]。在这部小说中，一个未来的跨星际帝国正处于崩溃边缘，这也是数学社会学家哈利·塞尔顿（Hari Selden）曾利用统计学所预言的帝国未来。但是一位变种人缪尔（Mule）的到来改变了这个历史，缪尔所拥有的特别心灵能力让他能够获得并拥有能量。其他人（比如黑格尔）也曾经强调过历史可以被特别的个体所改写，他将他们称为"改变世界历史的个人"。阿西莫夫的贡献在于认识到，文明社会中出现这种个体的倾向也许是为了粉碎某些人对应用技术的幻想，比如那些将统计力学应用到历史学中的人。毕竟，空气中单个分子不可能拥有像改变历史进程的个人那样的能力，去改变大量其他空气分子的行为。

这是否就意味着不可能存在一种用于判断或预言历史的数学方案？这是一个有趣的问题，从过去到现在，我不知道有任何像哈利·塞尔顿那样的人能够成功地实施任何数学方案。但有可能的是，当关于混沌的数学发展到一定程度，它也许能在此领域给出某些界限，从而判定什么能够实现。

在20世纪60年代，法国数学家勒内·托姆[①]开创了一个现在被称为突变理论（catastrophe theory）的数学分支。[6]这个分支试图去分析事件中用于描述事件的参数发生微小改变时所产生的显著变化。听

[①] René Thom，1923年9月2日—2002年10月25日，法国数学家，突变论的创始人，于1958年获菲尔兹奖。

起来很耳熟？这当然有不少混沌理论的味道在里面，并且和混沌理论一样，突变理论关注于非线性现象。然而一个主要的区别在于，突变理论将底层参数行为的显著变化看作是一个更大的参数空间中标准化几何行为的外在表现。从实际角度来看，它并不能帮助我们真正地预测即将发生的灾难。我们乐于知道，下一次股市灾难可以简单地看作是高维空间中一个良定几何结构可预测的行为，但除非我们能够准确地知道参数是如何控制高维空间的测度，并以某种先验的方式知道，否则它并不十分有用。

当然，数学在社会科学中有着许多应用，有关这些应用的课程在几乎每个第二层次的学院中都有开设。某些课程被证实相当成功，特别是在那些能够对相关参数进行简单量化的领域中。然而由于量化相关参数并不能保证成功，几乎所有的重大股票市场灾难都被描述为这是大预言家都无能为力的部分。可能的是，某位未来的哈利·塞尔顿也许能偷窥到多维几何的结构，其形状中蕴藏着未来的预兆；但是我认为更有可能的是，某位未来的肯尼斯·阿罗也许会发现这样的结论：即使这样的几何结构是存在的，我们也没有办法去判定究竟是什么。

阿奎那的足迹

历史上许多伟大人物 —— 包括圣人托马斯·阿奎那[①] —— 都曾付出过巨大的努力去证明神的存在；而另外一些伟大人物则同样努力地去证明神不存在。这些证明都有一个共同点：它们都不能彻底地让对方信服。

很难想象其他任何问题的证明能够引起公众更多的兴趣。这样的

[①] St. Thomas Aquinas，约1225年—1274年3月7日，中世纪基督教神学家，经院哲学的集大成者，死后被封为天使博士。他是自然神学最早的提倡者之一，也是托马斯哲学学派的创立者，他所撰写的最知名著作是《神学大全》(Summa Theologica)。天主教会认为他是历史上最伟大的神学家，将其评为33位教会圣师之一。

一个证明，无论是哪个方面的结果，都将回答有史以来最深刻的那个问题。极有可能这样一个证明的出现会引起有关其有效性的激烈争辩。这样的一个证明肯定不会是简单的，像数个世纪之前已经被废弃的那些简单证明一样。

我见到过一些采用了可疑假设和（或者）可疑逻辑的证明，但我还没有见到任何一方采用含有数字、形状、表格或者任何数学概念的纯数学推理。也许最简单的是下面这个通过构造矛盾所得到的神不存在的证明：如果神存在，他（或者她）必须是全能的，那么上帝是否能够造出一块连他自己也举不起来的石头？如果他（或者她）造不出来这样的石头，那么他（或者她）就不是全能的；如果他（或者她）能够造出来，那么他（或者她）不能举起这块石头就说明他（或者她）不是全能的。

我们说"全能"其实也是有限制的，能否克服悖论就是其中一个例子。无法利用直尺和圆规实现倍立方问题，这一论证用来证明神不存在具有与上面证明相同的效用。

平心而论，反驳应该建立在某个经典的证明神存在的论证之上——"第一因"证明。这个证明说的是事物不可能从无中产生，因此必须有某个处于第一位的事物，这就是神。这听起来挺有道理，但却无法证明。现代宇宙学理论的一个假设是存在着某个永恒的多元宇宙。我们的宇宙大约产生于130亿年前的大爆炸，但是这种事情此前在永恒存在的多元宇宙中已经发生过很多次。目前我们无法得知这个假设是否正确。

争辩的双方都曾忙于试图构造能够支持己方观点的证明，但我认为他们都忽略了一个明显的事实。只要神的属性能够被精确地定义，那么或许存在着一个证明，它能证明这样的神的存在性或不存在性都不可能被证明。或者说，神的假设有可能被证明是独立于哲学公理集合的，加入这个假设或者加入其否定论断都能导致相容的公理集合。

我必须承认我很喜欢这样的结论。人们耗费了许多智慧才能在这个问题之上，但直到如今依然不能有所突破。我认为如果有能力在这个问题上做出突破性工作的人才转行去寻找艾滋病或禽流感的解药，那对这个社会更加有益。这可能只是我个人的空想，但这个空想却是来自于如下这个事实：在证明了不可能利用圆规和直尺三等分角这个事实数个世纪之后，仍有数以千计的个人试图实现这个不可能的任务。我不敢想象有多少人将会投身于驳斥像"神性假设的独立性"这样的命题的事业中去。

我知道我喜欢什么

我们用图片装饰我们的住所和办公室，用音乐丰富我们的生活。除了这些明显并且几乎是老少咸宜的视觉和听觉艺术之外，我还常常与雷克斯·斯托特[①]笔下略显臃肿的侦探尼诺·沃尔夫为伴，沃尔夫曾说过烹饪是最微妙也是最亲切的艺术。对我而言，莫奈笔下睡莲的空灵飘渺之美，或者是贝多芬交响曲的无比庄严，在面对一碗酸辣汤以及随后呈上的多汁（特辣）宫保鸡丁时都相形见绌。

尽管我很热爱莫奈、贝多芬以及中国菜，但这些都非广泛认同的事物。实际上，阿罗定理揭露了艺术（以及烹饪）领域中群体偏好的特点，在阿罗定理所设定的五个条件之下，没有方法能够将这些领域中的个体偏好转变为社会性排名。然而，正如能够取悦大多数人的候选人能获得政治上的成功一样，名声和财富无疑在等待着能够发现创造出能被广泛接受的艺术、音乐——或食物的个人。数学在这一领域已经取得了一定的成功。

加勒特·伯克霍夫[②]是20世纪上半叶最杰出的美国数学家之一。

---

① Rex Stout，1886年12月1日—1975年10月27日，美国著名侦探小说作家，他的代表作为尼诺·沃尔夫探案系列，一共包括了大约33部小说以及39篇短篇故事。

② Garrett Birkhoff，1911年1月19日—1996年11月22日，美国数学家。他的主要成就为格论。他是数学家乔治·伯克霍夫（George Birkhoff，1884–1944）的儿子。

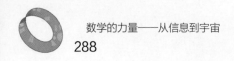

除去在纯数学领域的成果之外，他在天体力学、统计力学和量子力学领域也做出了卓越的贡献。数代大学生——其中也包括我——在他与同样著名的数学家桑德斯·麦克莱恩[①]所著的里程碑式抽象代数的教材[7]中学到了群、环和域的理论知识。

伯克霍夫对美学也有着浓厚的兴趣，他试图将数学用于评价艺术、音乐和诗歌。公平地说，他的努力远不像查尔斯·巴贝奇（Charles Babbage）对待艺术的反应那样可笑。巴贝奇是建造机械计算工具的先驱者，在读到了丁尼生[②]的一首诗作中这样的词句"每一刻都有人死去／每一刻都有人降生"之后，巴贝奇寄给丁尼生一张纸条，在其中他指出如果严格精确地说，丁尼生应该将这两句改为"每一刻都有一个人死去／同时又有$1\frac{1}{16}$个人出生"。

伯克霍夫用于计算美学价值的基本公式是：一件艺术作品的美学价值等于它的美学有序度除以它自身的复杂性——有序的东西是美的，复杂的东西则不是。我所能确定的数学家的音乐口味普遍看来符合这条规则，巴赫比肖斯塔科维奇[③]更易被数学家接受。实际上，当一位朋友给我介绍巴赫的《恰空舞曲》时，他介绍说这首乐曲有256个小节（$256=2^8$），被分成了四个部分，每个部分有64小节（$64=2^6$），这样我在还未听到这首乐曲之前就已经喜欢上了它。

在某种程度上，有序意味着更有吸引力这一想法也符合美学中相

---

① Saunders Mac Lane，1909年8月4日—2005年4月14日，美国数学家。他在数理逻辑、代数数论和代数拓扑领域均作出了贡献，并且与赛谬尔·艾伦伯格（Samuel Eilenberg）一同创立范畴论的研究。

② Alfred Tennyson，1809年8月6日—1892年10月6日，英国著名诗人，他是继华兹华斯之后的英国桂冠诗人。

③ Dmitri Shostakovich，1906年9月25日—1975年8月9日，前苏联时期作曲家。他一生大部分时间都留在苏联，但同时也是当年少数名气能传至西方世界的作曲家，被誉为20世纪最重要的作曲家之一，其作品包括15首交响曲，15首四重奏，小提琴、大提琴及钢琴协奏曲各2首。

当明显的广泛共性所决定的统计学结果：大多数人喜欢对称而非不对称，喜欢有模式的东西而非无模式的东西。然而，伯克霍夫的某些辅助公式读起来却很痛苦。比如说，为了计算一首诗的美学有序度，伯克霍夫发明了公式 $O = aa + 2r + 2m - 2ae - 2ce$，其中 aa 表示头韵和半谐音，r 代表节奏，m 表示音乐声音，ae 表示头韵的过剩，ce 表示辅音的过剩。公平而论，伯克霍夫的努力比阿罗定理早数十年，并且他承认直观感受比数学计算更重要。但不管怎样，伯克霍夫相信直观感受来自于他的公式在数学方面的无意识的应用。

如果我大胆猜测，美学因素的复杂性极有可能为任何美学上的预测设立了某种障碍。这一点的证据就是，丈夫往往完全无法猜到自己的妻子喜欢什么；与之相对，妻子似乎都拥有某种神秘的能力知道自己的丈夫喜欢什么。如果这里存在着一个定理，并且是一位女性发现了它，我将一点都不感到奇怪。

终极问题

数学家是否可能找到一种方法知道哪里是死路，或者哪些是我们无法知道的？这本书中谈到了许多我们已经绕行的特别的困境以及我们已经发现的不可知事物，但是否可以想象在某处存在着一个元定理（meta-theorem），它刻画了那些超出知识范围的数学或科学思想的特点？或者是否存在着某个元定理，它断言上一句中所描述的那个元定理不可能存在？

我认为这个领域的结果不太可能如此宏大，困境以及知识的极限也只仅限于特定的环境之中，而不可能存在某个描述了知识极限的终极元定理。数学家只能讨论数学对象，尽管构成数学对象的范围在不断地扩大。伟大如高斯这样的数学家，他也没能预见到将无穷看作数的可能，尽管他肯定考虑过无穷是否具有成为数学对象的潜力。我们现在仍然没有讨论艺术、美或者爱所需要的数学对象，但这并不意味着它们不存在，只是如果它们存在，我们还没有找到它们。实际上，

如果我们生活在由具体数学对象构成的泰格马克的第四级多元宇宙中，那么由于艺术、美和爱的存在，它们都将是数学对象，我们只不过尚未找到数学上描述它们的方法。也许济慈所谓"美就是真理，真理也就是美"的观点是正确的，大多数数学家至少相信上面的半句话，即真理就是美。如果某位未来的科特·哥德尔建立出关于人际关系的数学理论，并在此过程中证明了存在某些我们无法知道的爱，那将说明数学能够证明诗人、哲学家和心理学家只能去猜想的东西，这种美妙真的令人心旷神怡。

注释：

[1]参见http://www.history.mcs.st-and.ac.uk/Biographies/Goldbach.html。我忍不住去阅读了哥德巴赫的传记。他认识许多伟人并真的做出了一些有用的数学，但是我从未在任何文献中看见过"业余爱好者"这个词，不过我认为这是描述他的最好词汇。

[2]尽管我无法在网上找到这本书的内容，但我能记得这个故事是在 I. Chernev and F. Reinfeld, *The Fireside Book of Chess*（New York: Simon & Schuster, 1966）中。

[3]参见http://www.wesjones.com/eoh.htm。

[4]参见http://www.facstaff.bucknell.edu/gschnedr/marxweb.htm。

[5]参见I. Asimov, *Foundation*（New York: Gnome Press, 1951）; *Foundations and Empire*（New York: Gnome Press, 1952）; *Second Foundation*（New York: Gnome Press, 1953）①。同样可以参见http://www.asimovonline.com/asimov_home_page.html。这个网页包含了对艾萨克·阿西莫夫的完整介绍。你可以花大半生的时间去阅读他的小说和短篇故事，这将会是你一生中很美妙的一段时光。

---

① 这三本书的中文版分别是：《银河帝国：基地》《银河帝国2：基地与帝国》《银河帝国3：第二基地》，[美]艾萨克·阿西莫夫著，叶李华译，江苏文艺出版社，2012。

［6］参见http://en.wikipedia.org/wiki/Catastrophe_theory。这个页面有突变理论的介绍，以及不同种类的突变。可惜的是，那里并没有关于未来突变的任何预测。

［7］参见G. Birkhoff and S. Mac Lane, *Algebra*（New York: Macmillan, 1979）。这是我所使用的教材的更新版本。